本书为国家社会科学基金一般项目
"重大灾难后青少年心理康复的家庭机制研究"
（20BSH167）成果

ZHONGDA ZAINAN HOU

QINGSHAONIAN CHUANGSHANG XINLI KANGFU DE
JIATING JIZHI YANJIU

重大灾难后
青少年创伤心理康复的
家庭机制研究

周　宵　著

ZHEJIANG UNIVERSITY PRESS
浙江大学出版社
·杭州·

图书在版编目（CIP）数据

重大灾难后青少年创伤心理康复的家庭机制研究 /
周宵著. -- 杭州：浙江大学出版社，2024.9. -- ISBN
978-7-308-25174-7

Ⅰ. B845.67

中国国家版本馆 CIP 数据核字第 2024RT0294 号

重大灾难后青少年创伤心理康复的家庭机制研究
ZHONGDA ZAINAN HOU QINGSHAONIAN CHUANGSHANG
XINLI KANGFU DE JIATING JIZHI YANJIU

周　宵　著

策划编辑　吴伟伟

责任编辑　丁沛岚

责任校对　陈　翮

封面设计　雷建军

出版发行　浙江大学出版社
　　　　　（杭州市天目山路 148 号　邮政编码 310007）
　　　　　（网址：http://www.zjupress.com）

排　　版　杭州星云光电图文制作有限公司

印　　刷　杭州高腾印务有限公司

开　　本　710mm×1000mm　1/16

印　　张　21

字　　数　355 千

版 印 次　2024 年 9 月第 1 版　2024 年 9 月第 1 次印刷

书　　号　ISBN 978-7-308-25174-7

定　　价　88.00 元

自　序

21世纪以来,我国先后发生了多起重大灾难事件,如汶川地震、雅安地震、九寨沟地震、泸定地震、台风"利奇马"等。这些灾难事件不仅给人们的生命财产造成了巨大的损失,而且给人们的心理造成持久的影响。为此,早在2018年11月份,国家卫生健康委、中央政法委、中宣部等10部门联合印发的《全国社会心理服务体系建设试点工作方案》就已明确指出:"在自然灾害等突发事件发生时,立即组织开展个体危机干预和群体危机管理,提供心理援助服务,及时处理急性应激反应,预防和减少极端行为发生。在事件善后和恢复重建过程中,对高危人群持续开展心理援助服务。"2022年10月,党的二十大报告明确提出要"推进健康中国建设","重视心理健康和精神卫生"。

在国家的高度关注下,灾难事件后的创伤心理干预工作正在有条不紊地开展,并取得了卓有成效的进步与发展。不过,在进行灾后心理干预特别是灾后青少年心理干预时,我们也发现了一些新的问题,主要表现为,学校在向中小学生提供心理疏导服务时,即便当时缓解了学生的灾后心理问题,但对相当一部分学生而言,其效果持久性不强。对此,我们通过深入走访发现,一个主要的原因在于,重大灾难后青少年的家庭也受到了创伤,家庭的创伤没有得到有效的解决,学生一旦回到家庭,其在学校被疏解的心理问题又会反弹,甚至出现加剧的现象。基于此,为有效地缓解重大灾难后青少年的心理问题,不仅要从社会和学校层面开展心理危机干预,更要从家庭系统的角度考察青少年心理问题的发生发展机制并进行干预。

在这种背景下,我们于2020年申报并获批了国家社会科学基金一般项目"重大灾难后青少年心理康复的家庭机制研究"(20BSH167),从家庭系统的视角对重大灾难后青少年创伤心理问题进行了深入的研究。一方面,我们希望通过该研究可以明晰青少年创伤心理发生发展的家庭机制,构建灾后青少年创伤心理家庭干预模式,与社会、学校、其他组织协同,一起对灾后青少年进行心理危机干预,提升其心理健康水平;另一方面,我们也希望该研究可以助力《中华人民共和国家庭教育促进法》的落实,为家庭心理健康教育提供"抓手",帮助父母营造良好的家庭环境、改善亲子关系,促进孩子积极健康地成长。

我们对以往地震和洪涝灾后青少年心理健康方面的数据进行了整理,对台风"利奇马"后温岭地区2080余对中小学生及其家长创伤心理问题进行了三次大型追踪调查,对河南洪灾后重灾区的800余名中小学生及其家长进行了两次追踪调查并做了相关的家庭访谈;对新冠疫情下的3000多名中小学生和5000多名大学生的创伤心理做了大规模调查。从创伤心理学的视角出发,本书分四个篇章考察了重大灾难后青少年创伤心理康复的家庭机制,即创伤心理及其理论、灾难对家庭及其成员的影响、灾难后家庭系统对青少年创伤心理的影响机制研究、灾难后青少年创伤心理家庭干预模式的构建。

第一篇是创伤心理及其理论。本部分首先明确了创伤事件的类型及特征,指出灾后青少年可能出现的典型心理反应主要是创伤后应激障碍(PTSD)和创伤后成长(PTG),并对这两种效价不同的心理反应进行了概述。在此基础上,我们对已有的PTSD理论和PTG理论进行了回顾,着重梳理了基于家庭系统视角的PTSD和PTG的发生机制研究。在总结以往的理论和实证研究的基础上,我们提出了创伤心理反应的三阶段加工理论模型,为后续的实证研究和灾后青少年心理干预提供了理论依据。

第二篇是灾难对家庭及其成员的影响。首先,考察了灾难对家庭经济状况和家庭结构的影响,明确了灾难对家庭造成重大经济损失的同时,也会改变家庭结构,导致不良的家庭运作功能,降低夫妻和亲子之间的关系满意度,导致不良的教养方式;其次,分析了灾难后父母的创伤心理特征,发现父母创伤心理问题的发生率高于孩子,父母PTSD的核心症状是"侵入性反应",青少年PTSD的核心症状是"高警觉反应",PTSD可以与其他心理问题共病,父母和孩子的PTSD都会呈现下降趋势;最后,分析了灾后青少年PTSD和抑郁的特征,发现青少年创伤心理变化轨迹呈现异质性特征。

第三篇是灾难后家庭系统对青少年创伤心理的影响机制研究。首先,采用元分析方法探讨了家庭功能对青少年PTSD的影响,指出家庭凝聚力、家庭灵活性等积极的家庭功能可以有效地缓解青少年的PTSD;其次,从家庭关系层面考察了夫妻关系和亲子关系对青少年PTSD的影响机制,发现积极的夫妻关系和亲子关系可以增强孩子的安全感,促进他们对创伤的表达,有助于其采用积极的应对策略,最终缓解 PTSD;最后,考察了创伤的代际传递问题,明确了创伤的代际传递主要分为心理传递和生理传递两个方面。其中,在心理传递方面,主要表现在父母 PTSD 中的注意力问题对孩子PTSD 中的过分警觉症状的影响,具体机制主要体现在父母的教养方式和孩子的安全感及自我表露等方面。

　　第四篇是灾难后青少年创伤心理家庭干预模式。首先,基于前面的理论和实证研究,结合新冠疫情下青少年心理危机干预的现状,强调对灾后青少年创伤心理进行家庭心理健康教育或干预的重要性,侧重于提升父母的心理健康素养、改善家庭关系和家庭功能等方面;其次,明确了基于依恋的创伤干预和创伤聚焦的认知行为疗法是比较有效的个案咨询方法;再次,根据访谈和实证研究,开发了青少年家庭干预的团体辅导方案,为家庭创伤干预提供了切实可行的方法;最后,构建了以家庭为核心的青少年创伤心理干预生态系统模式。

　　本书从辩证的视角出发,提出创伤心理不仅包括消极的心理反应,而且包括积极的心理结果,应该同时关注并比较两种效价不同的创伤心理产生的机制,这是对以往研究仅关注创伤后消极心理反应的补充;提出了创伤心理反应的三阶段加工理论,强调创伤心理的影响机制是动态的,突破了以往静态理论的局限性,为灾后青少年创伤心理的阶段化干预提供了指导;强调在灾后青少年创伤心理干预中,整合青少年心理问题的严重性和发生阶段,有针对性地缓解青少年创伤心理问题,这是对现有心理危机干预思想的一次整合,创造性地提出了"三级三阶"干预的思想;提出灾后青少年创伤心理干预不应仅聚焦于青少年本身,还应该关注其父母的创伤心理问题、父母关系问题、亲子关系问题和家庭整体功能层面的问题,更强调在青少年创伤心理问题的疏解中,需要政府的组织协调、社区的支撑、学校的主导、医疗机构的保障,其他组织和公益性个人作为补充,最终通过家庭系统的作用来缓解青少年的创伤心理问题,为当前青少年心理危机干预提供了明确的指导思想和实施路径。

　　从灾后青少年创伤心理干预的实务角度看,对青少年及其父母创伤心理特征进行分析的结果,可以为政府部门、教育主管部门、妇联和社区等部门和组织把握灾后青少年及其家庭心理状况提供依据;对灾后青少年创伤心理康复的家庭机制的分析结果,可以为以上部门和组织机构开展灾后青少年创伤心理家庭干预提供"抓手"。更重要的是,本书从家庭系统的视角开发了青少年创伤心理干预的方法,明确了不同社会组织在灾后青少年心理干预中的作用,强调实施系统化、协同化、阶段化的干预,这不仅可以缓解灾后青少年的创伤心理问题,促进其积极健康的成长,更重要的是也有助于缓解灾后父母的心理问题,改善夫妻关系和亲子关系,完善灾后家庭的功能,为家庭顺利适应灾后环境提供了保障。

在本书付梓之际,首先,应该感谢我的博士生亓军军(目前任教于淮南师范学院)、黄佳丽(目前任教于杭州师范大学)、杨西玛(目前任教于内蒙古师范大学)、叶莹莹、李伊凡、刘艳、刘正一,硕士生谭茹月(目前任教于重庆巴蜀科学城中学)、孙睿(现为华东师范大学博士生)、马荣(现为香港中文大学博士生)、王璇(现为香港大学博士生)、何子健、沈婷、周婧、宋迪、赵锦璐、方佳琪、胡静雯,本科生黄应璐(目前就职于黔西南州卫生健康局)、徐咏永(现为美国佛罗里达大学博士生)等同学。在研究的过程中,他们协助我深入灾区对青少年及其父母开展走访、调查,对受灾家庭开展相应的访谈和咨询,对有关人群开展团体辅导等;数据收集之后,他们协助我分析数据、撰写成果;在完成该著作的过程中,他们帮我整理本课题组已发表的成果。可以说,本书得以出版,他们"功不可没"。其次,要感谢我的爱人杭州师范大学心理学系甄瑞副教授的支持,在书稿撰写过程中,她给我提供了很多有价值的建议;在家庭生活中,她几乎承担了所有的家务,使我有了充足的时间和精力来完成书稿。最后,还要感谢我的两位恩师姚本先教授和伍新春教授,是他们的支持和鼓励,使我对完成此书怀有充分的信心。

书中的观点是笔者从事青少年创伤心理研究十余年来的一些拙见,可能有不当之处,敬请专家学者和广大读者批评指正。也希望拙作能够抛砖引玉,为促进我国青少年创伤心理研究和家庭心理健康教育尽一份绵薄之力。

周　宵

于浙江大学海纳苑

目　录

第四篇　灾难后青少年创伤心理家庭干预模式的构建

第一篇

创伤心理及其理论

重大灾难事件不仅对人们的生命财产造成严重的损失,而且还会给其心理带来严重的创伤。因此,在学界,研究者通常将灾难事件看作创伤事件,从而探讨受灾群众的创伤心理反应。实际上,对个体而言,灾难事件本身就是创伤事件,它是创伤心理反应发生的前提。那么,创伤事件该如何定义呢? 我们将在这一篇中给予详细的讨论。

经历灾难事件后,作为受灾群众的特殊群体,青少年由于其认知和情绪管理能力发展尚不成熟,更容易受到灾难事件的影响,出现消极的创伤心理结果。因此,灾后青少年的创伤心理反应向来都深受研究者和实务工作者的关注。现有研究发现,青少年灾难后的消极心理表现出了多样化的特征,出现诸如抑郁、焦虑、睡眠障碍、创伤后应激障碍(posttraumatic stress disorders,PTSD)等症状,其中 PTSD 被认为是灾难事件后典型的消极心理结果。随着创伤心理学和积极心理思潮的发展,研究者逐渐发现,经历灾难事件后的人们并不总是出现消极的结果,也可能会出现积极的心理变化,如生活适应、创伤后成长(posttraumatic growth,PTG)等,其中 PTG 被认为是灾后典型的积极心理结果。在本篇的第一章中,我们将对 PTSD 和 PTG 这两种创伤后典型的心理结果进行深入的讨论。

创伤心理反应出现之后,人们的关注点在于如何对其进行干预,这必然涉及创伤心理反应如何发生发展的问题,以往大量理论给予了阐释。对此,在本篇第二章中,我们将介绍 PTSD 和 PTG 的发生发展理论,并侧重从家庭系统的视角介绍相关的理论模型,为后续的研究和干预提供理论依据。更重要的是,在总结了我们多年来在创伤心理基础研究和实务干预中的发现的基础上,构建了创伤心理反应的三阶段加工理论模型,本篇也将对其进行详细描述,为后续的追踪研究和动态干预提供理论基础。

第一章　创伤事件与创伤心理反应

近年来,创伤心理反应得到广泛的关注,特别是新冠疫情以来,PTSD、PTG、替代性创伤等与创伤心理反应相关的名词更是充斥网络和媒体,几乎人人耳熟能详。不过,大多数群众只是听说或看过这些名词,对相关专业知识不甚了解。为进一步帮助人们了解创伤心理反应,本章将对个体经历创伤事件后的典型心理反应,特别是 PTSD 和 PTG 做详细的介绍。

第一节　创伤事件

人们在日常生活中,会经历各种各样的事件。不同事件对人们的身心影响不同,其中创伤事件相对其他日常生活或压力事件而言,带给个体身心健康的挑战更大,导致的心理问题也更严重。那么,什么是创伤事件呢?提及此,很多人会联想到重大地震、台风、交通事故等。毫无疑问,这些都是创伤事件,不过创伤事件是否仅限于此呢?它有什么特征呢?带着这些问题,我们首先来看创伤事件的定义、特征和分类等。

一、创伤事件与其他事件的关系

生活很难事事顺遂,在人的生命历程中总是充斥着各种各样的逆境。不过,正如海明威所说的,"一个人并不是生来要给打败的"。大多数时候,即使人们遭遇逆境,也能在短时间内调动内外资源,调整身心状态,渡过难关。即便如此,逆境依旧会扰动人的心理状态,对人的身心产生不同的影响。

以往研究根据事件严重程度和对个体生活的影响程度,由弱到强将其分为三类,依次是生活事件、压力性事件和创伤事件(Ouagazzal et al., 2021)。这三类事件存在层层包含的内在关系,有时界限比较模糊。一般认为,生活事件是三者中最大的集合,压力性事件是生活事件的一个子集,创伤事件作为最小的子集包含在压力性事件之中。生活事件依据其对人产生影响的效价不同,可以分为正性生活事件和负性生活事件。正性生活事件是日常生活中人们渴望发生,能给个体带来愉悦和积极影响的事件,如宋代汪洙在《喜》中所写的"久旱逢甘雨,他乡遇故知。洞房花烛夜,金榜题名时",这些都是传统认为的典型的正性生活事件。相反,负性生活事件是生活中人们不期待发生的,会给个体带来消极影响的事件,如患病、失业、亲人去世等。负性生活事件因其类型、严重程度和持续时间不同,对个体的身心状态造成的影响也不同,容易成为个体出现心理问题的导火索。

作为负性生活事件的子集,压力事件也被称为压力源,容易引发个体出现一些消极的心理反应。现有研究多强调其对人身心健康产生的危害,关注个体利用已有资源对其进行应对的情况。当然,压力事件与心理问题之间存在复杂关系,对个体的影响取决于个体的适应能力和应对方式(谭茹月,2022)。

包含在压力事件中最小且最具破坏性的子集就是创伤性事件。如何定义创伤性事件,研究者各有说法。早期的研究者在界定创伤性事件时,认为不应拘泥于事件的形式,而应注重考察事件对人的影响,强调只要该事件使得个体产生闪回、侵入性记忆、回避创伤线索等应激症状,就应该被认定为创伤性事件(Breslau et al.,1987;Solomon et al.,1990)。例如,van der Kolk(1996)认为,创伤性事件就是能够破坏人们的应对机制,影响人们身心健康的事件。20 世纪 80 年代,参加过越南战争的退役美国军人的心理问题引起关注,美国精神病学协会(American Psychiatric Association,APA)在第三版《精神障碍诊断与统计手册》(DSM-3)中首次将创伤性事件界定为"超出人类的经验范围,且令大部分人感到消沉的事件"(APA,1987)。不过,仅仅依据事件对人们的影响程度进行界定可能会泛化关于心理问题的诊断,增加社会经济成本。于是,在第四版《精神障碍诊断与统计手册》(DSM-4)中,创伤性事件的定义就被修改为"个体直接经历的能够导致个体产生死亡威胁和恐惧感,并严重损害或威胁个体身心健康的事件,或是个体观察到他人的死亡、受伤等事件,甚至是个体听到家人和亲朋好友突然死亡、严重受伤等事件"(APA,2000)。从这个定义可以看出,创伤事件包括个体直接或间接经历的能够导致个体身心受伤的事件,它超出了人类正常生活经验的范围,有别于生活事件和压力事件。2013 年,第五版《精神障碍诊断与统计手册》(DSM-5)出版,它也沿用了第四版的定义。我们比较认同第五版对创伤事件的定义,即创伤事件是个体直接或间接经历的,使其感到极其痛苦、恐惧或无助的突如其来且超乎寻常的威胁性或灾难性事件（APA，2013）。

二、创伤事件的特征

创伤事件通常具有普遍性、突发性和不可控性的特点（Ouagazzal et al.，2021），甚至还包括超乎寻常性、带给个体强烈的主观体验等特性（王庆松等，2015）。

所谓普遍性，是指创伤事件在人们的生活中经常发生。例如，约60%的男性和50%的女性，一生之中至少会遭遇一次创伤性事件（Kessler et al.，1995），10%的男性和6%的女性会遭遇四次或者更多次创伤经历。有研究发现，超过25%的青少年都会遭遇创伤性事件，其中不少人还可能会经历多次创伤性事件（Silverman et al.，2008）。

所谓突发性，是指创伤事件的发生及其带给人们的影响无法提前预知，不能预先对其做出有效的防控，在极短的时间内给人们带来巨大的生命财产损失和强烈的心理冲击，如地震、空难、交通事故等灾难性事件。

所谓不可控性，是指创伤事件的发生发展不以人的意志为转移，常给人造成难以应对的伤害，给人带来无力回天的消极心理感受。

所谓超乎寻常性，是指人们用惯常的应对方式无法有效地应对此类事件带来的影响。例如，采用应对考试、升学等日常生活压力的方法，来应对重大地震、重大交通事故带来的影响可能是无效的。

这类事件也会挑战人们已有的认知和情绪管理系统，导致人们产生严重的心理应激反应，如紧张、恐惧、焦虑、回避、解离等，严重的还可能诱发自杀危机事件的出现。因此，创伤事件的另一个重要特征在于引起个体强烈的主观体验。

三、创伤事件的分类

根据创伤的来源，可以将创伤事件划分为急性创伤事件和慢性创伤事件两类。急性创伤事件主要由突发的一次性事件造成，比如突发的自然灾害和意外事故；慢性创伤则源自长期的经历，比如战争、家暴或性虐待等。

根据创伤的性质，可以将创伤事件划分为重大事故、人际暴力和自然灾害三类。重大事故指的是火灾、车祸、飞机失事等重大意外事件；人际暴力包括战争、恐怖袭击、虐待、抢劫、绑架、强奸等人为因素导致的灾难；自然灾害主要包括地震、泥石流、洪水、飓风、海啸、火山喷发等不可抗拒的自然灾害等(王庆松等,2015)。

根据创伤的主体,可以将创伤事件划分为个体创伤事件和集体创伤事件。前者是指个体的心理受到某种打击,这种打击会突破个体的防御系统,使其难以有效应对,如绑架；后者是指社会组织或群体的心理受到打击,如战争(王庆松等,2015)。

四、创伤暴露

直接、间接、直接替代性和间接替代性暴露于创伤事件之中,被认为是创伤暴露的四种形式(APA,2013；Ouagazzal et al.,2021)。DSM-5对每种形式相对应的创伤事件类型给出了详细的判定标准(APA,2013；美国精神医学学会,2024):

直接经历的创伤事件主要包括自然灾害、严重的意外事故、战争等；针对身体的攻击和虐待,如遭受躯体攻击、抢劫、妇女儿童遭受家庭暴力等；性暴力,如被强制发生性行为、性虐待和非接触性性虐待、强制性交易,对儿童青少年来说还包括虽然没有造成躯体损伤但与其发育程度不匹配的性行为；绑架或监禁,如被作为人质、遭受酷刑等；灾难性的医疗事故等。

间接经历则指个体目睹发生在他人身上的创伤性事件,包括发生在他人身上的意外伤亡、家庭暴力、躯体虐待和性虐待等。

直接替代性暴露指的是从他人处获悉,在关系密切的家人或密友身上发生了严重的创伤性事件。强调创伤的直接经历者和替代性暴露者关系密切,且创伤事件具有暴力性或事故性,如丧生于交通事故、自杀身亡等。

间接替代性暴露是反复经历和暴露于创伤性事件的细节中,例如救援人员因为工作需要,长时间暴露于受灾者惨不忍睹的伤口前；医护人员必须每天面对各种重症患者等。

在暴露于创伤事件后,个体还会通过不同方式再次"经历"创伤事件。如侵入性记忆,即不能控制地、反复地回忆起或体验创伤发生时的感受、情绪和生理感觉；做和创伤事件有关的噩梦；出现闪回,即短暂的视觉和其他感觉的侵入使个体再次体验到创伤发生时的痛苦感受。对青少年来说,由于其认知和情绪控制能力相对不成熟,对创伤事件更具易感性(Margolin et al.,2010),关注这一群体创伤后的心理反应具有重要的现实意义。

五、自然灾害——常见的创伤事件

在我国,自然灾难对人造成创伤的情况极为常见,特别是地震、台风、洪水等破坏性极强的自然灾难,给人民群众的身心健康和财产安全造成了巨大的危害。2009 年国务院发布的《中国的减灾行动》指出,中国的自然灾害呈现出灾害种类多、分布地域广、发生频率高、造成损失重四大特点,而且种类繁多,包括气象灾害、地震灾害、地质灾害等除火山灾害外的几乎所有自然灾害;国土面积三分之二以上的地区面临着潜在的洪涝灾害;地震活动十分频繁。

相对台风、洪涝等自然灾害,地震具有不可预测性、不可控制性和突发性等特征,对人的身心健康产生深远的影响。21 世纪以来,我国先后发生了汶川地震、玉树地震、雅安地震、鲁甸地震、九寨沟地震和泸定地震等多个震级在 6 级以上的破坏性地震,给人们的生命财产造成了巨大损失。地震发生后,余震、泥石流、山体滑坡等次生灾害也时有发生,进一步威胁着人们的生命安全,对灾民身心健康造成了严重的危害。

热带气旋造成的超强台风灾害在我国也极为多发,是一种严重的气象灾害。台风不仅风力强,还通常伴有强降雨和风暴潮,能够引发暴雨洪涝、山体滑坡和泥石流等灾害,威胁人们的生命安全和身心健康。需要提及的是,台风"利奇马"是近年来登陆我国的超强台风,给全国十余省市都带来了严重的经济损失。

由此可见,自然灾害对我国民众造成了持续、广泛的影响,对民众心理健康造成了持续的潜在威胁。鉴于此,本书将主要考察地震和超强台风等自然灾害后青少年及其家庭的心理状况,最终目的在于提升灾后青少年心理的康复水平,促进其健康成长。

第二节　创伤心理反应

创伤经历容易使个体在认知世界中形成消极的心理图式,这种"'图式'具有恐惧性和创伤性的特征,会在我们的脑海中反复出现。我们想把它搁置起来,它却会以梦的形式萦绕在我们的脑海中"(Simpson et al.,1997)。它容易使个体在认知上形成无助、绝望和闪回等反应,行为上出现回避、退缩等反应,情绪上出现惊恐、悲伤、愤怒、内疚、难过等反应,生理上出现身体发抖、血压上升、心率加快等反应。例如,在我们对 2021 年 7 月份河南洪灾后某受灾家庭的访谈中,就能明显地感受到上述心理反应。

采访者:首先想问一下经历水灾的那几天,正是洪水比较大的时候,你们的心情是怎么样的? 请从妈妈开始讲吧。

P 女士:那几天是吃不好也睡不好,直到现在也还是不能看朋友拍的洪水方面的视频,一看这些视频就会不由自主地哭,现在一想起这个大水,就感到害怕,心有余悸。

采访者:因为这是个特别大的事情,会对您产生影响。

P 女士:之前新乡又下暴雨了。晚上我们回到家以后,把车停在路边。半夜 1 点多的时候,这里又淹了,就把车开到了高处。那天也是非常害怕,我就把儿子叫醒,一起把车送到高处。那晚,我一看见那个水,心里头就没底,心里直打战。儿子坐在我后头,我叫他按着我的肩膀,那时我浑身抖得像筛糠一样,非常非常害怕。

P 女士的儿子:我来补充一下。当时我妈妈她非常地不冷静,开车的时候一直在说"我好害怕""怎么办",她很慌,她的两个肩膀一直在抖,让我按住她,但我根本按不住,她的肩膀特别特别硬,还浑身发抖,好不容易才把车停到了高处,然后我们步行回来……到家之后,我很正常地睡着了,但不知道她有没有睡着。

P 女士:我没睡着,回来后雨还在下,风还是很大,快到天亮的时候才睡了一小会儿。

实际上,经历创伤事件后的短时间内出现以上这些反应都是正常的,可以说是"不正常情况下的正常反应"。不过,这些反应如果持久地存在,特别是在经历创伤事件一个月之后还持续存在,就可能会给受灾者造成心理问题。以往的研究发现,在经历创伤事件后的许多心理问题中,PTSD 被认为是最普遍的心理问题(Ying et al.,2013)。PTSD 与焦虑、抑郁具有很高的共病特征(Goenjian et al.,1995),因此抑郁和焦虑也是灾难经历后容易出现的消极心理反应。此外,诸如分离症状、幻想、幻听等反应也可能会出现(Simpson et al.,1997)。有些创伤后心理反应会随着时间的流逝而消失,例如绝望、幻听等;另一些心理反应可能随时间的推移变得越发严重,特别是重大地震引发的次生灾难,会进一步加剧地震后灾民的创伤心理反应。例如,Zhou 等(2019d)对汶川地震后的 295 名中学生进行了追踪研究,发现受汶川地震后山体滑坡、泥石流等次生灾难的影响,11.5% 的中学生心理问题出现了加剧的情况。

近年来,随着积极心理学的发展,越来越多的研究者将焦点聚焦于创伤后的积极变化方面。Joseph 等(2008)认为以往的研究主要从心理病理学的角度考察创伤后的心理反应,忽视了人们的积极潜能和创造性。在重大灾难事件后,解决人们的消极心理反应固然是重要的,但更重要的是发现创伤后个体的潜力,促进其积极变化。于是,在这种思潮的影响下,有研究者对创伤后的积极变化进行了研究,发现经历创伤事件的个体可能会变得更具同情心;发现自己具有复原的特征,更有力量感;更加感恩生命,对生活抱有更积极的态度。例如,在我们对汶川地震后某中学生的访谈中,发现她对未来抱有极大的希望。

采访者:地震发生之后,有给你造成什么重大的影响或转变吗?

W 同学:(点头)有影响和转变。

采访者:是哪些方面呢?

W 同学:个人方面!之前我们几个小伙伴一谈到地震就觉得难过,因为很多人失去了亲人、朋友。后来我们每天种一棵树,希望它们慢慢长大。我们种了很多树,但是只种活了一棵,那是我们精心培养的,现在我们都叫它希望树。

采访者:哦,这棵树叫希望树,这棵树也装载了你们的希望,对吧?

W 同学:嗯!

与这些积极的变化类似,大量的研究对不同类型的创伤经历者进行了考察,发现经历创伤后的人群都可能存在与压力相关的成长、获益的感知和危机后的成长等积极结果(Linley et al.,2004)。实际上,这些积极的变化可以概括地称为创伤后成长(posttraumatic growth,PTG)(Tedeschi et al.,1995),它并非指个体恢复到创伤前的水平,而是指创伤后个体的心理机能超越了创伤前的水平(Joseph et al.,2005b)。

通过对创伤后的心理反应进行梳理,可以发现创伤后的个体既有消极的心理反应也有积极的心理变化,正所谓"祸兮,福之所倚",这也预示着创伤经历者有"痛苦并成长着"的可能性。因此,在考察创伤后心理反应的过程中,切勿"一叶障目",应当同时关注创伤心理反应的消极面和积极面,才能全面地认识创伤后心理反应的特点,为创伤心理干预提供帮助。在本节中,我们主要介绍创伤后两种效价不同的典型心理反应,即 PTSD 和 PTG。

一、PTSD

(一)PTSD的概念

PTSD(posttraumatic stress disorders)最初用以描述个体在经历战争后产生的负性心理结果,被称为"战争疲劳"。长达20年的越南战争结束后,美退役军人心理问题高发的情况受到了美国政府的高度重视,并以此为契机推动PTSD作为一种精神障碍的诊断类别被纳入DSM-3。DSM-3指出,PTSD的核心症状有三项,分别是侵入性症状、回避性症状、警觉性增高症状。1996年出版的DSM-4也沿用了旧版的三项症状,但在此基础上增加了对应激源的评判标准,即所经历的事件必须为"创伤性"事件。

2013年出版的DSM-5在DSM-4的基础上进行了两处重要改动:一是取消了"强烈的恐惧、无助和/或恐怖"创伤期主观情绪反应的诊断标准,并认为这种情绪反应应该被视为PTSD的风险因素(Cwik et al.,2017;Krüger-Gottschalk et al.,2017);二是回避性症状被拆分为"持续回避创伤事件相关刺激"和"创伤事件有关的认知和情绪方面的负性改变"两个不同的症状条目。至此,PTSD的核心症状被修改为四项:侵入性症状、回避性症状、认知和情绪的负性改变症状和警觉性增高症状(APA,2013)。①侵入性症状,即经历创伤事件的个体以各种形式反复再次体验到创伤事件发生时的痛苦感受,例如以错觉和幻觉的形式再次回到创伤事件发生时的场景,频繁做与创伤事件有关的噩梦,在梦中或从梦中醒来后产生强烈的情感唤起,当接触到创伤事件相关线索时出现持续的生理反应和心理痛苦。②回避性症状,即在经历创伤事件之后,持续回避与创伤直接相关或是能够唤起相关痛苦感觉的记忆、想法甚至是时间、场景、事件、对话等。③认知和情绪的负性改变症状,即人际交往中情感感受和表达受损,兴趣减退,出现灾难化思维和自杀倾向。④警觉性增高症状,具体表现为易怒、易激惹、易出现鲁莽行为,睡眠出现问题(美国精神医学学会,2024)。

侵入性症状、回避性症状、认知和情绪的负性改变症状、警觉性增高症状分别是判定PTSD的B、C、D、E标准。不过,是否出现PTSD还要看是否满足了A、F、G、H标准(美国精神医学学会,2024)。

A标准是以下列一种(多种)方式接触实际的或被威胁的死亡、严重的创伤和性暴力:①直接经历创伤事件;②亲眼看到发生在他人身上的创伤事件;③获悉亲密家人和朋友身上发生了创伤事件;④反复经历或极端接触到创伤事件惨不忍睹的细节。

F标准是创伤应激症状要持续一个月以上。

G标准是这种障碍能够引起明显的临床上的痛苦,或导致社交、职业及其他重要功能方面的损害。

H标准是这种障碍不能归因于某种物质的生理效应或其他躯体疾病,且不能用其他"短暂精神疾病性障碍"来更好地解释。

（二）PTSD的测量

2013年前,研究者已经根据DSM-4中PTSD的症状和诊断要点,编制了一系列的自陈量表和结构化诊断量表。随着DSM-5的发布,PTSD相关量表也根据新的诊断标准做了相应更新和修订。其中,测量PTSD的量表主要有临床诊断量表（Clinician-Administered PTSD Scale for DSM-5,CAPS-5）和自陈式创伤后应激障碍症状核查表（Posttraumatic Stress Disorder Checklist,PCL-5）。

CAPS-5被认为是评估PTSD症状的黄金标准,它由Weathers等人于2013年根据DSM-5的新标准修订得到,包含30个题项。使用时,由施测者提问,要求被测试者根据题项中的症状对自己的真实情况进行五点评分。CAPS-5中的题项除了对DSM-5中PTSD四大核心症状进行评估外,还包括对患者日常功能、治疗疗效及伴随症状的评估,完成整个访谈需要45—60分钟。除CAPS-5以外,PTSD会谈量表、PTSD结构化临床访谈表以及PTSD结构式会谈量表等也是PTSD临床诊断中常用的结构化访谈量表。

结构化诊断量表的优点在于可以进行准确的评估和临床诊断,以便获取关于患者更全面的信息。在操作流程上,此类量表需要由医师或经过相关专业培训的临床工作者施测,测试所需时间也相对较长。相对而言,自陈量表因简便易施,更适用于对较大样本的DSM-5 PTSD进行调查研究。其中,常用的自陈式量表主要是PCL-5（Weathers,2013）。

PCL是由美国创伤后应激障碍中心于1993年编制的用来测量PTSD的自陈量表（Weathers et al.,1993）,并于2013进行了修订,最终形成了现在的PCL-5（Weathers et al.,2013）。该量表严格按照DSM-5的诊断标准,评估经历创伤事件后个体所体验到的PTSD症状的严重程度,具体可分为侵入性症状、回避性症状、认知和情绪的负性改变症状以及警觉性增高症状等四个维度,总共20个题项。采取从0分（完全不符）到4分（完全符合）的五点记分方式,计分范围为0—80分（见表1-1）。在现有的研究中,PCL-5表现出信效度良好的特点（Zhou et al.,2019a;Zhen et al.,2022）。

表 1-1 自陈式创伤后应激障碍核查

序号	创伤后应激障碍	完全不符	不符合	不确定	符合	完全符合
1	对过去经常做的事情明显失去兴趣	0	1	2	3	4
2	对自己、他人或世界有持续性放大的负性信念与预期(比如觉得"世界很危险""他人不可靠"或者"自己很无能")	0	1	2	3	4
3	试图躲避那些会让自己想起××事件的活动、人物或地点	0	1	2	3	4
4	很难集中注意力(比如看电视时走神,忘记看过的内容,课堂上无法集中注意力)	0	1	2	3	4
5	很难入睡或容易惊醒	0	1	2	3	4
6	会做噩梦	0	1	2	3	4
7	容易紧张或受到惊吓	0	1	2	3	4
8	与××事件有关的令人难过的想法或画面,会突然闯进我的脑海中	0	1	2	3	4
9	当我想起或听别人说到××事件的时候,会感到不舒服(比如觉得害怕、气愤、伤心、内疚等)	0	1	2	3	4
10	情绪麻木(比如哭不出来,或高兴不起来)	0	1	2	3	4
11	我的行为或情绪反应好像在不断经历××事件(比如,听到与××事件有关的声音或看到一些画面,感到又身处其中)	0	1	2	3	4
12	当我想起或听别人说到××事件的时候,会有一些身体上的反应(比如突然冒汗、心跳加快)	0	1	2	3	4
13	过分警觉(比如不断查看我周围的人和环境,以确保安全)	0	1	2	3	4
14	无法记起关于××事件的一些重要经历	0	1	2	3	4
15	感觉焦躁不安或容易发火	0	1	2	3	4
16	感觉与周围的人亲近不起来	0	1	2	3	4
17	试图不去回忆、谈论或感受××事件	0	1	2	3	4
18	经常出现鲁莽的举动	0	1	2	3	4
19	经常没有理由地责备或怪罪自己或他人	0	1	2	3	4
20	很难体验到积极的情绪(比如高兴)	0	1	2	3	4

二、PTG

(一)PTG 的概念

经历创伤事件可能会给人带来包括 PTSD 在内的消极心理反应,不过在与创伤事件进行不断的抗争中,个体也会发生积极的心理变化,如PTG(Tedeschi et al.,1996),PTG这一概念在积极心理学思潮的影响下,逐渐被创伤心理学者所关注。积极心理学关注和强调人类追求幸福和成长的动力。在积极心理学思潮的影响下,越来越多的研究者将注意力由创伤后的消极心理,转向人们在面对逆境时展现出的成长。在创伤心理学领域,作为创伤后积极心理反应的PTG,是指个体同主要的生活危机进行抗争后所体验到的一种积极心理变化(Tedeschi et al.,1995),主要体现在新的可能性、人际关系、精神性改变、欣赏生活和个人力量等方面。

PTG的基本假设有着深厚的哲学根基,即认为人们可以从创伤或遭受损失的经历中实现学习和成长,体现了存在主义和辩证法的精神(Brunet et al.,2010)。存在主义认为,勇敢和同情等美好品质能够使人在经历痛苦时找到新的意义(Frankl,1962)。同样,辩证法理论提出,危机有其建设性意义,能够激励个体的发展(O'Leary et al.,1995)。这些都表明了逆境经历会给人们带来心理上的成长,正如尼采所说,"杀不死我的必将使我更强大"。可以说,个体能够通过处理生活中的困难找到其背后所蕴藏的意义,实现成长等积极变化(Meyerson et al.,2011)。

PTG的内在理念强调个体在经历压力和创伤等消极事件后能够实现积极转变。研究者认为,经历创伤事件的个体不仅能在与创伤经历的斗争中获得成长,还能够发展出超越其创伤前水平的能力(O'Leary et al.,1995)。同时,研究者也强调,创伤事件本身并不能直接使人成长,真正能使个体产生PTG的是与创伤事件抗争的过程(Tedeschi et al.,1995)。创伤事件的发生对个体看待自己、他人和世界的模式产生了"地震式"挑战,打破了他们对世界的原有看法和假设,迫使个体对自身的目标、信仰和世界观进行重新思考和整合(Calhoun et al.,2006)。

不过,在理解PTG的过程中,我们还需要区分PTG与乐观、坚韧、一致性、开放性以及复原力等概念。乐观是指个体期望事件能有积极的结果(Scheier et al.,1985),乐观程度高的个体能够将注意资源集中在最重要的事情上,更易从难以控制的事情或棘手的问题中解脱出来(Aspinwall et al.,2001)。坚韧是一种稳定的人格特质,包括承诺、控制以及挑战这三个成分,坚韧程度高的个体往往会对事物充满好奇及热情,相信自己能够对事件施加影响,也期望生活能够带来满足其个人发展的挑战(Kobasa et al.,1985)。一致性主要用以形容一些能够较好地应对压力的个体,他们能够从理解事件或应对事件的过程中找到意义(Antonovsky,1987)。开放性程度高的个体往往富有想象力,情绪敏感,而且具有较强的求知欲,这些人很容易从逆境中汲取力量。复原力是指个体在苦难或逆境经历之后仍然能够继续生活的能力(Rutter,1987)。尽管从表面上看,PTG 与这些概念之间是比较相似的,但实际上,它们之间具有很大的差异。具体表现在,以上概念描述了人们在应对逆境时表现出的一些稳定的个体特征(Tedeschi et al.,2004),但 PTG 是指个体的状态性变化,这种变化不仅不会被逆境破坏,还会超越逆境经历前的适应水平。

(二)PTG 的测量

目前,对 PTG 的研究主要包括质性研究和量化研究两种方式。由于质性研究较难操作,因此众多学者对 PTG 的量化工具产生了浓厚的兴趣,开展了大量研究,研发出了创伤后成长问卷、压力成长量表、益处感知量表、益处发现评定量表等测量工具。不过,这些测量工具大多适用于创伤后的成年人。对创伤后青少年 PTG 的测量工具进行回顾,发现适用于创伤后青少年的工具主要是修订后的创伤后成长问卷(posttraumatic growth inventory,PTGI)。PTGI 将重点放在新的可能性、人际关系、精神性改变、欣赏生活和个人力量等方面的积极变化上,共有 21 个题项。量表采用六点计分,0 分代表"没有变化",5 分代表"变化很大"。量表的总体信度良好,结构效度良好。

在国内,测量青少年 PTG 的问卷主要来自对 PTGI 的修订。例如,陈超然(2012)在对青春期艾滋病孤儿进行深度访谈和开放式问卷调查的基础上,修订了 PTGI,修订后的问卷有 12 个题项,包括人际关系、个人力量和欣赏生活三个维度。汶川地震后,也有研究者修订了 PTGI,以对震后青少年的 PTG 进行调查。例如:高隽等(2010)修订后的 PTGI 有 17 个题项,包括人际关系、个人力量和欣赏生活三个维度;周宵等(2014b)修订后的 PTGI 共有 22 个题项,包括人际体验的改变、生命价值观的改变和自我觉知的改变等三个维度。目前,周宵等人修订的 PTGI 被广泛地应用于调查我国重大自然灾害后青少年的 PTG,详见表 1-2。

表 1-2　创伤后成长问卷

序号	内容	没有变化	变化很小	变化较小	变化一般	变化较大	变化很大
1	我更懂得生命中哪些事情对我来说更重要	0	1	2	3	4	5
2	我更愿意尝试去改变那些需要改变的事情	0	1	2	3	4	5
3	我欣赏自己生命的价值	0	1	2	3	4	5
4	我发现在生活中遇到问题时,可以靠自己的力量去解决	0	1	2	3	4	5
5	更能够理解某些神秘的事情(如宗教、神灵、命运之神等)	0	1	2	3	4	5
6	在遇到麻烦的时候,我可以向别人求助	0	1	2	3	4	5
7	感觉和别人更加亲近了	0	1	2	3	4	5
8	遇到问题的时候,知道自己能够处理	0	1	2	3	4	5
9	愿意向他人诉说自己的情绪	0	1	2	3	4	5
10	能够接受事情自然发展的方式(顺其自然)	0	1	2	3	4	5
11	珍惜每一天	0	1	2	3	4	5
12	能够理解别人的痛苦	0	1	2	3	4	5
13	在活着的时候,我应该把事情做得更好,不留下遗憾	0	1	2	3	4	5
14	我的生活中出现了以前根本不可能出现的机会	0	1	2	3	4	5
15	重视自己的人际关系	0	1	2	3	4	5
16	更加理解信仰宗教的行为	0	1	2	3	4	5
17	我发现我比自己想象的要坚强	0	1	2	3	4	5
18	我懂得了他人是多么的美好	0	1	2	3	4	5
19	我培养了新的兴趣	0	1	2	3	4	5
20	知道自己在有些情况下是需要他人的,并且能够接受这一事实	0	1	2	3	4	5
21	我为自己的人生寻找到了新的道路	0	1	2	3	4	5
22	更加理解冥冥之中有某种不可控的力量存在	0	1	2	3	4	5

第二章　创伤心理反应的理论

经历战争、自然灾害、车祸等重大灾难性事件后,人们会出现不同的创伤后身心反应,有的人可能长期受到创伤事件的消极影响,出现侵入、回避、高警觉等创伤后反应;有的人能够随着时间的流逝自然恢复到往日的生活状态;有的人则会将创伤事件作为个人发展的机会,利用创伤后这段时间获得成长,调整至超越创伤前水平的状态。为探明创伤后反应的个体差异,创伤心理领域的研究者开展了大量的研究,并提出各种理论阐明创伤后消极和积极反应的发生机制,为全面、系统地理解该现象提供理论框架。本章主要介绍了几种常见的创伤后应激障碍理论和创伤后成长理论,以及我们自己构建的创伤心理反应三阶段加工模型。

第一节　创伤后应激障碍理论

关于创伤应激反应的理论有很多,一些早期的理论如压力反应理论、条件反射理论、恐惧管理理论、焦虑模型(Brewin et al.,2003)都能够帮助我们理解创伤心理反应的加工过程。不过,这些理论大多比较宽泛,属于综合性质的理论,不能有针对性地阐明创伤后应激障碍(PTSD)的发生过程。近年来,越来越多的研究者提出了针对创伤后应激障碍的理论假设,Benight(2012)通过对以往文献的回顾,总结出代表性的创伤后应激障碍理论主要有社会认知理论、资源保存理论、社会支持强化恐惧模型、破碎世界假设、情绪加工理论、认知理论、激活理论等。虽然这些理论提出的背景不尽相同,但是它们都认为创伤事件摧毁了个体已有的信念系统或世界假设,导致消极的认知加工,从而引发了创伤后应激障碍(Park et al.,2012)。除此之外,创伤后的人际关系对个体创伤心理影响比较大,因此我们也将考察人际关系影响创伤后应激障碍的理论模型。基于此,本节将从认知和关系的角度介绍破碎世界假设理论、PTSD 的认知模型、PTSD 的认知—行为人际关系理论和 PTSD 的社会—人际模型。

一、破碎世界假设理论

破碎世界假设理论由 Janoff-Bulman 提出,该理论认为每个人心中都有一个假定的世界信念,这些信念假设在人们成长的过程中逐渐形成并保持稳定,帮助人们处理日常的生活事件,激励人们克服困难、规划未来。经历创伤事件后,原本稳定的世界信念假设被突如其来的创伤事件所打破,人们会产生强烈的信念冲突和不真实感,开始对原有信念系统产生怀疑或否定,并产生消极的世界假设,引发对创伤事件的消极认知,导致包括PTSD 在内的消极身心反应结果。比如,对认为小概率事件不会发生在自己身上的人而言,他们在经历疾病、事故、灾难等创伤事件后,会产生强烈的脆弱和无助感,觉得自己原来的信念崩塌了,认为这个世界不再安全,不知道自己该以什么样的信念来面对这个世界。这种消极认知失调会导致个体在经历创伤事件后出现创伤记忆侵入、闪回、情绪痛苦、警觉性增高等反应。

破碎世界假设理论的前提是人们对世界的信念假设,即人们如何看待现实世界、他人和自己。Janoff-Bulman(1989)提出了三个基本核心信念:①世界是仁慈的;②世界是有原则的;③自己是有价值的。这三个基本核心信念也是人们在经历重大创伤事件后出现认知冲突的主要方面。

世界是仁慈的。这个基本信念是指人们觉得这个世界是积极的,比如觉得世界上发生的好事更多,认为事情的结果和走向是好的。它包括两个方面,即客观世界的仁慈和人类的仁慈。如果个体认为客观世界是仁慈的,就会觉得这个世界是安全的,发生不幸事件的概率比较低;如果认为人类是仁慈的,就更可能相信其他人是善良、友好、乐于提供帮助和关心人的。

世界是有原则的。这个基本信念是指对好事和坏事如何"选择"发生在不同人身上的看法,即好坏结果的分配方式。分配方式可能存在三个原则:①公平原则,即认为世界具备公平性,人们会获得他们应得的结果,不会得到不属于他们的结果。判断标准来源于人的性格和品德。也就是说,性格善良、品德高尚的人更易得到好的结果,性格顽劣、品德低下的人更易遭遇坏的结果,即"善有善报,恶有恶报"。②结果控制能力原则,即认为一个人遇到好事还是坏事是由他对结果的控制能力决定的。只要自己的行为方式足够小心谨慎,提前采取适当的预防措施,就可以避免一些意外。

③随机原则,即认为遇到好事或坏事是完全随机的,不会因为一个人具备良好的品德或拥有较强的控制能力而有所偏向。前两种原则可以很好地解释为什么有些事情会发生在特定的人身上,在事情真的发生时,会让人觉得有迹可循。以上三种分配原则并不是相互独立、相互排斥的,人们在某种程度上会倾向于相信三种原则都存在,不同情况下可能会更为相信某种原则。

自己是有价值的。这个基本信念是指人们对自己的认知,决定了他们如何将上述原则与自己相联系。比如,当一个人认为自己是一个性格善良、品德高尚的人,那么按照公平分配原则,自己会得到公正世界的保护,能够遇到好的事情;相反,如果一个人的自我价值感低,认为自己不值得优待,那么根据公平分配原则,他会认为自己更可能会遭遇不好的事情。与上述三种分配原则相对应的有三个自我维度:①自我价值,即一个人多大程度上认为自己是善良的、道德的和值得被善待的。②自我控制力,即一个人多大程度上认为自己会做出合适的、具有预防措施的行为。③运气,即一个人多大程度上认为自己是被上天眷顾的幸运儿。

破碎世界假设理论还认为,拥有积极信念假设的人由于原始假定信念与现实情况存在较大的冲突,在遇到创伤事件时可能会受到更大的负面影响,更易产生 PTSD 等消极心理反应。此外,对之前经历过创伤事件且还未重新建立稳定而安全的内心世界的人而言,新的创伤经历会加剧认知冲突对他们心理反应的影响(Brewin et al.,2003)。

二、PTSD 的认知模型

PTSD 的认知模型由 Ehlers 和 Clark 于 2000 年提出(Ehlers et al.,2000),它在以往理论和实证研究的基础上解释了为什么一些人在经历创伤事件后,PTSD 症状会持续存在,甚至长达数年。该理论也为 PTSD 的认知—行为治疗提供了理论框架。

PTSD 的认知模型认为,只有当人们处理创伤事件及相关症状的方式让其产生一种当前受到严重威胁的感觉时,PTSD 才会持久存在。这种威胁感主要来源于两个过程:①对创伤事件或相关症状的评价;②创伤记忆与其他自传体记忆发生联系,尤其是创伤记忆与长时记忆中的其他情景性信息整合在一起。在这两个过程中,威胁感一旦被激活,侵入性症状、高警觉症状、焦虑和其他情绪反应也将随之出现,甚至会激发一系列的行为和认知反应。

这些反应的出现本来是为了在短期内减少感知到的威胁和痛苦,但结果却是阻碍了认知变化,维持了 PTSD 症状。

对 PTSD 症状持续存在的人而言,他们并不认为创伤事件是有时间限制的,不会对他们的未来产生深远的负面影响。相反,他们对经历的创伤事件有较高的消极评价,甚至出现威胁感。这种威胁感既有关于外部世界的,比如认为这个世界是很危险的;也有关于个体自身的,比如认为自己没有办法应对这样的灾难。

威胁感来源于人们对创伤事件的评价方式,人们可能会过度夸大灾难事件发生的可能性,导致过度恐惧,无法进行正常活动,比如遭遇交通事故后不敢再开车上路。或者将自己视为创伤事件发生的原因,产生"我招致了灾难"的想法,出现回避情绪和行为,比如在遭受性侵犯后责备自己,限制自己的社交生活。除了对创伤事件本身的消极评价外,人们对创伤后反应的消极评价也会引发威胁感。经历创伤事件后,人们可能会出现侵入性记忆、闪回、情绪不稳定、易怒、注意力不集中等问题,如果不能将这些问题视为正常的恢复过程,而是将其解读为影响身心健康的危险因子,那么将会产生消极情绪,最终可能会增加创伤后症状的持续时间。

创伤经历者在将创伤相关记忆整合到自传体记忆的过程中,会丢失创伤事件的时间、地点和前后相关信息等内容。因此,对 PTSD 症状持续存在的人而言,因为他们的创伤相关记忆是碎片化、混乱或者细节缺失的,当他们想要回忆创伤事件时,可能会出现回忆困难或者难以完整地叙述创伤事件的情况。

此外,对 PTSD 症状持续存在的人而言,其创伤记忆的内部联结是紧密的,即涉及创伤性事件各种刺激元素的表征是紧密关联的(刺激—刺激联结),这些刺激元素与创伤时的反应之间也是紧密关联的(刺激—反应联结)。这意味着,当个体遇到任何与原始创伤有关的刺激时,都有可能触发创伤相关的侵入性记忆。因此,他们的侵入性症状会更加频繁,脑海中总会不由自主地出现创伤相关内容,并以一种生动和情绪化的方式重新体验事件的各个方面。

总的来说,PTSD 的认知模型阐明了因产生威胁感而持续存在 PTSD 的过程,以及威胁感所带来的认知、行为反应(如回避),这些反应可能在短期内会缓解个体的威胁感,但长此以往,会阻碍认知变化,导致 PTSD 的持续存在(如图 2-1 所示)。

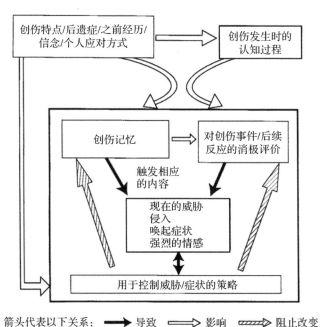

箭头代表以下关系：　→ 导致　⇒ 影响　⇢⇢⇢ 阻止改变

图 2-1　PTSD 的认知模型

三、PTSD 的认知—行为人际关系理论

PTSD 的认知—行为人际关系理论阐明了 PTSD 症状持续存在的原因，以及症状对亲密关系功能的消极影响（Monson et al.，2010）。该理论认为人们经历创伤事件后，会出现行为回避、消极认知和情绪困扰等症状，这些症状在个体内部不断地相互影响，导致症状持续存在，难以消除。这些症状还会影响人们与重要他人的交往过程，引发亲密关系问题。也就是说，创伤后个体的认知、行为和情绪症状会以个体内和个体间两种方式影响创伤经历者的身心健康和人际关系状况。

在 PTSD 影响亲密关系方面，主要体现为 PTSD 三种症状对人际关系的影响（如图 2-2 所示）。

第一，行为回避和适应，指 PTSD 中回避症状的负向强化过程。回避的日常行为模式会蔓延到人们的亲密关系中，形成亲密关系的回避模式，持续加剧他们的回避症状和创伤相关痛苦。在亲密关系中，重要他人的善意关心和照顾行为对具有回避症状的人而言，可能会加剧或维持他们的痛苦。比如，妻子经历了意外车祸，丈夫为了缓解妻子的情绪想要开车带她出去散心,但再次坐在车上对妻子而言是一件非常痛苦的事情,因为这会让她想起曾经的车祸场景。平时表达爱意和关心的行为,也会引起妻子的痛苦、埋怨或愤怒。长此以往,丈夫为了避免引起妻子这样的情绪反应,可能会采取行为回避的方式来适应妻子的节奏。这种回避的行为模式会减少创伤相关暴露,但也会损害有效沟通和积极情感体验,影响亲密关系满意度,反过来加剧初始的回避症状。

第二,认知过程和内容,指对世界和过去经验原有的稳定认知,以及关于权力、信任、控制等核心信念的破坏。个体和人际关系的功能失调主要来源于固有的认知图式无法解释现实情况。经历创伤事件后,人们的核心信念受到挑战,暂未得到重建和稳定的内心信念会影响到亲密关系相处过程,引发对亲密关系的不满意等问题。

第三,情感困扰,指积极情绪感知困难以及易出现愤怒、羞愧、内疚和悲伤等消极情绪。情绪麻木和消极情绪的症状会导致人们出现述情障碍,无法识别和表达自己的情绪,影响人们在亲密关系中的情感表达、交流和体验,降低亲密度,损害亲密关系(Monson et al.,2012)。

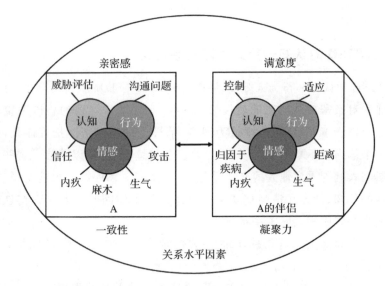

图 2-2　PTSD 的认知—行为人际关系理论(亲密关系)

PTSD 的认知—行为人际关系理论主要强调 PTSD 症状与亲密关系之间的联系,在后续研究中,研究者将这一理论扩展到 PTSD 症状与亲子关系/教养行为之间的关系上(Creech et al.,2017),同样也体现为三种症状对人际关系的影响(如图 2-3 所示)。

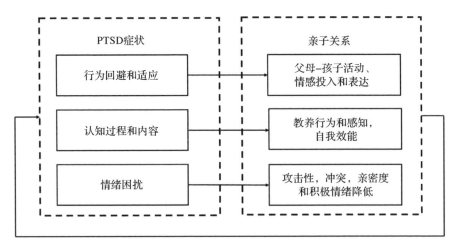

图 2-3　PTSD 的认知—行为人际关系理论(亲子关系)

第一,父母的回避行为会促使整个家庭系统都使用回避行为来应对父母的回避,导致整个家庭形成回避的行为模式,这个负向循环过程反过来也会继续维持父母的回避症状。此外,家庭中回避的相处模式会延伸至孩子与他人的相处中,形成人际交往的回避,甚至是情感表达的回避。

第二,父母暴露于创伤事件后,其积极的世界假设被打破,会出现世界充满危险的认知偏差,并不断确认自身和周围环境是否安全。一方面,父母对世界的消极认知会直接传递给孩子;另一方面,父母在日常生活中可能会过于注意孩子的安全,甚至夸大其行为方式的不安全性,进一步增加孩子对世界和他人的恐惧感。认知偏差还会影响父母的教养效能感,使其感受不到作为父母的价值,从而疏远孩子(Lauterbach et al.,2007;Sherman et al.,2016),这同样会影响父母的教养行为。

第三,父母的情绪困扰,比如情感麻木、烦躁不安等,会导致父母在与孩子的相处过程中较少地表现出积极情绪和关心,甚至会出现冲突和攻击行为(Leen-Feldner et al.,2011),导致亲子关系恶化。

与 PTSD 症状和亲密关系的相互影响类似,PTSD 症状与亲子关系/教养行为之间也是相互影响的。父母回避、消极认知和情绪困扰的症状影响着他们的教养过程和家庭功能,这会进一步加剧父母的行为回避、消极认知和情绪困扰,最终形成恶性循环。

四、PTSD 的社会—人际关系模型

PTSD 的大多数理论模型都是在特定类型的治疗干预背景下产生的,主要基于对临床病人群体的研究。临床病人的生活环境是医院,人际关系网络较为简单。在该群体背景下进行的研究主要关注个体内部的影响因素,比如个人特质、应对方式等,因此研究结论并不适用于生活在社会关系复杂的普通人群。此外,以往包含人际关系因素的 PTSD 理论,比如情绪加工理论、PTSD 的认知—行为人际关系理论等,在一定程度上缺乏对人际关系互动或社会文化/环境影响的考虑。于是,Maercker 等(2013)提出了 PTSD 的社会—人际关系模型,补充了现有 PTSD 理论的局限,增加了人际关系和社会视角,以此来解释创伤经历对个体和人际关系的影响。该模型纳入了生命历程心理学、文化心理学、亲密关系和群体动力的研究以及 PTSD 相关的临床知识,将个体放入三个层面的社会环境中进行考虑,以构建创伤经历对个体自身和人际互动的影响(见图 2-4)。

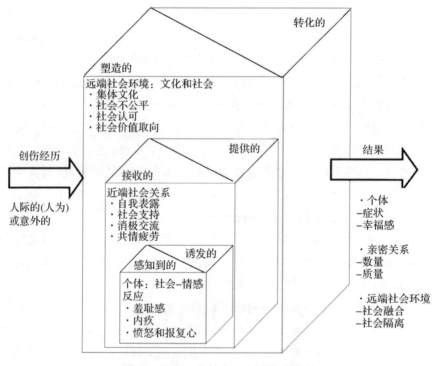

图 2-4　PTSD 的社会—人际关系模型

第一个层面是个体层面,即由个体内在特征组成的个体环境。这个层面中除了纳入以往 PTSD 模型中提到的个人情感反应外,还纳入了个人的社会—情感反应。这种反应是指个体在与环境的相互作用过程中出现的想法和感受,比如幸存者内疚,对是自己而非他人在灾难中存活下来感到内疚;羞耻感,对经历创伤事件感到羞愧;愤怒和报复心,对给自己造成创伤或未能阻止创伤发生的人产生愤怒、敌意甚至报复的感受和想法。经历创伤事件后,这些社会—情感反应往往伴随着 PTSD 症状出现(Hathaway et al.,2010),可以预测 PTSD 症状的时间进程。

第二个层面是近端社会关系层面,即由重要他人(伴侣、家人和密友)组成的亲密关系环境。这个层面反映了创伤经历者与重要他人互动过程中关于创伤方面的内容,比如自我表露,分享创伤相关情感经历的需求;社会支持,重要他人的支持对自己的支持至关重要;消极交流,因经历创伤事件而被排斥或受到责备;共情疲劳,难以共情他人,但希望得到他人的共情。创伤事件发生后,创伤经历者的亲密关系环境也会受到影响,无论是他们自身或重要他人的行为反应都可能会出现一些改变。比如,有研究发现,在创伤事件发生后的前几周,创伤经历者会经常与重要他人讨论该事件,在接下来的一个月内可能因为担心对方的情感疲倦而降低自我表露的程度(Pennebaker et al.,1993)。

第三个层面是远端社会环境层面,由文化和社会因素组成。这个层面反映了创伤经历者生活背景中的文化、宗教或社会因素对创伤经历者想法和行为的影响。这些因素包括集体文化,如集体主义文化中的集体压力应对过程,给人们带来的高归属感对 PTSD 患者而言更有利;社会不公平,如社会的不公平会加剧人们创伤后的消极信念;社会认可,即社会对创伤经历者的承认度,如自己是否被视为创伤经历者;社会价值取向,如一般情况下传统价值观会加剧 PTSD,现代价值观则能缓解 PTSD。该层次的互动发生在社会群体与创伤经历者之间,临床研究发现,当创伤经历者隶属于某个社会群体比如退伍军人时,可能需要在临床治疗中被重点关注。

上述各个层面的因素并非固定不变,它会根据现实情境产生变化。比如自我表露这个因素,与伴侣进行创伤相关表露属于第二层次,但在公众场合讨论创伤相关话题则属于第三层次。该理论认为三个层次之间是相互影响和转化的。例如,受到性侵犯的妻子的 PTSD 症状可能与她的内在羞耻感有关,这种内在羞耻感可能会在夫妻交流过程中得到缓解,而夫妻双方对受侵犯话题自我表露的接纳程度和反应则受到社会价值取向和集体文化的影响。

该模型还指出每个层次对应着两个不同的视角,构成了"第三维度"(如图 2-4 所示的空间维度)。个体层面包括"感知到的"和与之相对的"诱发的"的两个视角,分别对应着创伤经历者自己感知到的和诱发产生的内疚等社会—情感反应;近端社会关系层面包括"接收的"和与之相对的"提供的",分别对应着创伤经历者接收到的社会支持和提供给亲密他人的社会支持;远端社会环境层面包括"塑造的"和"转化的",代表了两种行动方向。

创伤事件通过影响人际—社会过程产生不同的个体、人际和社会结果,该模型认为每个社会—生态水平都对应着相应的结果变量,其中个体层面的症状或功能障碍是临床心理学领域关注的重点。在个体层面上,创伤后反应和幸福感是两个主要结果,其中关系满意度和心理亲密度反映了亲密关系状态,社会情感反应与幸福感和成功应对有关;在近端社会关系层面上,交流时间和关系持续时间是重要的结果变量;远端社会环境层面上,社会融合或社会隔离是两个最有可能出现的结果。

第二节　创伤后成长的理论

人们在经历创伤事件后,除了会出现消极心理反应外,还可能在自我觉知、人际体验和生命价值观等方面表现出积极改变,即创伤后成长(PTG)。例如,创伤事件后,个体更加欣赏平淡的生活、更加清楚什么事情对自己最重要、觉得自己充满能量、看到事情发展的更多可能性、亲密关系得到改善等(Zoellner et al.,2006)。PTG 并不是指个体在经历创伤事件后恢复到创伤前状态,而是个体将创伤事件视为自己进一步发展的机会,达到比创伤前状态更好的心理水平,是自我超越的表现(王文超等,2018a)。一些理论对个体经历创伤事件后为何出现 PTG 做出了解释,例如 PTG 的功能描述模型(又称 PTG 的认知模型)、有机评价模型、关系促进成长模型等。本节将从认知和关系的角度来介绍 PTG 的理论,主要包括 PTG 的功能描述模型、PTG 的家庭适应性模型、家庭教养的保护与疗愈模型。

一、PTG 的功能描述模型

PTG 的功能描述模型(Tedeschi et al.,2004)又可以称为 PTG 的认知

模型,该模型认为 PTG 发生的前提是经历重大创伤事件,创伤需要达到挑战个体核心信念的程度才能启动成长发生的认知过程(Tedeschi et al.,2004)。该模型还指出个人特质、应对痛苦情绪的方式、对创伤相关情绪和事件的自我暴露程度以及其他人给予的回应、创伤相关认知过程、智慧和生活叙事发展水平等都是实现 PTG 的重要因素,并阐明了这些因素对 PTG 产生影响的过程(姚本先,2024)。

第一,个人特质。有学者认为,外向型、开放型人格特质以及乐观的人更容易实现 PTG(Costa et al.,1992)。对创伤后出现的消极认知和情绪反应的应对和掌控也是 PTG 产生的重要因素,认识到过去的目标和世界假设不再适用于新的环境是进入成长的一个关键步骤。

第二,自我暴露和社会支持。他人的支持给创伤经历者提供了一个讲述自己遭遇的环境,也为他们认知图式的改变提供一些思路(Tedeschi et al.,1996)。创伤内容的叙述对实现 PTG 是很重要的,它能够迫使创伤经历者正视创伤的意义,思考如何进行意义重建(Neimeyer,2001)。

第三,认知过程。经历创伤事件后,创伤经历者对原有认知图式的调整,对世界、自己以及人际关系的重新思考是 PTG 产生的关键。该模型主要强调反刍这一认知过程,认为反刍分为侵入性反刍和主动反刍两种,侵入性反刍是在个体不希望的状态下,创伤事件侵入个体认知世界,迫使个体对其进行消极的思考,与 PTSD 的侵入性症状类似;主动反刍是个体主动对创伤事件进行检索并积极思考,有助于个体主动地建构对创伤后世界的理解,发现创伤背后所蕴藏的意义,实现 PTG(周宵等,2017c)。侵入性反刍可能先于主动反刍出现,并为个体的主动反刍提供线索,也就是说侵入性反刍可能转化为主动反刍。转化的过程主要包括三个过程:一是减少痛苦情绪。面临重大生活危机时必须找到应对创伤初期痛苦情绪的方法,这对建设性认知过程的发生是必要的。也就是说,人们在进入主动反刍之前,必须先成功地减少创伤暴露所造成的痛苦情绪,否则会极大地阻碍侵入性反刍转化为主动反刍。二是消除侵入性反刍。侵入性反刍和主动反刍被认为是相互独立的、不能同时发生的两个过程,因此,在转化为主动反刍的过程中需要消除侵入性反刍。三是脱离目标。脱离目标指的是放弃创伤前不合时宜的目标,旧的生活方式不再适应于创伤后的环境(Mundey et al.,2019)。因此,放弃旧的目标能够让人们思考如何形成新的、更符合现实情境的目标,这促进了主动反刍过程的发生。

第四,智慧和生活叙事发展水平。智慧和叙述水平的发展与 PTG 之间是相互促进的过程。人们在面对挑战时所发展出的平衡本能反应和行动、权衡已知与未知以及接受生活悖论的能力,都能够帮助人们解决日常生活中面临的问题,增加智慧。

二、PTG 的家庭适应模型

Berger 等(2009)将 PTG 的功能描述模型拓展到家庭领域,由此形成了 PTG 的家庭适应模型。该模型认为家庭 PTG 的实现过程与 PTG 的功能描述模型所强调的 PTG 实现过程类似,都需要五个重要的因素(见表 2-1)。在该理论看来,创伤后的家庭实现 PTG,体现在家庭身份的积极变化、核心家庭与大家庭成员和朋友之间的关系发生积极变化、家庭信仰系统和生活事务的优先级发生积极变化。例如,在面对重大灾难时(新冠疫情、重大台风、大地震),家庭成员能够发展出更加紧密的关系,相互信任、支持、依恋等,更加珍惜生命、懂得生活等。

表 2-1　不同模型中实现 PTG 的影响因素

因素类型	PTG 的功能描述模型	PTG 的家庭适应模型
创伤前特质	特质(乐观、希望、开放、自我效能等) 个人资源(收入、教育程度、领导力、精神信仰)	特质(乐观、凝聚力、规则和仪式、合作解决问题、父母联盟、成员自主性、清晰的沟通) 家庭资源(收入、教育)
创伤事件特征	对现状的强烈扰动 对世界假设的冲击 创伤的强度或可控性 自然或人为性创伤	扰乱稳态,损害使用常规策略解决问题的能力 压力可以是内源或者外源的 创伤的强度或可控性 直接经历或目睹创伤事件
挑战过程	诱发情绪压力 对个人信念/目标的威胁 个人叙事中断	角色/习惯改变、亲密感和依恋受损、沟通失调 对家庭信念/目标的威胁 家庭叙事中断
反刍过程	认知或情感过程 叙述再联结 书写或对话 创造意义、解决问题、追忆和期望	为意义创造交流 家庭意义创造、解决问题、回忆和期待
社会因素	近端(家人、朋友) 远端(社会)	近端(大家庭、朋友) 远端(社会)

因素类型	PTG 的功能描述模型	PTG 的家庭适应模型
PTG	对自我的认识 对关系的认识 对世界的认识	家族身份/传统 内部/外部的亲密关系 明确的优先级、感激生活

在如何实现家庭 PTG 方面,PTG 的家庭适应模型强调 PTG 是创伤前特质、创伤事件特征、挑战过程、反刍过程、社会因素等共同作用的结果。其中,创伤前特质影响了家庭在经历创伤后面临的挑战以及促使 PTG 实现的过程,这些因素主要包括家庭的特质性因素,如乐观、凝聚力、规则和仪式、合作解决问题、父母联盟、成员自主性、清晰的沟通;也包括家庭资源,如收入、教育、成功管理一般性压力源的历史和精神信仰等(McCubbin et al.,1982;Beavers et al.,2000)。

创伤事件可以是内源性的(如家庭成员突发重大疾患),也可以是外源性的(如家庭遭遇地震),直接经历或目睹家庭之外的成员经历创伤事件,会造成家庭层面的创伤,给家庭带来压力,扰乱其稳定状态,使其行动、创造、执行任务、做出决定和解决问题的能力受损,甚至可能对整个家庭系统的安全感、自豪感、控制感和稳定感等造成永久性损害(Boss,2002;Wells,2006)。

在家庭中,家庭的某一成员经历重大创伤事件后,其他家庭成员为避免创伤反应加剧,很可能会选择避免与其交谈。在这一过程中,其他家庭成员因不了解创伤成员的经历,可能会对创伤成员的经历进行猜测,无限放大其创伤经历的严重性,出现消极的情绪和认知。此外,创伤成员也可能在日常生活中,将自身的创伤相关情绪传递给其他家庭成员。这些都可能导致家庭成员"感染"创伤症状,例如 PTSD、未被解决的哀伤、恐惧和焦虑等,使其成为创伤事件的继发性受害者(Nelson et al.,2004),甚至诱发二级创伤的出现(Goff et al.,2005)。此外,创伤之后,家庭可能会经历关系完整性的破裂,比如亲密关系遭到挑战,依恋、稳定性和适应性能力受损;创伤也可能会导致家庭结构出现问题,例如家庭边界僵化、问题解决障碍和家庭事务优先级发生变化、家庭内部关系变得疏离和脱节、家庭冲突恶性循环等(Nelson et al.,2005)。

与个体的反刍类似,PTG 的家庭适应模型强调的是家庭反刍或者家庭关系过程,它包括家庭内部语言及非语言的互动、协商和沟通,改变已有的信念与价值观(Boss,2002;Kondrat,2002;Patterson,2002)。不过,在家庭反刍的过程中,家庭成员可能会认识到家庭特征的不适应性,如情感表露的规则不再适合新的情况。当家庭不能达成一致的集体意见时,就面临着分崩离析的风险(Boss,2002)。在家庭反刍中,有四种类型的反刍,即意义创造、问题解决、回忆和预期等(Martin et al.,1996)。家庭层面的意义创造包括三个层次:一是情境层次,反映了家庭对特定压力事件、要求和家庭资源的共同认识;二是家庭身份,指家庭对自身的看法,包括处理压力事件的方式和效率;三是家庭世界观,指整个家庭基于文化的价值体系和生活方式(Patterson et al.,1994)。家庭层面的问题解决主要指为工具性问题寻找解决方案。家庭回忆主要表现在分享原生家庭遭受的负性经历。例如,在经历新冠疫情时,一位新婚的妻子就告诉她的爱人"我母亲告诉我她曾经历过SARS,并说通过戴口罩、勤洗手、不聚集等可以防止被感染"。家庭期望主要是一家人一起讨论对未来的渴望。例如,在新冠疫情期间,正在居家自我隔离的家庭会讨论解封之后吃喝玩乐的积极体验。

社会因素也会影响家庭 PTG 的实现过程。社会因素可以分为远端和近端社会因素,它们通过四种不同的方式影响着家庭的压力应对。首先,社区能够影响家庭对压力事件的定义;其次,社区的文化信仰也会影响家庭对压力事件的解释(Reiss et al.,1991);再次,社会环境决定了处理和应对压力事件的范式;最后,环境为家庭提供各种正式(如社会服务和心理健康机构)和非正式(如朋友、邻居)的支持模式和成长模式(Hawkins et al.,2004)。

经历创伤事件后,家庭与社会背景的交互影响决定了家庭成员在明确家庭身份、重建新的家庭世界观上的努力程度。家庭内部的互动以及与社区其他经历类似情况的家庭进行交流,都能够促进家庭的意义创造,使家庭在逆境中成长(Patterson,2002)。

三、家庭教养的保护与疗愈模型

Cummings(2018)通过扎根理论建构了教养的保护与疗愈模型,发现青少年在遭遇创伤后会经历扰动期(destabilization)、再校准期(recalibration)和稳定期(stabilization)三个阶段。在创伤发生后,父母要意识到自己有责任去保护孩子免受创伤的影响,使他们免受进一步的伤害并确保尽快恢复。

在扰动期,青少年会对父母进行创伤相关的自我表露,父母则因孩子所受的创伤而打破自己对世界、自身和他人的预期,他们不敢相信创伤事件会发生在自己的孩子身上,也不敢相信自己居然没有保护好自己的孩子,因而启动保护模式。保护模式主要包括两种策略:忽略自身的需求,专注孩子的需求(如放弃自己在意的活动、避免因自己的创伤反应去寻求帮助);进行自我支持。此时,他们开始关注创伤和创伤引发的混乱,并试图让事情变得好起来。为此,他们可能会搜寻正确的事去做,给孩子提供安全的空间或变得悲观失望。正确的事情可能包括:针对孩子的创伤反应,帮他们寻求专业的帮助、搬家、允许孩子转学等。给孩子提供安全的空间是指身体上的安全空间,例如限制孩子的活动、不让他们进入特定的情境或者地方、减少他们独处的时间等;也包括心理上的安全空间,例如放宽对孩子的纪律约束以减少孩子的负面情绪、改变自己的日常行为以避免孩子受到惊吓、让兄弟姐妹们呵护受创伤的孩子等。变得悲观失望是指父母自身对外界的期望变低,更加依赖自身的力量去帮助孩子。通过这三个途径,孩子的创伤心理开始下降、干预开始见效,孩子的心理健康开始进入一个临界点,之后进入再校准期。

再校准期是第二个阶段,父母在第一阶段帮助孩子心理恢复上取得了一定的成功,此时开始帮助孩子超越创伤。这个时期父母开始更多地关注自身的需求,接受重要他人的社会支持,借此获得力量和自信。同时父母也开始看到孩子身上的力量,并注意到他们的心理已经逐步复原。此外,父母开始减少对孩子的过度保护,加强对他们的纪律约束。

经过第二阶段,父母和孩子进入创伤后的第三个阶段:稳定期。在这个阶段,父母与孩子的心理功能不仅恢复了,还实现了创伤后的成长,家庭关系更加和谐。

该模型表明在创伤的不同阶段,父母所采取的教养方式是不同的。比如,在扰动期采用的是过度保护的教养方式,在再校准期就开始恢复正常的教养方式,在稳定期由于认识到亲情和家庭的重要性,父母可能会采用温暖的教养方式。根据该模型,父母正确的教养方式不仅可以减少青少年创伤后的心理问题,还可以帮助青少年实现心理成长。同时,父母在与孩子一起经历创伤后的心理重建的过程中,自身也能实现积极的成长。

第三节 创伤心理反应的三阶段加工理论

目前,尽管有大量的理论阐释了 PTSD 或 PTG 的发生发展过程,不过这些理论都仅仅关注了两个中的一个,很少将两者整合在一起分析两者发生发展机制的异同。这就会导致人们在关注 PTSD 时忽略了 PTG,关注PTG 时忽略了 PTSD。实际上,PTSD 和 PTG 具有共存的特征,创伤后消极心理的出现并不意味着积极变化的消失,两者并不是非此即彼的关系。更重要的是,以往的理论在论述 PTSD 或 PTG 的发生发展过程时,较少强调两者发展的动态性,忽略了过程中人们的认知和情绪加工的独特性,阻碍了有针对性的干预方案的开发。基于此,在以往理论的基础上,结合我们之前的研究成果,本节提出了整合 PTSD 和 PTG 的创伤心理反应的三阶段加工理论(Zhou et al.,2024)。在该理论模型中,我们不仅强调认知的作用,也强调情绪和社会支持的作用,并且比较了 PTSD 和 PTG 发生发展机制的异同。更重要的是,我们强调从创伤经历到发展为 PTSD 和 PTG要经历不同的阶段,并对每个阶段的认知、情绪和社会支持的具体作用做了详尽的论述(见图 2-5)。

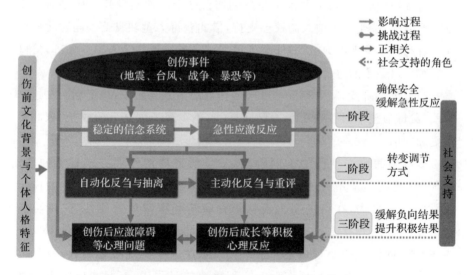

图 2-5 创伤心理反应的三阶段加工理论模型

一、第一阶段:应激阶段

在这一阶段,重大创伤事件突然发生,使得人们用惯常的方式无法应对,也与我们认知世界中的信念假设不一致,甚至与原有的信念假设完全冲突。正如破碎世界假设所言,创伤前的认知信念系统是稳定的,对自我、人际和世界都有着稳定的认识。由于灾难事件的突发性、不可控制性、带给人们强烈的主观体验等特征,会使人们怀疑自己创伤前关于自我、他人和世界的稳定认识,进而形成关于这些内容的消极认识,这一过程被认为是挑战的过程。例如,在新冠疫情暴发之后,很多人失去了控制感,觉得自己非常渺小;怀疑他人可能是病毒携带者,甚至觉得整个世界都是不安全的。可以说,此阶段的一个重要特征,在于创伤事件挑战了人们原有的稳定的信念系统。

与此同时,重大创伤事件发生时可能会威胁到人们的生命安全,直接诱发人们对创伤事件的恐惧和担心,导致急性应激反应的出现。短时间内,急性应激反应本质上是有机体发挥保护机制,它告诉有机体危险已经来临,必须决定是战斗还是逃跑。因此,短时间内的急性应激反应是正常的,正所谓"非正常情况下的正常反应"。这些反应主要由创伤事件直接诱发,也可能会因信念系统受到挑战而加剧。实际上,创伤事件在挑战了人们的信念系统之后,会增加人们对创伤事件威胁性和消极结果灾难化的估计,进一步加剧人们的急性应激反应(Nixon et al. ,2005;Salmon et al. ,2007)。

在这一阶段中,每个受灾者都必然会经历创伤事件挑战原有信念系统,并诱发急性应激反应。当然,对那些本来就对自我、他人和世界抱有消极态度的人而言,创伤事件在这一阶段还会加剧其原有的消极信念(Ehlers et al. ,2000),也会诱发急性应激反应。不过,由于每个人的生活环境、人格特征、应对方式等存在不同,在面对创伤事件时,他们的信念系统被挑战的程度以及急性应激反应的程度可能存在差异。

在这一阶段中,社会支持也扮演了非常重要的角色。在该理论模型中,社会支持不仅指来自政府、社会组织、社会上的他人等提供的支持,而且还包括来自家庭、亲朋好友给予的支持。这种支持既可以是情感上的,也可以是物质上的。先前的理论认为,经历重大的创伤事件,会导致个体的资源丧失,引发心理问题。社会支持作为一种外在的人际资源可以缓冲创伤之后的消极心理影响,帮助个体恢复和成长(Feeney et al. ,2015)。因此,灾难后政府、社会组织、学校、家庭都会给受灾的青少年提供大量的支持。不过,在急性应激期,社会支持应将重点放在物质保障上,满足受灾群众的基本生存需要。此外,为了缓解其急性应激反应,情感支持应该被强调,譬如向受灾群众传授一些放松心情的技能等。

二、第二阶段:应对阶段

在这一阶段,受灾群众的核心信念被挑战,可能会诱发个体出现消极的认知和情绪应对,其中较为典型的是自动化反刍和分心。反刍是一种消极的认知,主要指反复沉浸在创伤事件中,无法将自己的思绪从创伤事件中抽离出来,如反复地思考创伤给自己带来的消极影响。在破碎世界假设(Janoff-Bulman,1992)看来,一旦人们之前稳定的信念系统被挑战,创伤后的认知信念将出现失衡,为了修复这个失衡,个体可能会对创伤相关线索进行反复的思考,从而表现出反刍(周宵等,2017b)。不过,在创伤事件发生后的一定时间内,即使在无意识的情况下,创伤相关线索也容易侵入人的认知世界。对这些线索的重复思考和加工,常常是自动化的(Zhou et al.,2015b),所以此时的反刍亦是自动化的。这里的自动化反刍与PTG功能描述性模型中的侵入反刍概念类似,只不过自动化更加强调反刍的无意识特征。以往研究也证实创伤事件挑战人们的核心信念之后,会激发个体出现自动化反刍(Zhou et al.,2015b;周宵等,2014b;周宵等,2015)。

分心是指为了摆脱自己对创伤相关线索的重复思考,个体将注意力转移到其他事件中去的一种应对策略。在模型中,我们强调被挑战的信念系统本质上与创伤前的信念系统不相容,个体为了维护自身的信念系统,首先可能会采取回避或否认等分心性策略来避免信念受到创伤挑战。由于这一策略的运用不需要个体具备认知资源和付出努力,且能够较快地实施,因此它倾向于自动化(Sheppes et al.,2014),可以看作自动化的分心性策略。

除了被挑战的信念系统可能激发个体的自动化反刍和分心,第一阶段中的急性应激反应也可能激活人们的自动化反刍和分心。实际上,根据Pyszczynski等(2011)的理论模型,恐惧可以加剧个体对威胁事件的自动化认知反应,促发个体对创伤相关线索进行重复的自动化思考(周宵等,2015)。考虑到恐惧是急性应激反应中的典型反应,因此急性应激反应也能够诱发个体的自动化反刍。此外,急性应激反应有损个体有效管理自身情绪的能力,在这种情况下,分心性策略常常被用来处理急性应激反应,限制情绪信息的输入(Sheppes et al. ,2011)。

在第二阶段,模型强调被挑战的信念系统和急性应激反应也可以使个体致力于主动地反刍和重评创伤相关线索,尤其是在长时程条件下更是如此。实际上,在创伤事件发生后的短时间内,创伤事件威胁了人们的生命安全,诱发了强烈的情绪反应,此时人们很难对创伤事件进行积极思考(伍新春等,2016)。不过,随着时间的推移,他们可能接受来自社会的支持,有充足的时间将注意力从创伤事件的消极面上转移开来,此时他们能够有意识地重新认识和评估创伤事件。与 PTG 的功能描述性模型和 Sheppes 等(2011)的理论一致,我们将这种有意识地、主动地对创伤事件进行思考和认知重评的过程,看作主动反刍或主动重评。所谓主动反刍,是认知应对的一个方面,侧重在认知层面对创伤事件进行检索和加工;主动重评则是情绪调节的一个方面,主要涉及对情绪刺激的重新理解。

在第二阶段,主动反刍和主动重评也可能因信念受到挑战和急性应激反应而出现。创伤在挑战了人们的信念系统、诱发了个体的认知失衡之后,也会促使个体积极地、有意识地重新建构他们的信念系统,或者调节他们的认知信念系统来适应创伤后的世界,以便缓解认知失衡带来的心理压力。此外,第一阶段中的急性应激反应也可能会导致个体的主动反刍或主动重评。正如前面所述,从本质上看,急性应激反应反映了个体的心理应激,这会给个体带来压力,激发他们去应对这个压力,其中一个策略就是重新建构对创伤经历的理解,最后也会导致个体对创伤相关线索的主动反刍和认知重评。实证研究也发现心理应激可以激发个体的主动反刍(伍新春等,2015;周宵等,2016)。

在模型中,我们也认为自动化的反刍和分心性策略也可能与主动反刍和重评之间存在预测关系。在创伤事件发生后的短时间内,自动化的反刍和分心性策略能够帮助个体快速调节他们的认知和情绪系统,使个体迅速适应创伤后的环境,由此它们能够作为一种适应性的机能来维系个体自身的心理健康。不过,在长时程条件下,持续性的自动化反刍或分心性策略的应用将会阻碍个体的适应和发展(Sheppes et al. ,2012;Zhou et al. ,2016c)。但在个体对创伤事件进行自动化反刍的过程中,个体并非不对创伤事件进行加工,相反,他们可能会对这些创伤线索进行加工,这种加工的过程可能会给个体提供主动反刍和认知重评的素材,使个体重新思考创伤线索,从而激活个体的主动反刍和主动重评。对此,我们的研究都给予了证明,提出了自动化反刍具有"双刃剑"的作用(周宵等,2014b;Zhou et al.,2015b;Zhou et al.,2016c)。此外,由于分心性策略可以将个体的注意力从消极事件中抽离出来,限制了他们对创伤情境的沉思,因此它也具有适应性的功能。这种功能可以动摇稳固的创伤记忆,减少情绪诱发的记忆信息,以便个体重新评价这些记忆信息。基于此,模型也认为分心性策略能够诱发更多的主动反刍和主动重评。

在创伤事件发生后的短时间内,大量的创伤个体将自动化地致力于对创伤事件的反刍,或者不愿意讨论创伤,从创伤事件中分心,这都反映了个体面对创伤时的适应性功能,因此不需要通过社会支持来降低这两种策略的使用频率。不过,在长时程条件下,这两种策略可能逐渐变得不再利于有机体对创伤的适应,相反,主动反刍和主动重评可能发挥积极作用。考虑到自动化反刍与分心性策略也可能诱发个体的主动反刍和主动重评,为此社会支持应该在这一阶段中发挥两种作用:一是帮助个体转化自动反刍和分心性策略,二是增加个体使用主动反刍和重评策略的频率。同时,我们认为在提供社会支持时,应该提供更多的支持性人际环境,在这种环境里,他人应该对个体的反应给予具有一定建设性的积极反馈,以帮助个体充分表达他们的经历和情绪,使他们重新思考创伤后的信念系统,帮助他们重新建构对创伤经历的理解。更重要的是,应该提供给个体建设性的建议和意见,这样可以直接帮助他们重新认识和反刍创伤事件及其相关情绪(周宵等,2014a),最终帮助个体使用主动反刍和重评策略来积极应对创伤。

三、第三阶段:反应阶段

积极心理并不是消极心理的对立面(Zhou et al.,2021a),仅仅聚焦于创伤后积极心理或消极心理的一面,是无法全面理解创伤心理反应的特征的。于是,我们的模型囊括了积极心理反应和消极心理反应,将 PTG 和 PTSD 同时纳入模型进行考察。在 PTG 的功能描述性模型中,心理应激可以激活个体对创伤事件的认知加工,有助于个体对自我、他人和世界进行积极的认知建构,因此强调 PTSD 可以激活 PTG(Dekel et al.,2012;Zhou et al.,2015a)。

在破碎世界假设(Janoff-Bulman,1992)看来,个体致力于自动化的反刍将会使自己的注意力聚焦在创伤事件的消极面,沉溺于自己的消极情绪,这可能会诱发更多的心理应激,包括 PTSD(Zhou et al.,2016c)。同样,这种认知可能无法使个体有效地加工创伤事件,阻碍了个体对创伤后世界的重新建构,不利于 PTG 的实现(周宵等,2014b)。此外,分心性情绪调节策略反映了个体对创伤相关的想法和情感的回避,这又会限制个体对创伤记忆的有效加工,也可能会加剧 PTSD,阻碍 PTG 的实现。

与 PTG 的功能描述性模型的假设(Tedeschi et al.,2004)一致,我们的模型也强调主动反刍和主动重评有助于促进个体 PTG 的实现。个体致力于主动反刍或主动重评意味他们在主动地尝试解决问题,为此,他们将会付出认知资源来管理自己的消极情绪,关注创伤事件背后的积极面,强调对事件的积极理解,重新建构对创伤后自我、他人和世界的理解,因此能够实现 PTG(Zhou et al.,2016c;周宵等,2019)。不仅如此,主动反刍或主动重评可以改变个体的病理性认知,减少个体对创伤相关线索的恐惧,有效地缓解 PTSD(Zhou et al.,2015b;Zhou et al.,2016c)。

在这一阶段中,自动化反刍或分心性策略将会导致 PTSD,主动反刍和主动重评则将会诱发 PTG。因此,社会支持应该缓冲自动化反刍和分心性策略对 PTSD 的影响,增加主动反刍和主动重评对 PTG 的影响。为了实现这个目标,这一阶段的社会支持应该帮助个体获得希望感和控制感。希望感可以帮助个体采取积极的态度来面对他们的遭遇和未来,促进他们发展出积极的应对方式,以便他们有效地调节自身的身心健康。控制感的提升可以增加个体对外在环境和自我情绪状态的控制力(Lee,2019),减少个体的无助感,有助于个体对创伤经历持有更加积极乐观的态度。社会支持通过提升创伤者的希望和控制感,可以缓冲自动化反刍和分心性策略对消极心理的加剧作用,也能够增加主动反刍和主动重评对积极心理的促进作用。当然,在我们的模型中,也强调社会支持可以直接缓解 PTSD、促进 PTG。不过,我们认为社会支持能否实现这一目的,关键在于社会支持是否满足了个体的心理需要(Zhou et al.,2020b)。因此,在对创伤者进行心理干预之前,一定要先了解他们的需要,以便提供具有针对性的社会支持,达到供需匹配,实现干预效果的最大化。

总之,我们整合了以往的创伤相关认知理论、情绪调节理论、社会支持相关理论、创伤反应阶段理论等,并在探究 PTSD 和 PTG 影响机制的实证研究上,提出了创伤心理反应的三阶段加工理论。该理论不仅强调 PTSD

和 PTG 共存的特征，也关注在 PTSD 和 PTG 的发生发展过程中急性应激反应所发挥的作用；打破了以往 PTSD 和 PTG 理论多为静态性研究的局限性，明确了 PTSD 和 PTG 发生发展的具体阶段及其特征；弥补了以往理论重视认知管理忽视情绪调节的不足，将认知、情绪和社会因素同时纳入模型，明确了在不同的创伤时间范围内这些因素的具体作用，这是对现有理论的一次重大推进。根据该理论，我们认为对创伤后人群的心理服务，不仅要关注 PTSD 的缓解，还应该重视 PTG 的提升，采用辩证的视角，"两手抓，两手都要硬"。在具体的干预中，我们应该转变创伤个体的消极认知和情绪调节策略，增加主动反刍和主动重评策略的使用频率等。

第二篇

灾难对家庭及其成员的影响

重大灾难不仅会对个人产生消极影响，也会给家庭带来严重的经济损失或造成严重的伤害，导致家庭成员出现心理问题，破坏家庭关系和家庭结构，地震、海啸、战争等重大灾难对家庭的伤害甚至可能是毁灭性的。在探究青少年的创伤心理康复时，不能忽视灾难对家庭的影响。关注灾后家庭问题，是了解家庭对青少年创伤心理影响的前提。本篇主要考察灾难对家庭经济状况、家庭结构、家庭关系的影响；灾难对家庭成员，特别是父母心理的影响。灾后青少年创伤心理的特征，也是本篇重点探讨的内容之一。

第三章　灾难对家庭系统的影响

重大灾难给我们带来的伤害,最严重的当属人员伤亡和房屋损毁。家园被破坏的同时,人们的经济财产也遭受严重的损失,家庭结构、教养方式等都有可能因灾难事件发生变化。为了明确重大灾难后家庭的变化,本章主要考察灾后家庭经济状况与家庭结构、家庭关系、家庭教养方式等的变化情况。

第一节　灾难对家庭经济状况与家庭结构的影响

重大灾难后,个体与家庭一起应对危机,家庭经济状况、家庭结构及家庭抗逆力将成为家庭能否顺利适应灾后环境的重要因素。本节主要阐释灾难对家庭经济状况和家庭结构的影响。

一、灾难后家庭经济状况的变化

灾难带来的经济损失往往是巨大的。例如,根据应急管理部 2022 年发布的 2021 年全国自然灾害基本情况,2021 年,我国各种自然灾害共造成 1.07 亿人次受灾,因灾死亡失踪 867 人,紧急转移安置 573.8 万人次;倒塌房屋 16.2 万间,不同程度损坏 198.1 万间;农作物受灾面积约 1.2 万公顷;直接经济损失 3340.2 亿元。[①]

一般而言,灾后家庭经济损失包括房屋、财物等生活硬件的损失(何志宁等,2016)。这样的损失使灾民在失去住房的同时,也失去了基本的居住生活设施和财物。无论何种类型的灾难,只要冲击到家庭,都会给家庭造成一定的经济财产损失。例如,汶川地震后,当地 21% 的家庭的直接经济损失

---

① 数据来自应急管理部官网:https://www.mem.gov.cn/xw/yjglbgzdt/202201/t20220123_407204.shtml。

在 20 万元以上,39％为 15 万—20 万元(何志宁等,2016)。

　　为了明确灾难对家庭的影响,我们曾对遭遇 2021 年 7 月河南洪灾的家庭进行了访谈,发现洪灾对家庭的影响主要体现在经济财产损失上。下面是一段我们转录的对某个家庭的访谈内容。

　　采访者:接下来想问一下,水灾是否给您的家庭或者认识的人带来比较大的影响? 这个影响可以是经济财产上的,也可以是其他方面的。

　　妈妈:经济上都受损了。

　　爸爸:全被淹了! 旁边的小超市、小卖部全被淹了。

　　妈妈:一屋子的东西全得扔了。

　　爸爸:一层全淹没了,再有三四公分就把二楼也给淹了。

　　儿子:屋里的东西都坏了。

　　爸爸:全坏了。这不是瓶子,洗一洗还能用,很多东西都是没有办法洗的,只能扔了。

　　妈妈:我们那的仓库,放了干菜,全部泡水了,损失至少七八十万元。

　　爸爸:只能从头来。旁边的一对小夫妻,刚买的小车,被淹了。和他聊天,他说这几年白干了。我说没事,从头来,咱都一样,你看我,不也全淹了嘛。

　　妈妈:很难,东西被水冲得哪里都是,脏得不行,都没办法下手,可难了。

　　爸爸:街上都跟垃圾山似的,被子全都泡没了,一次性的东西全泡了,都得扔。

　　妈妈:基本上都扔了,都泡水了,你不扔咋办? 都得扔,当时看着,心里真是难受,哭都没地方哭。

二、灾难后家庭结构的变化

　　家庭结构指的是"家庭分子之间的某种性质的联系,家庭分子之间的相互配合与组织,家庭分子之间的相互作用和相互影响的状态以及由于相互作用和相互影响而形成的家庭模式和类型"(潘允康,1986)。简单地说,家庭结构就是家庭成员构成的和家庭成员互动形成的家庭模式。所谓家庭结构的变化,实际上就是家庭成员组合方式的变化(王跃生,2006)。灾害对个人的冲击实质上也包括对个人所在家庭的冲击(郭强,2002)。例如,灾害所造成的个体伤亡,实际上意味着家庭成员的死亡、失踪、伤残等,这都会引发家庭结构的变化。其中,重组家庭、失独家庭、孤寡老人、孤儿、丧偶家庭、因灾后抚养能力受限致其子女被送出的家庭,这些都是灾后家庭结构变化的典型形态。

洪水、地震等重大灾难之后,家庭结构的变化除了家庭成员丧失外,还有家庭重组。例如,有研究发现,汶川地震后的半年至一年内,北川丧偶家庭开始步入重组阶段(冯春等,2015)。其中,男性重组家庭的行动较快,女性则要慢一些。研究也发现,灾后的家庭重组往往以事务型家庭为主,是以生存的延续和双系抚育的完整性为目的的临时性重组,婚姻当中感情的因素占很少的部分,促使双方走到一起的是灾难本身(何志宁等,2016)。重组的家庭往往需要照顾四个孩子和八个老人。这种迅速发展的关系体现出地震幸存者对重建生活的迫切需求,但这也可能造成家庭关系过于复杂。

例如,我们通过对汶川灾区一名初一女生的访谈得知,该女生的母亲因地震意外死亡,父亲在母亲离世不久后再婚了,很快就添了一个弟弟。弟弟出生之后,父亲和继母几乎把所有精力都放在了弟弟身上,对她的关心少了,使得她与父亲的关系逐渐变得冷淡。

家庭结构的变化也会对家庭的经济、情感、教育等功能产生不同程度的影响。例如,家庭成员的丧失导致家庭生产功能的丧失(郭强,2002)。当死亡突然降临于一个家庭时,原先设定的角色、结构、边界、规则甚至日常惯例都会被颠覆。为此,作为一个系统,家庭需要解决这一问题以维持正常运转,特别是当一名在过去承担重要角色的家庭成员离世后,家庭系统会出现缺口,其他幸存的成员必须尽快介入或者找到新的方式予以弥补。正如前述女生的家庭,其父亲通过再婚找到了新的生活伴侣,这就是其中一种典型的表现方式。

第二节　灾难对家庭关系的影响

根据家庭现代化理论的思路,随着现代化程度的提高,核心家庭将成为主要的家庭形态(赵凤等,2021)。核心家庭独立于亲属网络之外,家庭关系较为简单,仅包括夫妻关系和亲子关系(马春华等,2011)。遭遇灾难时,良好的家庭关系会对人们的灾后身心健康起一定保护作用,如夫妻关系越亲密,灾后妻子的 PTSD 症状越轻(Monson et al.,2009)。相反,家庭成员间的冲突等则会阻碍人们从创伤中恢复(臧伟伟等,2009)。因此,在考察灾后个体的身心状态时,应将其置于家庭环境之中。不过,灾难也会给家庭带来损失,影响家庭关系,主要表现为对夫妻关系和亲子关系的影响,本节主要论述灾难事件对这两种关系的影响。

一、灾难事件对夫妻关系的影响

根据成人依恋理论,个体会在感受到外界压力时寻求伴侣的支持(骆埸,2007)。灾难事件作为一个外部压力源,会让夫妻双方更加靠近自己的伴侣,以获得更多的支持,从而促进夫妻关系变得亲密。有研究在对有创伤史的夫妻进行调查时发现,那些曾经经历过大火、洪水、地震等自然灾害的人,均表现出与伴侣更为频繁的交流和互动(Whisman,2014)。此外,恐惧管理理论也对灾难事件为什么能促进夫妻关系亲密度进行了解释,认为威胁生命的事件会引发死亡焦虑,并对个体的心理体验和行为产生影响(Rosenblatt et al.,1989)。反过来,人们会利用相应的防卫心理和防卫行为来减少死亡焦虑所引发的心理不适感,比如增进亲密关系。陈燕霞(2019)的研究证实了这一说法,在个体死亡焦虑被唤醒的前提下,个体的家庭亲密感得分显著提高,并且报告了家庭成员间更多的相互依赖。如此,灾难事件作为对生命产生威胁的事件,能激发人们的死亡焦虑,增强他们对亲密对象的依赖,形成积极的夫妻关系。

不过,也有研究认为灾难事件也可能对夫妻关系产生负向影响。例如,在一项旨在了解地震一年后女性心理需求和心理健康相关情况的访谈中,研究者发现,震后造成的损失、伤害或者目睹可怕的场景都会催生女性对婚姻关系的消极认知(Sezgin et al.,2016)。对此,压力外溢理论认为,源于关系之外的压力源,往往会破坏关系质量(Neff et al.,2022)。

就现有的研究来看,灾难事件对夫妻关系的影响既有积极的一面,也有消极的一面。灾难事件会放大人们在亲密关系中的心理体验,这会让那些原本对夫妻关系满意的夫妇在经历创伤后更加亲密,也会让原本存在隔阂的夫妻关系变得更加糟糕。同时,灾难事件还会加速人们在人生进程上的选择,例如那些还未步入婚姻的情侣,在遭遇灾难事件后会倾向于选择结婚;刚刚步入婚姻的夫妇,会变得更加亲密;那些婚姻生活中存在问题的夫妇,则会在灾难事件后选择分开。灾难事件对夫妻关系发挥什么作用,主要取决于灾后家庭经济状况和灾前夫妻关系。

第一,灾难后家庭经济地位对夫妻关系的影响。家庭压力理论认为,经济上的劣势会导致个人痛苦的增加,进而导致婚姻冲突、痛苦和不满意(Conger et al.,1990)。研究者发现,灾难来临后,失业率上升,家庭经济压力增大,同时这种灾后压力破坏了夫妻支持、沟通和共同应对的过程,对夫妻关系产生消极影响。与此相反,良好的经济地位能够改善个体功能,促进伴侣间形成较高水平的正向沟通与支持,推进夫妻关系的积极发展(Lowe et al.,2012)。

第二,灾难后家庭暴力对夫妻关系的影响。调查发现,自然灾害发生后,女性遭受的家庭暴力明显增多(Pittaway et al.,2016),这对家庭关系产生了消极的影响。Fisher(2010)对海啸过后女性遭受的暴力进行了定性研究,结果显示,在危机发生后的相当长一段时间内,受灾社区中对女性施暴的现象明显增加,这可能是因为男性倾向于通过暴力来宣泄灾后的痛苦情绪。

第三,灾难后夫妻创伤心理对夫妻关系的影响。灾难事件可能会导致个体产生诸多心理问题,对夫妻之间的关系产生消极影响,其中PTSD可能是灾难事件对夫妻关系产生消极影响的重要因素。为此,我们利用纵向追踪的研究方法,考察了台风"利奇马"后465名受灾成年人的PTSD对其婚姻满意度的影响及其影响机制。研究结果(见图3-1)显示,PTSD的回避症状簇导致人际关系的回避和退缩,降低了夫妻之间的亲密度,有损婚姻关系的满意度;PTSD的负性认知与情绪改变症状簇会引发个体无法对积极情绪

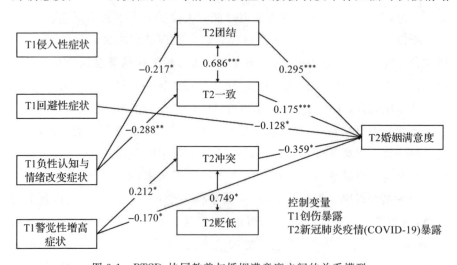

图3-1 PTSD、协同教养与婚姻满意度之间的关系模型

进行有效的感知,阻碍了个体对情绪的表达以及对配偶和孩子的表扬,有损其与配偶之间关于孩子的积极协同教养,使其在教养孩子的过程中难以体验到夫妻关系满意度;PTSD的警觉性增高症状簇可能直接诱发夫妻之间冲突行为,也会显著降低夫妻关系质量。

二、灾难事件对亲子关系的影响

亲子关系常用于表示父母与子女在日常生活中的相处情况。研究表明,亲子关系在儿童人格发展中有着非常重要的作用(朱帅,2011)。在灾难事件作用于青少年心理的过程中,良好的亲子关系是一个重要的保护性因素。目前,关于灾后亲子关系的研究多是探究灾后亲子关系对青少年心理问题的影响,只有少量研究考察了灾难事件对亲子关系的影响(Cobham et al.,2016)。其中,有研究发现,与没有经历过飓风的家庭相比,经历过飓风的家庭的亲子关系会变得更糟糕(Felix et al.,2013)。也有研究发现,灾难对亲子关系的消极影响主要通过其他因素来实现,如父母心理问题、充满焦虑的养育方式、家庭冲突、对家庭的担忧、家庭环境/功能变化,以及父母对儿童接触灾难相关媒体的限制等(Cobham et al.,2016)。本部分,我们主要介绍灾后父母PTSD和教养方式对亲子关系的影响。

在模糊丧失理论(Boss et al.,2002)看来,创伤使得PTSD患者难以履行自己在家庭中的角色任务,这种"心不在焉"的状态会破坏他们对孩子的良好教养行为,降低亲子关系质量。更重要的是,由于PTSD的存在,父母可能在教养孩子的过程中出现回避和退缩行为,这不利于父母与孩子之间建立亲密感;PTSD的侵入性症状簇可能会增加灾难相关线索在个体认知世界中的闪回频率,扰乱个体的日常生活,导致其难以有效地从事教养活动;PTSD的警觉性增高症状簇会引发个体在教养孩子的过程中使用暴力和侵犯行为,有损其与孩子之间的关系;PTSD的消极认知和情绪改变症状簇会促使个体将自己的负面认知和情绪改变通过教养行为潜移默化地传递给孩子,诱发孩子对父母所经历事件的严重性及其负面情绪进行灾难化想象,为了避免加剧父母的创伤,孩子们可能会避免同父母讨论此类事件以防止引发父母的相关回忆,这一过程本身就会降低父母与孩子之间的交流,也会降低亲子关系的质量。可以说,父母的PTSD是灾后亲子关系质量降低的重要因素之一。

灾难可能对父母满足家庭需求的能力产生负面影响,使父母的教养行为发生改变。研究显示,当灾后父母的需求得不到满足时,他们可能会减少对孩子的养育行为和情感反应,使他们难以满足孩子的需要,从而对亲子关系产生消极影响(Kilmer et al.,2010b;Hafstad et al.,2012)。也有研究发现,当灾难发生时,成年人可能会表现出震惊和恐惧,使其过度保护自己的孩子,以免孩子受到伤害。例如,Cobham 等(2014)发现,灾难后父母的养育方式会变得更有保护性,较少给予孩子自主权。然而,这种过度控制和保护会导致青少年感到不适和痛苦,出现更多的症状以及报告更低的生活满意度(Dekel et al.,2016),使他们认为自己失去了自由,并且缺乏来自父母的支持(Bokszczanin,2008;Cobham et al.,2016),这可能会反作用于亲子关系,降低亲子关系的质量。此外,灾后青少年的应对策略也与亲子关系的变化有关。例如,新冠疫情暴发时,父母看到孩子的应对方式比较积极,认为无须担心孩子,就会相应地减少对孩子的支持,这也可能对他们的亲子关系产生消极的影响(Donker et al.,2021)。灾后夫妻关系也是影响亲子关系的重要因素。例如,当夫妻之间发生较多矛盾时,家庭其他子系统也会遭到破坏。如果父母之间经常发生矛盾,父母与子女之间发生冲突的可能性也会比较大(冯俊美,2021)。

第三节　灾难对家庭教养方式的影响

家庭教养方式是指父母在抚养教育子女过程中表现出的相对稳定的行为方式,是父母各种教养行为的特征概括(徐慧等,2008)。积极的父母教养方式有助于缓冲灾难事件对孩子创伤心理的影响。一项对 9·11 事件后美国父母教养行为的调查发现,事后父母变得更加注重与孩子的关系,比过去更加爱护和支持孩子(Mowder et al.,2006)。Scheeringa 等(2001)发现,在创伤背景下,父母倾向于采用退缩、过度保护和重演危险等方式来教育他们的孩子。需要注意的是,对那些孩子不在身边的受创父母而言,他们更可能采用退缩的教养方式(Van Ee et al.,2016b)。相反,孩子在身边的父母,灾后更倾向于采用过度保护的教养行为(Pelcovitz et al.,1998;Kiser et al.,2008)。

目前,关于灾难事件影响父母教养方式的研究相对较少,大多数研究集中于灾难后父母消极心理对其教养行为的影响。对能够同时导致父母及其孩子出现心理创伤的事件而言,父母的创伤心理与其教养行为之间的关系更加明显(Elkins et al.,2022)。本节我们主要讨论灾后父母的 PTSD 对其教养行为的影响(Huang et al.,2024a)。

PTSD 会引发不良的教养方式,例如教养投入不足、缺少情感温暖、较多的拒绝和过度保护等。对此,PTSD 的认知—行为人际关系理论强调,父母的 PTSD 对其教养方式的影响主要通过具体的症状簇来实现。具体而言,PTSD 回避症状簇中的行为回避症状会使父母倾向于回避亲子活动,情绪麻木症状则会有损父母对孩子的情绪投入和表达;PTSD 消极认知和情绪改变症状簇会使父母对孩子的行为和威胁性刺激出现敏感反应,加剧了他们对孩子安全的担忧。与 PTSD 有关的不良情绪如愤怒和敌意可能会增加父母的攻击行为,引发父母更多的消极教养行为。基于此,可以说 PTSD 会导致父母的消极教养行为,而且不同的 PTSD 症状对父母的教养行为也会产生不同的影响。

实际上,父母的 PTSD 不仅可以直接导致消极的教养方式,也可以通过家庭中的人际关系间接影响教养方式,其中主要体现在对父母婚姻关系即婚姻满意度的影响上。正如本章第二节所述,PTSD 会降低夫妻之间的婚姻满意度,引发更多的消极情绪和行为。在溢出假设理论看来,父母关系中的消极情绪和行为可能会传递至亲子关系中,导致更多的消极教养方式。此外,较低的婚姻满意度也会使父母将注意力从夫妻关系中抽离出来,转而聚焦于亲子关系,此时他们可能对孩子做出责备、拒绝或过度保护等行为。不可否认的是,夫妻之间婚姻满意度较低也会导致更多的压力,使父母对孩子的需要更加麻木,对孩子表现出很少的情感温暖。因此,父母的 PTSD 可能通过夫妻关系满意度降低诱发更多的消极教养方式。为了明确这一中介路径,我们对受台风"利奇马"影响的家庭开展了相关的研究。(Huang et al.,2024a)

一、研究方法

(一)研究对象

台风"利奇马"过后 3 个月,我们选取浙江温岭市几所中小学校学生的父母进行了问卷调查,样本为 4570 人。其中,73.0%的被试是母亲,平均年龄是 40.31 岁(SD=5.16)。家庭月收入低于 2 万元的被试占 85.3%,80.0%的被试的受教育水平为高中及以下,19.6%的被试的受教育水平为大学本科,0.4%的被试的受教育水平为研究生。

(二)研究工具

1.创伤暴露问卷

该问卷由Zhou等(2022b)编制,包括10个题项。这些关于创伤暴露的题项可以分为三类:亲历受伤或被困、亲朋好友受伤或被困、财产损失,所有题项采用"是""否"来回答。

2.PTSD核查表

该调查表采用Zhou等(2017a)修订的Weathers(2013)的DSM-5创伤后应激障碍核查表来评估父母的创伤后应激障碍。量表共包含20个题项,分侵入症状、回避症状、负性认知与情绪改变症状、警觉增高症状等四个维度。题项采用五点计分,0表示"完全不符",4表示"完全符合",得分越高表示父母的PTSD越严重。

3.婚姻满意度问卷

该问卷采用汪向东等人(1999)翻译的ENRICH婚姻满意度量表中的婚姻满意度分量表。该分量表包括10个题项,采用五点计分,1代表"同意",5代表"不同意"。

4.教养方式量表

该量表采用蒋奖等(2010)修订的教养方式量表。原量表主要针对孩子,由孩子来评价父母的教养方式。在本章研究中,将其改为由父母自己来评价。例如,将"我的父母会奖励我"改为"我会奖励我的孩子"。修订后的量表包括21个题项,分拒绝、情感温暖和过度保护等三个维度。题项采用四点计分,其中1代表"从不",4代表"经常"。

二、研究结果

根据描述统计和相关分析结果(见表3-1),PTSD的四种症状与婚姻满意度和教养方式显著负相关,与拒绝型和过度保护型教养方式显著正相关;婚姻满意度与拒绝和过度保护型教养方式显著负相关,与情感温暖型教养方式显著正相关。此外,创伤暴露程度除了与情感温暖型教养方式不存在显著相关之外,与其他变量都存在显著相关性,因此后续分析将视创伤暴露程度为协变量予以控制。

表 3-1　PTSD 症状与婚姻满意度和教养方式之间的相关性

选项	M	SD	1	2	3	4	5	6	7	8
侵入症状	4.73	4.25	1							
回避症状	1.72	1.69	0.76***	1						
NCEA	5.95	4.96	0.80***	0.79***	1					
警觉增高症状	5.27	4.84	0.84***	0.78***	0.89***	1				
婚姻满意度	38.08	7.78	-0.20***	-0.19***	-0.27***	-0.26***	1			
拒绝型教养方式	8.20	1.99	0.19***	0.18***	0.24***	0.25***	-0.30***	1		
情感温暖型教养方式	19.81	3.94	-0.08***	-0.09***	-0.16***	-0.14***	0.33***	-0.22***	1	
过度保护型教养方式	15.91	3.00	0.18***	0.15***	0.17***	0.18***	-0.15***	0.43***	0.08***	1
创伤暴露程度	11.73	1.64	0.33***	0.29***	0.29***	0.28***	-0.11***	0.13***	0.01	0.10***

注:NCEA 指负性认知和情绪改变症状;***表示在 1% 的水平上显著。

在相关基础上,我们考察了 PTSD 症状对教养方式的预测作用。在控制了父母的年龄、受教育水平、家庭收入和创伤暴露后,建立了 PTSD 症状簇预测教养方式的直接效应模型,该模型可以完全拟合数据。在限定模型中不显著的路径为 0 后,建立了最终的简约模型(见图 3-2),该模型具有良好的拟合指数[$\chi^2(9)=32.866$,$p<0.001$,$\chi^2/\mathrm{df}=3.652$,$\mathrm{CFI}=0.999$,$\mathrm{NFI}=0.999$,$\mathrm{TLI}=0.993$,$\mathrm{RMSEA}(90\%\mathrm{CI})=0.024$(介于 0.016—0.033 之间)]。路径分析发现,在控制了协变量之后,侵入症状可以负向预测拒绝型教养方式,正向预测过度保护和情感温暖型教养方式;回避症状可以负向预测拒绝型教养方式,正向预测情感温暖型教养方式;负性情绪与认知改变症状可以负向预测情感温暖型教养方式,正向预测拒绝型教养方式;警觉增高症状可以正向预测过度保护和拒绝型教养方式,负向预测情感温暖型教养方式。

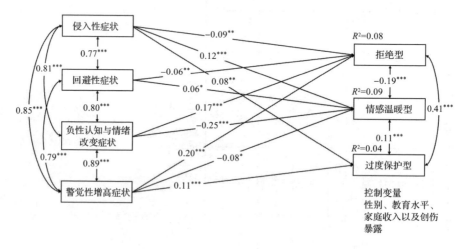

图 3-2　PTSD 预测教养方式的直接效应简约模型

在直接效应模型的基础上,我们在 PTSD 症状与教养方式之间加入了婚姻满意度这一中间变量,建立如图 3-3 所示模型,该模型具有良好的拟合指标[$\chi^2(15)=110.431$,$p<0.001$,$\chi^2/\mathrm{df}=7.362$,$\mathrm{CFI}=0.996$,$\mathrm{NFI}=0.995$,$\mathrm{TLI}=0.982$,$\mathrm{RMSEA}(90\%\mathrm{CI})=0.037$(介于 0.031—0.044 之间)]。结果发现,侵入症状和回避症状可以通过夫妻婚姻满意度间接地正向预测情感温暖型教养方式,负向预测拒绝和过度保护型教养方式;负性认知和情绪改变和警觉增高症状通过夫妻婚姻满意度可以间接正向预测拒绝和过度保护型教养方式,负向预测情感温暖型教养方式。

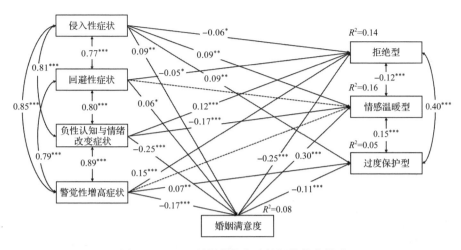

图 3-3　PTSD 预测教养方式的间接效应模型

三、分析与讨论

通过直接效应分析,可以发现 PTSD 的不同症状对父母的教养方式发挥着不同的作用,其中认知和情绪方面的消极改变以及警觉增高症状可以导致更多的消极教养行为,如拒绝型和过度保护型教养行为。侵入和回避症状则可以显著地促进父母的情感温暖型教养方式。实际上,父母一旦出现高水平的负面认知和情绪改变,就可能表现出更多的情绪麻木和社会疏离感,使得他们不愿意与孩子进行情感交流,对孩子的积极行为不给予奖励和表扬。这些情绪和认知一旦持久地存在,势必会使其降低对的评价孩子行为,并给予孩子惩罚和拒绝。类似地,对那些有警觉增高症状的父母而言,他们可能会表现出较高的警惕性,加剧其对孩子行为的过度反应(Sherman et al.,2016),典型表现是过度保护。此外,这些父母也可能会表现出易激惹,在对孩子进行教养时表现出不耐烦的情绪,甚至不愿投入教养孩子的过程之中,常常批评孩子,这些都反映了他们对教养的拒绝和较少的情感投入。相反,侵入性症状可以促进他们的积极教养行为,如情感温暖型教养方式。一个可能的原因是侵入性症状会导致创伤相关线索萦绕在创伤者的脑海中,使得他们担心或害怕自己的孩子也会出现类似的心理反应(Marshall et al.,2017),因此他们在教养孩子时会表现得更加温暖,更少拒绝和批评孩子。

间接效应考察了父母 PTSD 通过婚姻满意度预测教养方式的机制,结果支持了 Belsky(1984)的教养方式模型。具体而言,侵入性和回避性症状可以通过增加父母的婚姻满意度来强化情感温暖型教养方式,降低拒绝和过度保护型教养方式的出现频率。对此,侵入性症状能够提示个体,他们的配偶可能也经历了类似的情绪,这会增加他们与配偶之间关于创伤经历的讨论和彼此之间的理解,从而提升婚姻满意度(Hammett et al.,2021;Solomon et al.,2011)。具有回避性症状的个体会在日常生活中不愿与其伴侣发生冲突和矛盾(Allen et al.,2018),这也有助于提升婚姻满意度。进一步来说,婚姻满意度的提升可以增加父母对亲子关系的积极感知,使他们更愿意将注意力放在照顾孩子上,关注并满足孩子的需要(Oosterhouse et al.,2020),属于情感温暖型教养方式。此外,高婚姻满意度的父母不会将孩子看作不良夫妻关系的替代品(Levin et al.,2017),不会表现出拒绝或过度保护型教养行为。

相反,PTSD 带来的消极认知与情绪改变症状和警觉增高症状可能会降低个体的婚姻满意度,减少情感温暖型教养方式、增加拒绝或过度保护型教养方式的使用频率。对具有负性认知和情绪改变症状的父母而言,在日常的婚姻关系中,他们也会表现出情绪麻木和疏离,减少了夫妻之间的有效沟通和情绪表露,从而降低了夫妻之间的婚姻满意度(Allen et al.,2018)。对具有警觉增高症状的父母而言,他们会变得暴躁、易怒,容易导致夫妻之间的冲突和暴力行为(Birkley et al.,2016;Taft et al.,2007a),因此也会降低夫妻之间的婚姻满意度。夫妻之间的满意度降低,势必会有损彼此间的交流,降低他们对待孩子的耐心,因此可能会表现出消极的教养方式。

通过这一研究,我们发现灾后父母教养行为的变化主要归因于灾后父母创伤心理反应,不同的创伤心理反应会对教养方式产生不同的影响。例如,灾难之后的侵入性和回避性心理反应可以有效地促使父母采用积极的教养方式,父母的警觉性症状和消极情绪认知等心理则可能导致父母采用拒绝或过度保护等消极教养方式。值得注意的是,夫妻之间的婚姻满意度在 PTSD 影响父母教养方式中,发挥了重要的中介作用。

第四章　灾难后父母创伤心理的特征

重大灾难特别是重大自然灾害后,受灾地区的家庭成员都可能经历创伤。现有的研究主要将注意力放在了孩子身上,对青少年创伤后心理反应的关注度较高,往往忽略了对其父母的关注。近年来,特别是新冠疫情以来,研究者主张从家庭的视角对孩子进行心理健康管理,不过侧重点还是放在青少年群体,对其父母心理反应没有给予足够的重视。实际上,灾后父母也会出现 PTSD 和 PTG。相对父母的 PTG,他们的 PTSD 对孩子创伤心理的影响更强、更持久。为此,本章将焦点放在灾后父母的 PTSD 上,着重探究其发生率、共病、结构、变化等特征。

第一节　调查样本与工具信息

本章将对灾后青少年父母创伤心理的特征进行考察,具体以台风"利奇马"灾后受灾区域青少年父母为被试,对其 PTSD 的发生率、PTSD 的结构、PTSD 与冲突行为共病、PTSD 的发展轨迹等特征进行研究。

一、调查样本信息

台风"利奇马"过后 3 个月(2019 年 11 月,第一个时间点 T1),我们对浙江温岭几所中小学进行了较大规模的调查,其中小学主要调查了四、五、六年级的学生,初中主要调查了七、八年级的学生,高中主要调查了高一、高二的学生。在完成对学生的调查后,我们请班主任将针对父母的问卷(电子版)通过家长微信群推送给家长,请学生的一位家长作答。具体是哪位家长作答,由家长自由选择。通过这种方式,我们共计调查了 4742 位父母,其中 1262 人(占 26.6%)是父亲,3480 人(占 73.4%)是母亲;平均年龄是 40.34 岁(SD=5.16 岁;年龄范围是 27—67 岁);1847 人(占 38.9%)的年龄<40 岁,2299 人(占 48.5%)的年龄≥40 岁,596 人(12.6%)未报

告年龄。此外,1710 人(占 36.1%)的平均月收入>1 万元,3032 人(占 63.9%)的平均月收入≤1 万元。大部分父母(3789 人,占 79.9%)的学历为高中及以下,953 人(占 20.1%)的学历为大学本科及以上;大多数人(4270 人,占 90.0%)的婚姻状况是已婚,472 人(占 10%)是离异或丧偶(Zhen et al.,2021);852 人(占 18.0%)在台风中受伤或被困,1519 人(占 32.0%)的亲朋好友在台风中被困或受伤,3466 人(占 73.1%)有财产损失。台风"利奇马"过后 15 个月(2020 年 11 月,第二个时间点 T2),我们对 T1 时间点调查过的中小学生父母进行了追踪调查,调查过程与第一次调查类似,有 2280 位父母参与了调查。利奇马台风过后 27 个月(2021 年 11 月,第三个时间点,T3),我们又对原来的中小学生家长进行了调查,共有 1142 位父母参加了调查。不过,由于每次调查都是以电子问卷的形式通过微信推送方式开展,难免有家长拒答,导致流失率偏高;尤其是在第三次调查中,T1 时间点的小学五、六年级,初中八年级和高中二年级的学生都已毕业,对其父母难以追踪调查,导致流失率较高。同时,因为问卷设计的局限性,每次调查中父母可能存在轮换填答的情况。例如,母亲在 T1 时间点的调查中作答了,在 T2 时则由父亲作答,T3 时又由母亲作答。这种局限性导致只有 294 人"全勤"参与三次调查。

二、调查工具信息

我们采用 Weathers(2013)编制、由 Zhou 等(2017a)修订的 DSM-5 PTSD 核查表来评估青少年父母的 PTSD 症状。该量表包括侵入性症状、回避性症状、负性认知与情绪改变症状、警觉性增高症状四个分量表组成,共包含 20 个题项,使用四点计分,其中 0 代表从来没有,4 代表"总是"。该量表已经被广泛地应用于对自然灾害受灾群体的研究中,并有良好的信效度(Zhen et al.,2021)。根据 DSM-5 中对 PTSD 的诊断标准,如果个体同时在侵入性症状簇中至少有 2 项症状、回避症状簇中至少有 1 项症状、负性认知与情绪改变症状簇中至少有 2 项症状、警觉性增高症状簇中至少有 2 项症状的得分大于或等于 2,可以判定该个体为完全 PTSD 症状表现者。如果某个体只是满足了 PTSD 四个症状簇中部分症状簇,则被视为部分 PTSD 症状表现者。

第二节　灾难后父母创伤心理的结构特征

以往的研究结果和我们的研究发现都说明 PTSD 是重大灾难后父母常见的创伤心理,本节将从症状维度和具体症状项的角度来考察创伤心理的结构。

一、灾后父母 PTSD 的症状维度结构

DSM-4 认为 PTSD 的临床诊断症状主要包括侵入性症状、回避性症状及警觉性增高症状等三个方面。自 DSM-4 提出 PTSD 的三维症状结构后,大量研究开始对 PTSD 症状的维度结构模型进行探讨,先后提出了各种 PTSD 症状维度结构模型(Armour,2015)。鉴于不同的 PTSD 症状维度结构模型的诊断标准不同,PTSD 的发生率也不尽相同(曹倖等,2015)。确认 PTSD 症状结构不仅有助于准确地判断 PTSD 的发生率,也有助于考察 PTSD 与其他创伤后消极心理反应的共病特征,帮助临床实践工作者筛查 PTSD 患者,有助于创伤后的心理干预(Armour et al.,2016)。

客观地说,DSM-4 的 PTSD 症状结构模型为人们提供了诊断 PTSD 的标准,极大地促进了有关 PTSD 的研究与实务工作。但随着研究的深入,研究者逐渐发现该诊断标准在临床上表现出许多局限性,例如不能很好地表征 PTSD 的临床症状结构、容易导致较高的共病率与误诊率等(曹倖等,2015)。因此,2013 年 DSM-5 对 PTSD 的症状维度结构进行了调整,将原来的 17 个症状项拓展至 20 个症状项,并增加了"认知和情绪的负性改变(NACM)"(见表 4-1)。

自 DSM-5 PTSD 发布以来,许多研究也重新审视了 PTSD 症状的维度结构(Liu et al.,2014;Armour et al.,2015a;Elhai et al.,2015;Forbes et al.,2015;Tsai et al.,2015;Wang et al.,2015;Carragher et al.,2016)。一些研究者发现 DSM-5 的 PTSD 症状模型有着较好的拟合度(Elhai et al.,2012;Keane et al.,2014),不过也有研究者认为 DSM-5 的 PTSD 症状维度结构并没有表现出较好的拟合情况,并借鉴 DSM-4 的 PTSD 症状维度模型,提出了四维精神痛苦模型(Elhai et al.,2015;Miller et al.,2013a)和五维精神痛苦唤起模型(Gent es et al.,2015;Hafstad et al.,2014),认为这两

种模型比 DSM-5 的 PTSD 症状维度模型更优。

表 4-1　DSM-5 PTSD 模型因子项目分布情况(曹倖等,2015)

维度结构及其因子分布	模型 1 DSM-5 模型	模型 2 精神痛苦模型	模型 3 精神痛苦唤起模型	模型 4 外化行为模型	模型 5 快感缺乏模型	模型 6 综合模型
B1.关于创伤事件的反复的、侵入性的想法	I	I	R	R	I	I
B2.反复做与创伤事件相关的噩梦	I	I	R	R	I	I
B3.分离性反应,比如闪回	I	I	R	R	I	I
B4.创伤线索引发的情绪性反应	I	I	R	R	I	I
B5.创伤线索引发的生理性反应	I	I	R	R	I	I
C1.回避创伤相关的思想或感觉	A	A	A	A	A	A
C2.回避创伤相关的提示	A	A	A	A	A	A
D1.创伤相关的遗忘	NACM	D	NACM	EN	NA	NA
D2.负性信念	NACM	D	NACM	EN	NA	NA
D3.认知歪曲导致对自己和他人的责备	NACM	D	NACM	EN	NA	NA
D4.负性情绪状态	NACM	D	NACM	EN	NA	NA
D5.兴趣下降	NACM	D	NACM	EN	AN	AN
D6.与他人脱离或疏远	NACM	D	NACM	EN	AN	AN
D7.无法体验正性情绪	NACM	D	NACM	EN	AN	AN
E1.对人或物的言语或身体攻击	AR	D	DA	EB	DA	EB
E2.鲁莽或自毁行为	AR	D	DA	EB	DA	EB
E3.过度警觉	AR	H	AA	AA	AA	AA
E4.过分的惊跳反应	AR	H	AA	AA	AA	AA
E5.注意力方面的问题	AR	D	DA	DA	DA	DA
E6.睡眠障碍	AR	D	DA	DA	DA	DA

注:A=回避性症状;AA=焦虑性唤醒;AN=快感缺失;AR=唤醒和反应的明显改变;D=烦躁;DA=烦躁性唤醒;EB=外化行为;H=高唤醒;I=侵入性症状;NACM=认知和心境的负性改变;NA=负性情感;R=反复体验。

　　于是,DSM-5 的 PTSD 症状维度结构在学界引发了新一轮的争论,开展了许多新的探索。例如,Liu 等(2014)提出了 DSM-5 的六维快感缺失模型,把认知和情绪的负性改变分为消极情绪和快感缺失两个维度,形成了六维快感缺失模型,包括侵入、回避、消极情感、快感缺失、焦虑性唤醒和烦躁性唤醒等六个维度的症状(Watson et al.,2011;Liu et al.,2014)。除此之外,还有研究者提出了六维外化行为模型(Tsai et al.,2015),他们认为 PTSD 中情绪调节问题所致的攻击性行为,应该代表一个单独的结构。于是,他们在警觉性增高维度中,将易怒/攻击性、自伤/鲁莽行为归为单独的一个结构,构建了包括侵入性症状、回避性症状、认知和情绪的负性改变症状、外部行为症状、焦虑性唤醒症状和烦躁性唤醒症状等在内的六维外化行为模型。

近来,Armour 等(2015b)将六维快感缺失模型和六维外化行为模型的特征相结合,构建了七维症状综合模型。在这个模型中,积极情感和消极情感是两个不同的维度结构,外化行为在概念上不同于其他症状,如想法、感受、消极体验等(Armour et al.,2016)。于是,该模型包括了侵入性症状、回避性症状、负性情绪症状、快感缺失症状、外部行为症状、焦虑性唤醒和烦躁性唤醒等七个维度(见表 4-2)。

实际上,厘清 PTSD 的症状结构有助于研究 PTSD 与其他共病障碍之间的关系(Bennett et al.,2014;周宵等,2017a)。那么,对重大灾难后父母的 PTSD 而言,其症状的维度结构到底是如何的呢? 我们采用模型比较的方法,比较了表 4-1 中的症状维度模型,考察了台风"利奇马"过后 3 个月受灾区域青少年父母的 PTSD 维度结构。

表 4-2 提供了模型 1—模型 6 的拟合指数,可以发现父母的拟合指数是可以接受的。模型拟合指数的比较结果(见表 4-3)显示,模型 6 的拟合指数最好,这说明 PTSD 症状的综合模型结构更优。也就是说,台风"利奇马"后父母 PTSD 的症状分为侵入性症状、回避性症状、负性情绪症状、快感缺失症状、外部行为症状、焦虑性唤醒和烦躁性唤醒等七个维度更加合适。

表 4-2　模型 1—模型 6 的拟合指数

模型	χ^2	df	CFI	TLI	SRMR	RMSEA	RMSEA (90%CI)	BIC
模型 1	8272.48	164	0.89	0.87	0.046	0.102	0.100~0.104	195188.89
模型 2	7791.73	164	0.90	0.88	0.045	0.099	0.097~0.101	194708.14
模型 3	7736.04	160	0.89	0.88	0.045	0.100	0.098~0.102	194686.30
模型 4	7085.60	155	0.91	0.89	0.045	0.097	0.095~0.099	194078.19

续表

模型	χ^2	df	CFI	TLI	SRMR	RMSEA	RMSEA (90%CI)	BIC
模型5	7323.30	155	0.90	0.88	0.044	0.099	0.097~0.101	194315.88
模型6	6679.54	149	0.91	0.89	0.043	0.096	0.094~0.098	193722.91

表 4-3　模型 1—模型 6 的拟合指数比较

	模型比较	$\Delta\chi^2$(df)	p	最优模型
嵌套模型	模型 1 vs. 模型 3	535.75(4)	<0.001	模型 3
	模型 1 vs. 模型 4	1186.88(9)	<0.001	模型 4
	模型 1 vs. 模型 5	949.18(9)	<0.001	模型 5
	模型 1 vs. 模型 6	1592.94(15)	<0.001	模型 6
	模型 2 vs. 模型 3	55.69(4)	<0.001	模型 3
	模型 2 vs. 模型 4	706.13(9)	<0.001	模型 4
	模型 2 vs. 模型 5	468.43(9)	<0.001	模型 5
	模型 2 vs. 模型 6	1112.19(15)	<0.001	模型 6
	模型 3 vs. 模型 4	650.44(5)	<0.001	模型 4
	模型 3 vs. 模型 5	412.74(5)	<0.001	模型 5
	模型 3 vs. 模型 6	1056.50(11)	<0.001	模型 6
	模型 4 vs. 模型 6	406.06(6)	<0.001	模型 6
	模型 5 vs. 模型 6	643.80(6)	<0.001	模型 6
非嵌套模型	模型 1 vs. 模型 2	ΔBIC=480.75		模型 2
	模型 4 vs. 模型 5	ΔBIC=237.69		模型 4

研究发现,所有的模型结果都可以接受,说明 PTSD 的维度都可以分为四维、五维、六维或七维,这也与 Zhou 等(2017a)的研究结论一致。不过,需要注意的是,相对于其他的维度结构,PTSD 的七维症状结构模型更能反映灾后父母的 PTSD 结构。这为后续关于灾后父母 PTSD 与其他心理与行为问题共病诊断,以及有针对性的干预提供了新的视角。

二、灾后父母 PTSD 的症状网络结构

一直以来,对 PTSD 的诊断存在两种观点:一是基于分类诊断的视角,认为存在一个疾病实体使得症状出现(McNally,2016),也就是说侵入、回避、高警觉等症状出现的原因在于其背后的 PTSD,认为 PTSD 是这些症状出现的根本原因;二是基于维度取向的视角,认为各种心理障碍是不同维度症状组合的结果(Adam,2013)。这两种观点的本质差别在于心理障碍究竟

是因其类别还是因其维度而不同(Hofmann et al.,2016),搁置这些差异,他们都认为症状的出现是有着潜在的共同原因或疾病(陈琛等,2021)。疾病所反映的症状之间可能存在比较强的异质性,不存在任何因果关系,这种假设忽略了障碍的症状之间关系,难以对心理障碍做出更好的解释(Borsboom,2008;Hofmann et al.,2016)。

在心理障碍发生的过程中,症状之间常常出现相互作用。例如,PTSD中的侵入症状就可能影响其睡眠问题。在这种情况下,Borsboom(2008)提出了心理病理学的网络理论,指出症状不是潜在心理障碍的消极后果,心理障碍的本质是由一系列相互作用的症状构成的系统(Borsboom et al.,2013)。在这个系统中,激活一个症状可以诱发其他症状,当症状之间相互激活的时候,那么它们就实现了自我维系的状态,使心理障碍持久地存在(Borsboom,2017)。因此,一个症状对另一个症状,乃至对某种潜在心理障碍的发生发展都发挥非常重要的作用(Choi et al.,2017)。其中,高度中心化的症状可能会被外在因素率先激活,从而促发其他症状,并使得症状之间的相互作用关系变得更紧密(McNally,2017),影响心理障碍的发生发展。此外,该理论也认为,心理障碍不仅仅包括症状,而且还包括症状之间的连通性(Borsboom,2017)。一般认为,连通性代表一个网络的连接紧密程度。连通性越高,整个网络的连接就越紧密,内部稳定性越高,症状网络之间就会形成一个强的反馈环路,维系了障碍的持久性(McNally,2017)。基于这个视角分析 PTSD 的症状网络结构有助于研究者更全面地了解 PTSD 症状之间复杂的相互作用,揭示特定症状的独特作用,描述它们之间的关联。

开展网络分析,一般会使用 R 程序包 qgraph 对样本整体 PTSD 症状的偏相关网络进行估计和可视化。在所得的症状网络中,每一个节点代表一个症状,节点之间的边代表症状之间的关联,其数值就是偏相关系数,颜色相同的节点表示症状属于同一症状簇。边越粗、颜色越深表示节点间关联越紧密。中心性代表了一个节点与其他节点相连接边的多少、强度及紧密程度,改变中心性高的节点会更多地影响其他节点(蔡玉清等,2020)。通过网络分析方法可以识别在 PTSD 网络中核心的症状及其症状之间的结构特征。为此,我们也将利用网络分析的方法考察父母 PTSD 的结构。

利用网络分析,我们对利奇马 3 个月后的青少年父母 PTSD 进行了分析(见图 4-1),结果发现,A11(闪回)、A18(鲁莽行为)、A20(无积极情绪)是父母 PTSD 网络中的核心症状,症状之间最强关联的是 A19(扭曲的认知)

和 A18(鲁莽行为),A01(兴趣减退)和 A02(负性信念),A05(睡眠问题)和
A06(噩梦)等。

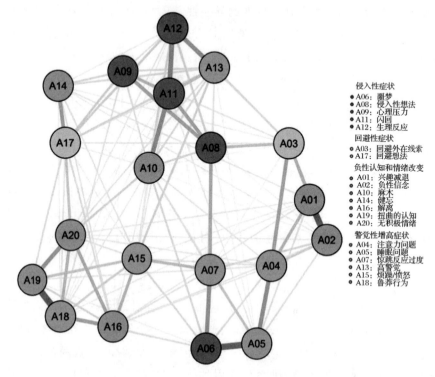

图 4-1　父母 PTSD 的网络结构

　　在经历重大的自然灾害之后,父母也是创伤者,也可能会有心理问题。
不过,他们常担心自己的情绪会影响到孩子的发展,他们可能会在孩子面前
主动压抑或隐藏这些问题(Danieli,1984)。压抑不能有效地解决问题,甚至
可能会导致问题出现反弹,因此与问题相关的线索就会在创伤者无意识的
状态下侵入到其认知世界,导致闪回的出现,并使得个体对其他活动都丧失
兴趣。此外,行动化模型认为,人们可能会通过外化行为来掩饰自己的内化
心理问题(Carlson et al.,1980),这种动机也是为了回避消极情绪状态。因
此,在这些群体之中,鲁莽行为可能就是其为了掩饰其内在心理问题而实施
的外化行为。不过,在该网络模型中存在几条联结性较强的路径,说明这些
症状可能属于不同的症状簇(Armour et al.,2017),这一点还需通过后续研
究给予进一步的探索。

第三节　灾难后父母创伤心理的共存特征

灾难之后的父母不仅仅会表现出 PTSD,而且也可能出现其他的心理与行为问题,其中典型的行为问题是冲突或暴力行为,主要体现为配偶之间或亲子之间的冲突。实际上,以往的研究也发现,在重大灾难之后,暴力行为是最典型、最严重的行为问题之一(Marsee,2008)。PTSD 和暴力行为作为创伤后常见的心理问题与行为问题,两者之间是否也存在一定的共存关系呢? 有研究曾对这一问题进行了深入的探究(Zhou et al. ,2017d;Zhou et al. ,2017c)。通过回顾以往的文献,发现 PTSD 可以诱发创伤个体的暴力行为(Scott et al. ,2014)。对此,攻击行为的社会信息加工模型认为(Holtz-worth-Munroe,1992),个体攻击行为的发生归因于个体对环境的错误认知。PTSD 的症状可能会使得个体错误地理解环境,以为他人充满敌意,因此可能采取攻击行为(Taft,2012)。不过,与此观点不同的是,暴力诱发创伤应激的假设认为(MacNair,2001),暴力行为可能会导致创伤情境,增加个体创伤经历,因此可能会引发 PTSD 的出现。此外,暴力本身就是一种慢性的创伤应激源,对个体的身心健康产生消极的影响,维系或加剧个体的 PTSD。从另一个角度看,暴力的实施意味着个体对愤怒情绪和暴力冲动控制的失效,这会使得个体处在一种高度的情绪唤醒状态,也会导致 PTSD 的出现(Teten et al. ,2010)。因此,暴力或冲突行为的确可以显著地正向预测PTSD,不过在长时程的范围内,这种预测作用不再显著(Zhou et al. ,2017d)。

尽管 Zhou 等(2017d)用纵向研究考察了暴力行为与 PTSD 之间的关系,不过以往的研究之间也存在矛盾之处,例如,到底是 PTSD 诱发暴力,还是暴力导致 PTSD。解决这一矛盾的方法之一便是采用网络分析的技术手段,从症状相关联的视角来明确两者的关系。此外,对为什么 PTSD 与暴力行为之间会存在关系,先前的研究也没有做出很好的解释(Zhou et al. ,2017d)。为此,本节将利用网络分析法,考察 PTSD 与冲突行为之间的共存关系。

网络分析结果(见图 4-2)显示,在父母的 PTSD 网络中,A11(闪回)、A18(鲁莽行为)、A20(无积极情绪)是核心症状;在冲突行为的网络中,D02(孩子在场时,与配偶吵架)、D05(骂孩子)是核心症状。两个网络之间的桥接症状是 D06(冷落孩子);症状之间最强关联的是 D04(打孩子)和 D05(骂孩子),A19(扭曲的认知)和 A18(鲁莽行为)。

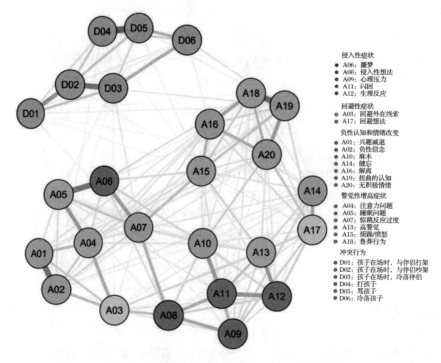

图 4-2　父母 PTSD 与冲突行为之间网络关系

　　对 PTSD 的核心症状及其症状之间紧密关系的讨论可以参见上一节的内容。那么,为什么与配偶吵架和骂孩子是冲突行为的核心症状呢?对此,我们认为这可能是因为父母受到台风的影响之后,可能会出现消极的情绪,他们对如何缓解这种消极情绪可能还没有特别有效的方法,于是可能会采取发泄的方式来释放自己的负向情绪,其中吵架可能是其在家庭中释放情绪的一种途径。因此,与配偶吵架、骂孩子成为其冲突行为中的核心项。也正因如此,他们在教养孩子的过程中,也可能对孩子进行体罚,所以骂孩子和打孩子之间的关系很密切。

　　另外,我们发现 PTSD 之所以与冲突行为之间存在关系,其根本原因在于两者之间有桥接症状项,即"冷落孩子"。一方面,冷落孩子可能会导致不良的亲子关系和亲子沟通,加剧亲子之间的矛盾,诱发父母对孩子的体罚或辱骂。由于家庭亲子系统与夫妻子系统之间存在交互影响,不良子系统内部的互动存在溢出效应,导致另一子系统的不良运转。因此,不良的亲子系统也会导致不良的夫妻子系统,引发夫妻之间的不良沟通和冲突。另一方面,冷落本身可能与 PTSD 的回避存在关联,是 PTSD 回避症状在家庭关系中的具体体现,这也会诱发一系列的 PTSD 症状。冷落孩子是 PTSD 和冲突行为的桥接症状项,这一发现也给灾后心理服务提供了启发,在帮助灾后父母积极教养孩子的过程中,可以缓解其冲突行为,以便缓解其 PTSD 的回避症状,最终实现缓解 PTSD 的目标。

第四节　灾难后父母创伤心理的变化特征

已有大量研究对 PTSD 的发展特征进行了考察。例如有研究发现,飓风后受灾人群的 PTSD 随时间的变化呈现下降趋势(Chemtob et al.,2002),也有研究发现 PTSD 随时间的变化出现上升的趋势(Shaw et al.,1996),还有研究发现自然灾害后人们的 PTSD 呈现先降后稳定的趋势(Norris et al.,2004)。

不同研究之间出现差异的结果可以归因于调查对象、调查工具、调查时间等不同,不过更重要的是这些研究都是以变量为中心,认为研究对象之间的 PTSD 存在同质性分布,忽略了研究对象之间的个体差异。实际上,由于个体之间在年龄、人格特质、接受的社会支持等方面存在差异,被试群体之间的心理问题发展轨迹将呈现异质性分布。因此,在同一样本群体中,也会存在不同的 PTSD 变化趋势。近年来,研究开始利用潜在增长混合模型,以个体为中心,探究了灾难后 PTSD 变化轨迹的异质性特征,发现了 PTSD 存在不同的变化轨迹特征,如 PTSD 逐渐降低的"恢复组"、PTSD 逐渐增加的"延迟症状组"、PTSD 持续稳定高的"慢性症状组"、PTSD 持续低的"应力组"等类型(Tang,2007;Fan et al.,2015)。我们对经历过汶川地震的青少年进行了类似的研究,发现震后青少年的 PTSD 存在"恢复组""延迟症状组""应力组"等轨迹特征(Zhou et al.,2018c)。尽管已经有研究对自然灾害后人们 PTSD 的轨迹进行了多样考察,不过这些研究没有针对灾后的父母进行探索,并不知道重大灾难后父母的 PTSD 会呈现什么样的变化。基于此,我们考察了经历过台风"利奇马"的父母的 PTSD 变化轨迹。

一、研究结果

我们首先以变量为中心,考察了研究对象 PTSD 的整体变化轨迹。无条件的潜在增长模型被用来分析 PTSD 的变化(见图 4-3),结果发现模型能够完全拟合数据,$\chi^2(1)=0.34$,CFI$=1.00$,TLI$=1.01$,RMSEA(90%CI)$=0.000$(在$[0.000, 0.128]$的区间内),SRMR$=0.008$。分析发现,PTSD 的初始值为 17.90,其斜率为-2.316($p<0.001$),说明灾后父母 PTSD 呈逐渐降低趋势。

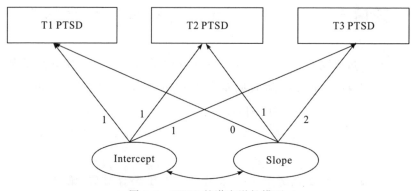

图 4-3 PTSD 的潜在增长模型

接下来,我们以个体为中心,利用潜在增长混合模型来考察 PTSD 的轨迹异质性。五类模型的拟合结果(见表 4-4)显示,模型 1—模型 4 的 BLRT 都非常显著,但模型 5 的 BLRT 不显著。在 Entropy 方面,模型 4、模型 5 的 Entropy 高于 0.8,其他都低于 0.8。依次考察各类模型的 BLRT 显著性,在分析过程中,如果某个模型的 BLRT 不显著,就选择上一个模型作为最优模型。基于此标准,我们最终确定模型 4 为最优模型。

图 4-4 呈现了四种 PTSD 轨迹。考虑到 PTSD 的临床诊断分数为 34 分(Yang et al.,2020),第一组被试在 T1 的得分高于临床诊断标准,T2、T3 均未达到临床诊断分数,于是我们将这一组命名为恢复组;第二组被试三次得分均低于 PTSD 临床诊断分数,T3 的得分仅为 2.90 分,我们将这一组定义为无症状组;第三组被试在 T1、T3 的得分均高于 34 分,在 T2 得分接近 34 分,因此我们将其命名为慢性症状组;第四组被试在三个时间点上的得分都没有达到 34 分,不过分数也相对较高,同时出现了分数逐渐升高的趋势,于是我们将其定义为延迟轻微症状组。

表 4-4　不同类型模型的拟合指数情况

项目	模型 1	模型 2	模型 3	模型 4	模型 5
AIC	7300.26	7104.9	7065.95	7036.21	7022.49
BIC	7318.68	7134.37	7106.47	7087.78	7085.11
AdjBIC	7302.82	7109	7071.59	7043.39	7031.2
Entropy		0.78	0.75	0.83	0.86
LMR		<0.001	0.065	0.379	0.553
BLRT		<0.001	<0.001	<0.001	1
1 组人数(人)		98(33.3%)	170(57.8%)	26(8.8%)	77(26.2%)
2 组人数(人)		196(66.7%)	36(12.2%)	166(56.5%)	162(55.1%)
3 组人数(人)			88(29.9%)	27(9.2%)	26(8.8%)
4 组人数(人)				75(25.5%)	1(0.3%)
5 组人数(人)					28(9.5%)

注:括号内为该组人数占总人数的比例。

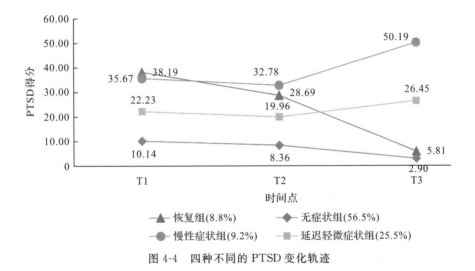

图 4-4　四种不同的 PTSD 变化轨迹

二、分析与讨论

我们的研究与以往的研究类似(Fan et al.,2015),发现了恢复组、无症状组和慢性症状组等几种类型的变化趋势。其中,无症状组的被试人数最多,占总人数的 56.5%。对此,我们认为这可能与我们调查的区域和对象有关。在被试所在地区,几乎每年都可能遭遇台风的侵袭,大部分人对台风已经司空见惯了,能够很快适应台风后的环境;另外,台风这种自然灾害与地震不同,天气预报可以提前几天准确预测台风的登陆地点和时间,这能够使人们在物质上、行动上和心理上做充分的准备,这种准备可以有效地缓解灾难对人们心理的影响。因此,大部分人在灾后没有表现出明显的 PTSD 症状。

不过,由于每年的台风都可能给个体身体、家庭、财产带来一定的损害,也就是说这里的人们可能会反复经历创伤暴露。我们之前的研究已经表明,一些个体在创伤暴露后可能出现更严重的心理问题(周宵等,2018),增加了其创伤心理的敏化效应(Qi et al.,2020)。因此,有部分受灾群众的 PTSD 水平一直居高不下,甚至出现了加剧的情况。当然,这部分人相对较少。

实际上,台风"利奇马"是近年来登陆我国的超强台风之一,具有登陆强度大、滞留时间长、造成灾情严重的特点。因此经历此次台风后的一些人的 PTSD 分数相对较高。不过,创伤暴露与 PTSD 之间存在"剂量—效应"的关系,即暴露程度越严重,PTSD 的严重性越高;暴露程度越低,PTSD 的严重性就相对较低(Norris et al.,2002)。人们的创伤暴露会随着时间的推移而减少,PTSD 的严重性也会随之降低,呈现恢复的态势(Masten et al.,2010)。因此,我们也发现了具有恢复特征的人群。

与以往研究不同(Fan et al.,2015;Zhou et al.,2018b),我们发现了一组具有轻微症状且延迟出现的人群,并且人数仅次于无症状组。对此,我们认为这可能是因为这里的人对台风比较熟悉,也知道几乎每年都可能发生此类事件,但是当这类事件影响了人们的日常生活,特别是对他们的家庭经济财产带来损失时,也会诱发轻微的心理问题,这些问题一旦积压将会出现逐渐增加的态势。不过,具体的原因还需进一步探讨。

总之,这些研究结果说明台风后的父母 PTSD 呈现出不同的变化轨迹,其中人数最多的轨迹在无症状组,其次是延迟的轻微症状组。研究结果说明 PTSD 的变化是异质性的,灾后的心理服务应该侧重在慢性症状组的父母身上。

第五章　灾难后青少年创伤心理的特征

研究发现,重大灾难之后,青少年容易出现消极心理,主要表现为 PTSD 和抑郁。其中,PTSD 是一种特异性的心理反应,只有在受到创伤之后才会出现;抑郁是普遍化、一般化的心理反应,在日常生活中也可能出现。创伤事件之后的另一种特异性心理反应,主要体现在创伤后积极心理变化的 PTG 方面。本章主要考察灾后青少年 PTSD、PTG 和抑郁等创伤心理反应的发生率、结构、共病/共存和发展变化等特征。

第一节　调查样本与工具信息

我们对汶川地震、雅安地震、九寨沟地震灾后青少年,以及台风"利奇马"、河南新乡洪灾等灾后青少年的创伤心理进行了追踪调查。其中,对汶川地震和雅安地震灾后青少年的 PTSD 情况主要采用 DSM-4 量表进行调查,对九寨沟地震灾后青少年则主要采用 DSM-5 量表进行测查。本章对灾后青少年的分析主要侧重于九寨沟地震的灾后青少年。此外,为了更好地与台风"利奇马"灾后父母的心理特征进行比较,本章也将分析台风"利奇马"灾后青少年的创伤心理问题。

需要说明的是,针对台风"利奇马"灾后青少年的调查问卷分为 A 版问卷、B 版问卷和儿童版问卷,不同版本问卷测查变量和调查目的各不相同,其中 A 版问卷主要测查台风这一自然灾害后青少年心理问题,对台风"利奇马"后父母的测量主要是针对 3 个版本调查学生的父母。对九寨沟地震灾后青少年的调查也因调查目的和测查变量不同,分为 A 版问卷和 B 版问卷,其中 B 版问卷主要从青少年的视角出发考察家庭因素对其创伤心理的影响。因此,本章主要采用台风"利奇马"3 个月后 A 版问卷测查的 1840 名青少年和九寨沟地震 1 年后 B 版问卷测查的 620 名青少年的数据进行分析。在测查创伤心理发生率时,我们也将九寨沟地震 1 年后 A 版问卷所测对象纳入分析。

一、调查样本信息

(一)台风"利奇马"灾后青少年被试

台风"利奇马"3 个月后(2019 年 11 月),我们用灾后青少年 A 版问卷于浙江省温岭市调查了 1840 名中学生,平均年龄为 14.24 岁(SD=2.22)。其中,男生有 866 人,占总人数的 47.1%;女生共计 926 人,占总人数的 50.3%,另有 48 名被试未报告性别;942 名被试(占 51.2%)为初中生,898 名被试(占 48.8%)为高中生。台风 15 个月后(2020 年 11 月),我们又对这 1840 名中学生进行了追踪,共追踪到 1632 名青少年;台风 27 个月后(2021 年 11 月),我们对其进行了第三次追踪调查,共追踪到 871 名青少年。在第二次调查时,第一次调查时的小学五、六年级、初中八年级和高中二年级的学生都已毕业,所以流失率相对较高。为了保证研究结果的可靠性,我们选择了三次都参加了调查的学生进行创伤心理变化的数据分析,基于此标准,共有 597 名青少年的数据被用来进行纵向分析。

(二)九寨沟地震灾后青少年被试

我们于九寨沟地震 1 年(2018 年 8 月)后,在九寨沟县调查了 1241 名中学生,其中收回有效问卷 1114 份(分 A、B 卷)。在这 1114 名中学生中,平均年龄为 14.69 岁(SD=1.56),年龄范围为 12—19 岁;女生 630 人(占 56.6%),男生 484 人(占 43.4%);676 人(占 60.7%)为初中生,438 人(占 39.3%)为高中生;地震时受伤或被困的有 228 人(占 20.5%),地震时亲朋好友受伤或被困的有 553 人(占 49.6%);456 人(占 40.9%)报告了家庭财产损失;836 人(占 75.0%)的学生在地震后经历了次级灾害,如泥石流等。需要注意的是,九寨沟地震后中学生 B 版问卷测查的被试人数为 620 人。我们用 A 版问卷和 B 版问卷测量的总人数(1114 人)数据进行发生率分析,用 B 版问卷测量的人数(620 人)进行其他创伤心理特征的分析。

二、调查工具信息

(一)PTSD

本节采用 Zhou 等(2017a)修订的 DSM-5 PTSD 核查表(又称 PCL-5)来评估青少年的 PTSD 情况。该核查表包含 20 个题项,分为侵入性症状、回避性症状、负性认知和情绪改变症状、警觉性增高症状等四个维度。题项采用五点计分,0 表示完全不符,4 表示完全符合,得分越高表示青少年的 PTSD 越严重。在青少年群体中,该核查表得分为 31 分及以上时,可以被诊断为 PTSD 患者。

（二）PTG

本节采用周宵等(2014a)修订的创伤后成长问卷。修订后的问卷共 22 个题项,包括自我觉知的改变、人际体验的改变、生命价值的改变三个维度,对应题项数分别是 9 题、7 题、6 题。采用六点记分,0 代表"没有变化",5 代表"变化非常大"。被试的得分越高,表示 PTG 越强,即越有成长。得分在 66 分及以上的被试可以被确定为实现了 PTG。

（三）抑郁

研究采用汪向东等(1999)翻译并修订的儿童抑郁量表,该量表适用于测查 6—23 岁个体的抑郁程度。共有 20 个题项,题项采用四点计分,从 0（没有）到 3（总是）,量表得分越高说明抑郁情况越严重。其中,得分在 16 分及其以上者被认为存在明显的抑郁症状。

第二节　灾难后青少年创伤心理的发生率

当前,由于不同研究者采用的研究工具、调查对象、调查时间等存在差异,青少年创伤后的消极或积极心理反应的发生率在不同研究之间也有较大差别。例如,赵丞智等(2001)发现张北地震后青少年的 PTSD 发生率为 9.4%;Bal(2008)研究发现,土耳其马尔马拉地震后学生的 PTSD 发生率为 56%;甚至有研究发现,地震后幸存者的 PTSD 具有长期存在性(Arnberg et al.,2013)。汶川地震后,我国研究者对灾区青少年的心理状况进行了相关的研究,发现其 PTSD 的发生率为 21.8%(Wang et al.,2011)。在抑郁的发生率方面,有研究者在汶川地震 10 个月后,对陕西宁强县 2048 名中学生的抑郁状况进行了调查,发现抑郁的发病率为 19.5%,其中女生的发病率是 24.0%,男生的发病率是 14.7%(Wang et al.,2012)。也有研究发现,汶川地震 2 年后,当地中学生的抑郁发病率高达 89.9%(Ying et al.,2012)。即便在地震 30 个月后,仍有 69.5% 的青少年具有较高的抑郁水平(林崇德等,2013)。除了 PTSD 和抑郁之外,PTG 也常见于创伤后的青少年群体,是创伤后青少年积极的心理反应(张金凤等,2012;周宵等,2014b)。

为了进一步明确重大灾难后青少年 PTSD 和抑郁的发生率,我们在汶川地震灾后青少年心理相关研究(林崇德等,2013;伍新春等,2018)基础上,以台风"利奇马"灾后青少年为研究对象,考察了其 PTSD、抑郁和 PTG 的发生率;以九寨沟地震灾后青少年为研究对象,分析了其 PTSD、抑郁及其共病的情况(Qi et al.,2020)。

我们发现台风"利奇马"3 个月后(2019 年 11 月)青少年出现 PTSD、抑郁和 PTG 的概率分别为 12.8%、43.5% 和 17.4%(分别以 31 分、16 分和 66 分为标准)。为探究 PTSD、抑郁和 PTG 在人口学变量上的差异,我们进行了卡方分析。结果(见表 5-1)显示,女生出现 PTSD 和抑郁的概率显著高于男生,年龄小于 15 岁、正就读于初中的青少年的 PTSD、PTG 和抑郁发生率较高。除此之外,留守青少年的 PTSD 发生率较非留守青少年高。

表 5-1　台风"利奇马"灾后青少年 PTSD、抑郁和 PTG 的发生率情况

变量		PTSD (N=235)		抑郁 (N=800)		PTG (N=321)	
		占比(%)	χ^2	占比(%)	χ^2	占比(%)	χ^2
性别	女	58.7	7.08**	57.6	14.88***	47.3	0.08
	男	38.7		40.5		49.8	
年龄	<15 岁	54.4	4.51*	41.2	42.53***	61.9	24.42***
	≥15 岁	42.5		56.8		35.5	
所处学段	初中	56.5	5.13*	42.8	36.22***	63.2	24.34***
	高中	43.4		57.1		36.7	
生源地	城镇	12.7	0.84	15.5	1.37	12.4	1.4
	农村	83.8		80.2		82.2	
父母外出打工情况	均未外出打工	43.8	11.25**	51.7	1.77	53.5	0.12
	至少一方外出打工	44.2		37.5		37.6	

注:*、**、***分别表示在 10%、5%、1% 的水平上显著,以下同。

采用多元 Logistic 回归考察上述人口学变量及创伤暴露对 PTSD、抑郁和 PTG 的预测作用(分别以没有 PTSD、抑郁或 PTG 的被试为参照组)。结果(见表 5-2)显示,上述变量与 PTG 均无显著关系,性别、年龄、父母外出打工情况及创伤暴露与 PTSD 和抑郁之间存在显著关系。具体而言,男生出

现 PTSD 和抑郁的可能性更小,年龄小于 15 岁的青少年更不容易表现出抑郁。相较于留守青少年,非留守青少年表现出更少的 PTSD 症状。创伤暴露水平越高,出现 PTSD 和抑郁的风险也越高。

表 5-2　PTSD、抑郁和 PTG 的影响因素分析

变量		PTSD(N=235)	抑郁(N=800)	PTG(N=321)
		OR(95%CI)	OR(95%CI)	OR(95%CI)
性别	男	0.61(0.44—0.84)**	0.60(0.48—0.75)***	1.15(0.88—1.50)
	女	1.00	1.00	1.00
年龄	<15 岁	0.72(0.21—2.41)	0.27(0.11—0.67)**	1.70(0.59—4.88)
	≥15 岁	1.00	1.00	1.00
所处学段	初中	2.17(0.64—7.34)	2.03(0.81—5.09)	1.14(0.40—3.29)
	高中	1.00	1.00	1.00
生源地	城镇	1.05(0.67—1.64)	1.19(0.88—1.62)	0.91(0.61—1.34)
	农村	1.00	1.00	1.00
父母外出打工情况	均未外出打工	0.59(0.43—0.81)**	0.80(0.64—1.00)	1.10(0.84—1.44)
	至少一方外出打工	1.00	1.00	1.00
创伤暴露		1.57(1.42—1.75)***	1.52(1.39—1.66)***	1.08(0.98—1.19)

对九寨沟地震 1 年后灾后青少年创伤心理的分析发现,PTSD 和抑郁的发生率分别为 46.3% 和 64.5%,PTSD 和抑郁的共病率为 39.2%。对 PTSD 和抑郁发生率在人口学变量上的差异进行卡方分析,结果(见表 5-3)显示,女生的 PTSD、抑郁及其共病症状的发生率高于男生,初中生的 PTSD 发生率高于高中生,自己受伤或被困的学生以及家庭遭受财产损失的学生的 PTSD、抑郁和共病症状发生率较高。

表 5-3　PTSD、抑郁和共病症状的发生率及其在人口学变量上的差异

变量		PTSD 症状(N=516)		抑郁症状(N=719)		共病症状(N=437)	
		占比(%)	χ^2	占比(%)	χ^2	占比(%)	χ^2
性别	女	50.5	10.08**	69.4	14.74***	45.2	21.97***
	男	40.9		58.3		31.4	

续表

变量		PTSD 症状 (N=516)		抑郁症状 (N=719)		共病症状 (N=437)	
		占比(%)	χ^2	占比(%)	χ^2	占比(%)	χ^2
年龄	<15 岁	47.4	0.5	62.5	2.11	38.9	0.05
	≥15 岁	45.2		66.7		39.6	
所处学段	初中	48.8	4.31*	63.5	0.88	40.5	1.23
	高中	42.5		66.2		37.2	
自己受伤或被困	否	13.4	39.86***	14.2	14.87***	14.6	36.20***
	是	28.7		23.9		29.5	
家庭成员受伤或被困	否	42	30.36***	43.3	9.87**	44.5	18.52***
	是	58.5		53.1		57.7	
家庭财产遭受过损失	否	36	13.25***	35.7	6.94**	37.5	8.33**
	是	46.7		43.8		46.2	
次生灾难经历	否	45.7	0.06	62.6	0.62	37.1	0.74
	是	46.5		65.2		40	

我们用多元 Logistics 回归分析来考察人口学变量、创伤暴露和反刍对 PTSD、抑郁及其共病症状的预测作用,结果(见表 5-4)显示,年龄和次级灾难经历与 PTSD、抑郁及其共病症状没有显著的关系,其他变量与 PTSD、抑郁及其共病症状存在显著关系。具体而言,女生、自身受伤或被困的学生、亲朋好友受伤或被困的学生、家庭财产遭受过损失的学生和侵入性反刍的学生更有可能出现 PTSD;女生、自身受伤或被困的学生和侵入性反刍的学生会有更多的抑郁症状;女生、自身受伤或被困的学生、亲朋好友受伤或被困的学生、侵入性反刍的学生会有更多的共病症状。

表 5-4 PTSD、抑郁和共病症状的预测因素分析

变量		PTSD 症状 vs. 无 PTSD 症状 (N=516)	抑郁症状 vs. 无抑郁症状 (N=719)	共病症状 vs. 无共病症状 (N=437)
		OR(95%CI)	OR(95%CI)	OR(95%CI)
性别	男	1	1	1
	女	1.46(1.14—1.88)**	1.62(1.26—2.09)***	1.83(1.41—2.36)***
年龄	<15 岁	1	1	1
	≥15 岁	1.48(0.96—2.28)	1.37(0.88—2.14)	1.61(1.05—2.47)
所处学段	初中	1	1	1
	高中	0.47(0.30—0.73)**	0.78(0.49—1.24)	0.49(0.31—0.77)**

续表

变量		PTSD 症状 vs. 无 PTSD 症状 （N＝516）	抑郁症状 vs. 无抑郁症状 （N＝719）	共病症状 vs. 无共病症状 （N＝437）
		OR（95％CI）	OR（95％CI）	OR（95％CI）
自己 受伤 或被困	否	1	1	1
	是	2.13(1.53—2.95)***	1.67(1.17—2.39)**	2.14(1.55—2.96)***
家庭成 员受伤 或被困	否	1	1	1
	是	1.55(1.19—2.03)**	1.19(0.91—1.57)	1.31(0.99—1.72)*
家庭财 产遭受 过损失	否	1	1	1
	是	1.31(1.00—1.70)*	1.23(0.94—1.62)	1.20(0.92—1.57)
次生灾 难经历	否	1	1	1
	是	1.09(0.81—1.47)	1.05(0.78—1.42)	1.17(0.87—1.59)
侵入反刍		1.16(1.13—1.19)***	1.09(1.06—1.12)***	1.13(1.10—1.63)***
主动反刍		1.00(0.97—1.03)	0.97(0.95—1.00)*	0.99(0.96—1.02)

　　通过对两次自然灾害后青少年创伤心理的分析，我们发现台风"利奇马"灾后青少年的 PTSD 和抑郁发生率明显低于九寨沟地震灾后青少年，一个主要的原因在于创伤类型不同。相对地震而言，台风可以预测，人们在物质、心理和行为上可以做大量的准备，这都可能缓冲灾难事件对其消极心理的负向影响。地震的不可控制性、不可预测性对人们心理的冲击可能会更强。因此，相对地震而言，台风带来的心理问题要轻一些。不过，需要注意，我们仅比较了台风"利奇马"和九寨沟地震。

　　实际上，我们发现九寨沟地震后，分别有 46.3％和 64.5％的青少年报告了 PTSD 和抑郁，高于以往研究中得出的概率（Liu et al.，2011；Chui et al.，2017；Fan et al.，2017）。同样，我们也发现研究得出 PTSD 和抑郁的共病率也比以往的研究（Ying et al.，2012）高。对此，我们认为这可能是重复的震暴露导致的。九寨沟地区距离汶川和雅安较近，研究中的被试可能也经历过汶川地震和雅安地震，他们对汶川地震和雅安地震的相关记忆可能在九寨沟地震中再次被激活，从而进一步加剧了心理问题，使其报告了更多的 PTSD、抑郁和两者共病的症状。

　　同时，我们发现女生表现出更多的心理问题。一方面，女性对创伤更加敏感，更容易感知到威胁，体验到更多的侵入性思维；另一方面，可能是因为女性在面对压力或创伤事件时,更容易沉浸在事件之中,产生对事件的消极思考。我们也发现,留守儿童 PTSD 的发生率显著高于非留守儿童,一个重要的原因是非留守儿童可以获得父母的支持和保护,这可以有效地缓解其PTSD。

我们发现,九寨沟地震后青少年的心理问题在年龄上的差异不显著,在学段上心理问题的差异显著,例如初中生 PTSD 和抑郁的发生率高于高中生。这些结果看似矛盾,其实背后有着不同的原因。一个方面,有部分小于15 岁的孩子已经进入了高中学习,而另一部分可能还在初中,因此我们认为15 岁不能作为区分高中或初中的有效年龄段;另一方面,与初中生相比,高中生面临更多的学习任务和压力,对他们自身的未来也有更多的思考和担心(Li et al.,2008)。因此,他们在学习的过程中,已经逐渐适应了学习带来的压力,习得了处理压力事件的方法,这增加了他们面对创伤事件后的复原能力(Agaibi et al.,2005;Kukihara et al.,2014)。

创伤暴露与 PTSD、抑郁和共病症状有关,主要原因在于创伤引发了不安全感,导致个体对创伤后的环境产生消极的认知,从而可能诱发更多的心理问题(Zhou et al.,2016a)。不过,我们也注意到,财产损失不能诱发学生的抑郁,但却可以导致个体出现 PTSD 症状。这可能是因为财产的损失会在灾后重建过程中被补偿,这种经历不会导致长久的心理问题,所以与抑郁的关系不大。不过,如果关于财产损失的消极记忆持续存在,那么就可能会引发关于此次创伤事件的侵入性记忆。在研究中,也发现次生灾难不会显著增加学生的心理问题,这主要是因为创伤经历已经使其产生钢化效应(Rutter,2012),对后续的次生灾难具有抵抗性。

与我们提出的创伤心理反应三阶段加工理论一致,侵入性反刍可能增加个体的心理应激问题。不过,主动反刍与 PTSD 和共病症状之间没有显著的关系,这与我们的理论存在差异。对此,我们认为主动反刍尽管能够帮助个体重新建构对自我、他人和世界的理解,缓解人们的消极情绪,不过这种反刍的存在本身就说明个体依旧没有从创伤事件中走出来,创伤相关线索依旧还萦绕在创伤者的认知世界,所以其 PTSD 以及 PTSD 与抑郁的共病症状可能难以得到有效的缓解。

第三节　灾难后青少年创伤心理的结构特征

实际上,自从 PTSD、抑郁和 PTG 被人们所熟知之后,大量的研究者从不同的角度对其结构进行了探究。本节将围绕 PTSD、抑郁和 PTG 的结构特征,采用不同研究方法对其进行研究,以便加深对创伤心理结构的理解。

一、PTSD 的结构特征

目前,PTSD 结构特征相关研究主要聚焦在以下问题上:PTSD 的症状维度应该是 DSM-5 提出的四维结构还是其他的维度结构? PTSD 不同症状之间的关系如何? 它们的结构又会有什么样的表现? 为了明确这些问题,学者对 PTSD 的维度结构和症状结构进行了大量的研究。

（一）PTSD 的维度结构

关于 PTSD 症状维度结构的研究论述可以参考第四章的内容。实际上,就目前而言,大多研究集中在成年人群体,针对青少年的 PTSD 症状维度结构的研究相对较少。为了明确青少年的 PTSD 症状维度结构,我们采用了类似第四章中的方法,对雅安地震灾后中小学生进行了测查,考察了他们的 DSM-5 PTSD 结构（Zhou et al. ,2017a）。

通过模型比较的方式可以发现,在青少年群体中,DSM-5 PTSD 的七维综合模型最优,即侵入性症状、回避性症状、负性情绪症状、快感缺失症状、外部行为症状、焦虑性唤醒和烦躁性唤醒等七个维度（Zhou et al. ,2017a）。这与前面我们对台风"利奇马"灾后父母 PTSD 结构的探索一致,说明七维 PTSD 的综合模型具有跨群体的稳定性。我们对台风"利奇马"灾后青少年的分析,也验证了这一模型的优越性,说明该模型适用于研究遭遇不同自然灾害的青少年群体。

（二）PTSD 的网络结构

为了明确青少年的 PTSD 网络结构,我们对台风"利奇马"灾后青少年进行了研究,结果（见图 5-1）显示,A07（惊跳反应过度）、A15（烦躁/愤怒）、A18（鲁莽行为）、A11（闪回）是青少年 PTSD 网络中最核心的症状;症状之间关系密切的是 A11（闪回）和 A12（生理反应）、A15（烦躁/愤怒）和 A18（鲁莽行为）、A01（兴趣减退）和 A02（负性信念）。

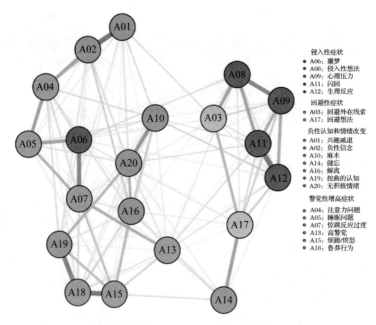

图 5-1　台风"利奇马"灾后青少年 PTSD 的网络结构

　　采用网络分析方法,我们又对九寨沟地震灾后青少年进行了分析。结果(见图 5-2)显示,A06(噩梦)、A09(心理压力)、A16(解离)、A18(鲁莽行为)、A20(无积极情绪)、A08(侵入性想法)和 A11(闪回)具有较高的中心性,是 PTSD 的核心症状;A18(鲁莽行为)和 A19(扭曲的认知)、A11(闪回)和 A12(生理反应),A04(注意力问题)和 A05(睡眠问题)、A05(睡眠问题)和 A06(噩梦)这四对症状间的连接性最紧密。

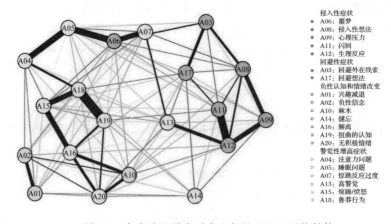

图 5-2　九寨沟地震灾后青少年的 PTSD 网络结构

我们发现,在不同的模型中,侵入性症状和警觉性增高症状都表现得比较突出。这可能是因为台风和地震都威胁到了人们的人身安全,导致了他们对相关线索的恐惧和担心,引发了警觉性症状,从而也可能使其出现侵入性症状。不过,与台风灾后青少年不同的是,地震灾后青少年的核心症状中还有消极的情绪,这可能是因为地震的突发性对人们的影响更大,使其出现了严重的、持久性的消极心理问题。

二、PTG 的结构

(一)PTG 的维度结构

PTG 到底包含几个维度,至今仍然是学界争论的热点议题之一。由 Tedeschi 等(1996)开发的创伤后成长量表,指出 PTG 包括与他人的关系、新的可能性、个人力量、精神变化和对生活的欣赏等五个维度,被认为在不同创伤经历的人群中具有较好的适用性(Taku et al.,2008)。不过,PTG 的五维模型也面临着一些批评,例如该模型中精神改变和对生活的欣赏维度分别只包括 2 个和 3 个题项,这可能是该模型不稳定性的来源(Costello et al.,2005)。于是,Powell 等(2003)通过主成分分析法提出了 PTG 的三维模型,包括改变自我/积极的生活态度、人生观、与他人的关系等三个维度,这与 Tedeschi 等(1996)的理论一致。Linley 等(2007)使用验证性因素分析来评估该三维模型,发现模型的拟合效果良好。在不同的创伤人群中,该模型也有较好的适用性(Joseph et al.,2005a)。随着研究的深入,Osei-Bonsu 等(2011)对大学生 PTG 进行验证性因素分析,结果不支持 PTG 的五维模型和三维模型。于是,他认为在 PTG 的因子结构尚且不清楚的情况下,继续使用总分是最合适的。基于此,Osei-Bonsu 等(2011)提出了 PTG 的一维模型,认为 PTG 可以作为单一结构的构念而存在。

虽然对 PTG 的维度结构已经开展了许多探索,但到底哪个模型更好一直悬而未决。现有的研究也存在一些不足,需要后续开展更多的实证研究进行补充、归纳和验证。实际上,儿童的认知发展比成年人更慢(Tedeschi et al.,2004),这可能会影响儿童实现 PTG。了解儿童 PTG 的维度结构有助于阐明 PTG 在这一群体中的性质,更好地对灾后儿童心理健康进行护理(Yoshida et al.,2016)。为此,我们对雅安地震后 303 名儿童进行了追踪调查,考察其 PTG 的因素结构。研究采用 Tedeschi 等(1996)开发的创伤后成长量表,通过模型比较的方式,对 PTG 的结构进行了考察。我们发现,PTG

的五维结构模型最优,且该模型具有跨时间的稳定性(Zhou et al.,2017b)。类似的 PTG 五维结构在台风"利奇马"后的青少年群体中也具有良好的模型拟合情况。

(二)PTG 的网络结构

目前,已有学者开始利用网络分析的方法,对 PTG 网络特征进行研究(Bellet et al.,2018;Peters et al.,2021)。例如,Bellet 等(2018)开展了一项对丧亲群体的研究,发现"新的人生道路的发现"和"更强的个人力量"都是 PTG 网络的核心元素;一项对中国地震中丧亲的幸存者的研究也发现,"寻找新的人生道路""与他人的亲密感""在生活中做得更好"是 PTG 网络中最核心的因素(Peters et al.,2021)。对成长项之间的关联,研究发现"与他人的亲密感"和"了解人有多美好"、"更强烈的宗教信仰"和"对精神事物的更好理解",以及"在生活中做得更好"和"更好地处理困难的能力"之间的联系最紧密(Peters et al.,2021)。不过,这些研究主要针对丧亲群体,还尚未有研究专门考察自然灾害后的青少年群体。为此,我们分别以台风"利奇马"受灾青少年和九寨沟地震受灾青少年为样本,考察其 PTG 的网络结构。

对台风"利奇马"3 个月后(2019 年 11 月)受灾青少年 PTG 的网络结构分析结果(见图 5-3)显示,B13(把事情做得更好)、B18(感知更强的个人力量)、C21(发现人生的新道路)、B20(接受需要他人)和 B02(更加欣赏生活)

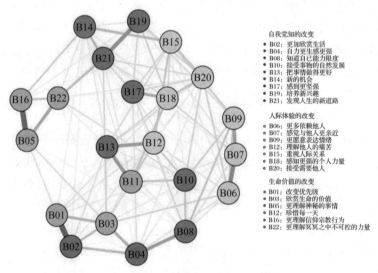

图 5-3 台风"利奇马"灾后青少年 PTG 网络结构

是 PTG 网络的核心元素;B01(改变优先级)和 B02(更加欣赏生活)、B05(更
理解神秘的事情)和 B16(更理解信仰宗教行为)、B06(更多依赖他人)和 B07
(感觉与他人更亲近)、C19(培养新兴趣)和 C21(发现人生的新道路)之间的
联系较为紧密。

　　九寨沟地震灾后青少年的 PTG 网络分析结果(见图 5-4)显示,C01(改变
优先级)、C21(发现新的人生道路)、C19(培养新的兴趣)的中心性最强,是
PTG 的核心症状。该模型中连接性最强的边主要是 C05(更理解神秘事情)
和 C16(更加理解信仰宗教行为),C02(更愿意尝试改变)和 C01(改变优先
级),C06(更多依赖他人)和 C07(感觉与他人更亲近)。

自我力量
● C02:更愿意尝试改变
● C04:自力更生感更强
● C08:肯定自身的能力
● C10:接受事情自然发展
● C13:把事情做得更好
● C14:新的机会
● C17:感到更加坚强
● C19:培养新的兴趣
● C21:发现新的人生道路

人际变化
● C06:更多依赖他人
● C07:感觉与他人更亲近
● C09:更愿意表达情绪
● C12:理解别人的痛苦
● C15:重视人际关系
● C18:懂得人的美好
● C20:接受需要他人

生命价值
● C01:改变优先级
● C03:欣赏生命价值
● C05:更理解神秘事情
● C11:珍惜每一天
● C16:更加理解信仰宗教行为
● C22:更加理解冥冥之中不可控的力量

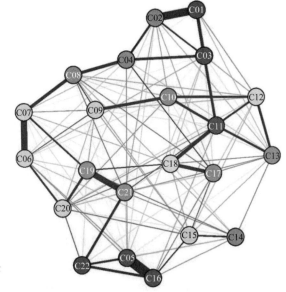

图 5-4　九寨沟地震灾后青少年 PTG 网络结构

　　尽管不同的灾难之后,青少年 PTG 的核心症状存在一定的差异,但是
通过对其所属维度因子来看,其本质又存在相似之处,即自然灾害后青少年
的积极变化主要体现在自我觉知和生命价值观方面。不过,由于台风可以
预报,人们可提前做一些准备和预防措施,因此人们能够一定程度地控制台
风的影响,所以台风过后青少年可能会感知到个体具有更强的力量。即便
如此,灾难带给人们的冲击和威胁,依然会使人们觉得自己能够从灾难中幸
存下来是上天的恩赐,所以他们可能会更加珍惜灾后的生活。由于地震的
突发性、不可预测性、不可控制性及严重的危害性,人们需要付出更多才能

重新安排自己的生活。不过,两个模型都发现,"发现新的人生道路"是PTG的核心项之一,这可能与我国相对完善的灾难援助体制有关。每当重大灾难来临时,我国都是"一方有难八方支援",党和国家、人民军队、地方政府、社会组织和个人等都会给予受灾群众大量的人力、物力支持。这一方面会激发受灾群众的感恩之心,另一方面也发挥了榜样的作用,使得受灾青少年积极向支援力量学习,树立积极的人生目标。例如,我们对地震灾后儿童青少年的一段访谈内容至今记忆犹新,一名小学生告诉我们,长大之后,他也要向解放军叔叔学习,成为一名光荣的解放军,帮助有困难的人。

三、创伤后抑郁的结构

(一)抑郁的维度结构

抑郁的维度结构往往可以通过抑郁量表的维度进行划分,常用于测量青少年抑郁程度的量表是流调中心用抑郁量表。该量表是一种自测量表,旨在了解抑郁症状的频率和严重程度(Radloff,1977)。该量表由20个题项组成,并被广泛应用于不同的年龄、国家以及社区群体中。Radloff(1977)提出的抑郁结构包括四个维度:抑郁情感、积极情感、躯体症状和人际交往困难。不过,该量表的因子结构最初是根据美国成年人样本建立的,而青少年的抑郁症状与一般成年人的表现存在不同之处(Dopheide,2006;Mullen,2018),因此在青少年群体中检验该量表的结构效度至关重要。对此,Blodgett等(2021)等开展了多项研究,检验在青少年群体中抑郁四维结构的有效性。结果发现,13项研究中有9项研究认为与Radloff(1977)最初的四维结构一致,有3项研究提出了不同的三维结构,还有1项研究提出了二维结构。从这个角度看,灾后青少年的抑郁结构还有待进一步探究。我们对九寨沟地震灾后青少年的研究发现,抑郁的四维结构有着良好的效度指标$[\chi^2(163)=464.61,\text{CFI}=0.93,\text{TLI}=0.92,\text{RMSEA}(90\%\text{CI})=0.055(介于0.049—0.061之间),\text{SRMR}=0.045]$;对台风"利奇马"3个月后青少年的研究也发现,抑郁的四维结构具有良好的效度指标$[\chi^2(163)=1201.24,\text{CFI}=0.94,\text{TLI}=0.93,\text{RMSEA}(90\%\text{CI})=0.059(介于0.056—0.062之间),\text{SRMR}=0.048]$。这一方面说明了抑郁四维结构具有跨灾难情境的一致性,另一方面也说明在经历自然灾害后,我国青少年的抑郁主要表现在抑郁心境、消极情感、躯体症状和人际交往问题等四个方面。

（二）抑郁的网络结构

Mullarkey 等（2019）针对 1409 名青少年开展了抑郁网络结构的相关研究，结果发现自恨、孤独、悲伤和悲观是青少年抑郁网络中的核心症状，症状之间最强的关联是悲伤—哭泣、快感缺乏—学校厌恶、悲伤—孤独、学业困难—学习成绩下降、自我憎恨—消极身体形象、睡眠障碍—疲劳和自我贬低—自责。

为了考察创伤后青少年抑郁的网络特征，我们利用网络分析方法先后对台风"利奇马"和九寨沟地震的受灾青少年进行了分析。台风"利奇马"灾后青少年抑郁的网络分析结果（见图 5-5）显示，C18（悲伤）、C06（情绪低沉）、C14（孤独感）、C19（被不喜欢）、C03（苦闷感）是核心症状，对其他症状的影响最强。

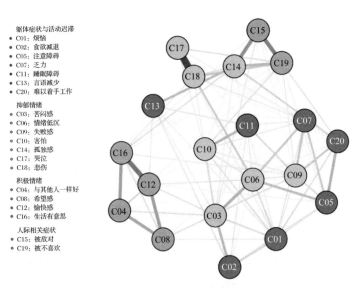

图 5-5　台风"利奇马"灾后青少年抑郁的网络结构

九寨沟地震灾后青少年的抑郁网络分析结果（见图 5-6）显示，核心症状包括 B06（感到消沉）、B15（认为别人不友好）、B18（感到悲伤难过）、B07（感到做事费力）。其中 B17（哭过或想哭）和 B18（感到悲伤难过），B12（感到快乐）和 B16（感到生活愉快），B14（感到孤单）和 B15（认为别人不友好），B15（认为别人不友好）和 B19（感到别人不喜欢我）等五对节点之间的连接强度是最大的，说明这五对节点关系最密切。

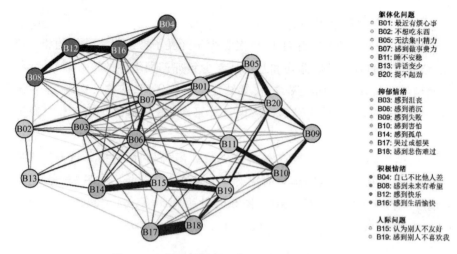

图 5-6　九寨沟地震灾后青少年抑郁的网络结构

　　我们发现两种类型的灾难之后,抑郁的核心症状都是悲伤,这可能是因为灾难对其生命安全带来了威胁,也给其财产造成了损失,打破了日常生活节奏,导致悲伤的情绪反应。此外,情绪消沉也是两种灾难后青少年体验到的共同情绪反应,符合 DSM-5 关于抑郁诊断的前提症状标准之一,即有消极的情绪或抑郁的心境。进一步而言,这也说明了悲伤和消极情绪在抑郁网络中的核心性具有跨灾难类型的稳定性,因此对自然灾害后的心理服务应该主要从悲伤和消极情绪入手。

　　不过,我们也发现两种自然灾害后青少年抑郁网络的核心症状也存在一定的差异。例如,在台风"利奇马"灾后青少年群体中,苦闷感是其核心症状之一;而在九寨沟地震灾后青少年群体中,做事费力是其核心症状之一。也就是说,台风"利奇马"灾后青少年的情绪问题突出,九寨沟地震灾后青少年不仅有情绪问题,而且还有躯体化症状,可能是创伤的严重性差异所致。因此,对更为严重的灾难后青少年抑郁症状进行干预时,应该在关注其消极情绪的同时,注意其躯体化问题。

第四节　灾难后青少年创伤心理的共存特征

　　经历重大灾难后,青少年的诸多心理反应之间并不是此消彼长的关系,而是以一种共病/共存的状态存在。其中,青少年 PTSD 和抑郁的共病、PTSD 与 PTG 的共存是被广泛关注的两种共存模式。

一、PTSD 与抑郁的共病特征

PTSD 与抑郁共病的情况是创伤心理领域常常关注的议题。有研究发现,海地地震后青少年出现 PTSD 和抑郁共病的概率为 22.25%(Cenat et al.,2015);有学者对汶川地震灾后儿童青少年的研究发现,95.4%的 PTSD 患者同时患有抑郁症(Ying et al.,2013)。可以说,PTSD 与抑郁存在较高的共病率。对此,我们总结以往的研究,整理出因果关系假说、共同因素假说和重叠因素假说,并从不同的角度给予了解释(Zhen et al.,2019)。从因果关系假说的角度看,PTSD 与抑郁之间存在因果关系,PTSD 可以诱发抑郁,抑郁也可以加剧 PTSD;从共同因素假说的角度看,PTSD 与抑郁属于两类不同的心理病理学构念,不过二者之间分享着共同的影响因素,如童年创伤等(Angelakis et al.,2015);从重叠因素假说的角度看,PTSD 和抑郁共病可能是因为它们之间存在一些共同的症状(Stander et al.,2014),如睡眠不佳、兴趣减弱等。

为了检验以上的假设,明确两者共病的原因,有研究利用纵向交叉滞后模型考察了盐城风灾后 154 名青少年的心理反应,发现先前的 PTSD 可以加剧后续的抑郁症状(An et al.,2019);另一项研究发现,舟曲泥石流后儿童的 PTSD 与抑郁可以相互预测(艾力等,2018)。尽管不同的研究结果之间存在差异,但都说明了 PTSD 与抑郁之间确实存在某种因果关系。因此,两者共病的因果关系假说被广大研究者所接纳。

共同因素假说认为 PTSD 和抑郁拥有某些共同的影响因素,不过也有研究者发现了两者各具独特的风险因素(O'Donnell et al.,2004)。更关键的是,PTSD 与抑郁在理论概念、症状特征、生理和神经生物学机制方面也存在差异,因此 PTSD 与抑郁的发生发展机制应该是相互独立的(Blanchard et al.,1998),这挑战了共同因素假说。类似地,在考察重叠因素假说解释 PTSD 与抑郁共病的过程中,研究者发现即便将两者存在重叠的症状(如睡眠不佳、兴趣减弱等)剔除之后,PTSD 与抑郁仍然保持着较高的共病率(El-hai et al.,2008),这使得该假说对两者共病的解释力大打折扣。之所以如此,主要有两个原因,一是现有研究常以变量为中心,忽视了创伤事件后个体反应的异质性;二是现有研究多从潜在变量的视角出发,忽视了对心理障碍症状的探讨。为此,需要借助以个体为中心的方法(如潜在剖面分析法)和心理病理网络分析方法(如网络分析法)对 PTSD 和抑郁之间的共病进行探讨。

(一)PTSD 与抑郁的潜在剖面分析

潜在剖面分析法可以根据在连续变量上的得分,将个体归集到不同的创伤后心理反应模式中,使得每种模式内的差异最小化,属一类创伤后心理反应模式的被试具有同质性,与其他类创伤后心理反应模式之间存在较大的异质性。利用潜在剖面分析法,有研究发现 PTSD 和抑郁在飓风"卡特里娜"后的儿童群体中表现出三种共存模式,分别是无症状、仅 PTSD 症状和混合内化症状(高 PTSD 和抑郁水平)(Lai et al.,2013);也有研究发现,汶川地震后青少年的 PTSD 和抑郁存在四种共存模式,分别是低症状、PTSD 症状、抑郁症状和共病症状(Cao et al.,2015)。为了进一步明确青少年 PTSD 与抑郁的共病特征,我们曾以个体为中心,利用潜在剖面分析法探究了地震后 2059 名青少年中 PTSD 与抑郁的共存模式,发现了无症状、抑郁症状、轻度共病与重度共病等四类 PTSD 与抑郁的共存模式(Zhen et al.,2019)。不过,该研究也存在一定的局限性,即所采用的测查工具为 DSM-5 版本的 PTSD 量表,不能有效地反映 PTSD(DSM-5 标准)与抑郁共病的情况,为了弥补这一局限,进一步明确我们先前的发现是否具有良好的外部效度,我们利用同样的方法,分别考察了台风"利奇马"和九寨沟地震灾后青少年 PTSD(DSM-5 版标准)与抑郁的共病类型。

潜在剖面分析结果(见表 5-5)显示,在台风"利奇马"灾后青少年群体中,ALMRLRT 值在模型 2 和模型 3 中显著,在模型 4 和模型 5 中不显著。不过,BLRT 值在模型 2、模型 3 和模型 4 中均显著,在五类模型中不显著。于是,我们选择模型 4 作为最优模型。在九寨沟地震灾后青少年群体中,BLRT 值在模型 2、模型 3、模型 4 和模型 5 中均显著,ALMRLRT 值仅在模型 2 中显著,在其他模型中不显著;BIC 值和 aBIC 值随着类别数的增加呈现降低的趋势,不过模型 4 和模型 5 之间没有显著差异(ΔBIC 值或 ΔaBIC 值分别小于 6),考虑到五类模型中有一组的人数为总人数的 2.1%,说明五类模型的结果不稳定。综合以上结果，我们最终选择模型 4 为最优模型。

表 5-5　五类 PTSD 与抑郁共病潜在剖面模型拟合指数汇总

灾难类型	模型类别	AIC	BIC	aBIC	Entropy	ALMRLRT	BLRT
台风"利奇马"	模型 1	28177.596	28199.666	28186.958	—	—	—
	模型 2	27090.246	27128.868	27106.629	0.836	1046.929***	1093.351***
	模型 3	26804.634	26859.809	26828.039	0.852	279.230***	291.612***
	模型 4	26711.987	26783.714	26742.414	0.832	94.459	98.647***
	模型 5	26704.135	26792.416	26741.584	0.873	0.000	0.000
九寨沟地震	模型 1	9422.387	9440.099	9427.400	—	—	—
	模型 2	9104.670	9135.667	9113.443	0.725	307.758***	323.717***
	模型 3	9030.133	9074.414	9042.666	0.676	76.567	80.537***
	模型 4	8993.819	9051.385	9010.112	0.729	40.227	42.314***
	模型 5	8985.280	9056.130	9005.333	0.763	13.823	14.539*

　　表 5-6 呈现了台风"利奇马"和九寨沟地震后青少年 PTSD 和抑郁的平均值及其方差分析结果。DSM-5 标准的青少年 PTSD 的临床诊断分数为 31 分，抑郁的临床诊断分数为 16 分。在台风"利奇马"和九寨沟地震灾后青少年群体中，发现第一组的 PTSD 和抑郁的平均值都在各自临床诊断分数以下，因此被命名为"无症状组"；第二组中，PTSD 没有达到临床诊断分数，但是抑郁已经超过其临床诊断值，说明该组的抑郁症状比较突出，于是将该组命名为"抑郁症状组"；第三组的青少年既表现出了PTSD症状，又表现出

表 5-6　不同组类 PTSD 和抑郁的均值比较结果

组别	台风"利奇马"灾后青少年群体				九寨沟地震后青少年群体			
	PTSD		抑郁		PTSD		抑郁	
	M	SD	M	SD	M	SD	M	SD
无症状组	4.745	4.445	12.158	7.197	8.525	5.724	9.918	4.471
抑郁症状组	20.653	4.480	20.236	8.845	23.987	6.206	19.004	5.696
轻度共病组	34.000	4.820	28.769	8.877	40.351	7.073	29.584	5.948
重度共病组	51.110	8.456	38.524	9.882	52.630	7.889	44.185	5.903
F	4457.708***		496.289***		763.402***		481.947***	
η_p^2	0.885		0.462		0.799		0.715	

了抑郁症状,不过两种症状均较轻微,所以将其命名为"轻度共病组";第四组青少年的 PTSD 与抑郁症状都比较严重,于是将其命名为"重度共病组"。其中,PTSD 和抑郁症状水平在重度共病组中最高,之后依次为轻度共病组、抑郁症状组和无症状组。需要注意的是,台风"利奇马"和九寨沟地震灾后青少年中无症状组、抑郁症状组、轻度共病组和重度共病组的人数分别占各自总样本的 56.9%和 20.5%、25.7%和 39.1%、12.6%和 34.7%、4.8%和 5.7%。

这一结果与我们对汶川地震灾后青少年的研究结果一致(Zhen et al.,2019),说明 PTSD 与抑郁共病的四种模式在不同的受灾青少年群体中具有跨样本的不变性,也说明了我们之前研究的结果具有良好的外部效度。当然,我们的结果揭示了 PTSD 与抑郁的共病模式在重大灾难受灾青少年群体中的分布具有异质性。抑郁症状组的青少年仅表现出抑郁症状而无PTSD 症状,这与以往以青少年为对象的研究结果相同(Cao et al.,2015),与对成年人的研究结果不同(Armour et al.,2015a)。对此,一个可能的解释是,成年人的认知能力发展得更为成熟,青少年尚处在发展当中,认知能力的差异性可能会影响他们对创伤的编码、评估和认知(Hasan et al.,2004),而这可能会影响了青少年的 PTSD 和抑郁水平,也因此影响了二者的共病模式。我们也发现,青少年在经历创伤事件后即使没有受到 PTSD 的困扰,也可能表现出抑郁症状,说明 PTSD 和抑郁可能是创伤后两种独立的结果,而不是某种心理障碍的不同表现形式(Blanchard et al.,1998),从而挑战了共同因素假说。

尽管我们的发现证明了台风"利奇马"和九寨沟地震灾后青少年的PTSD 与抑郁共病类型相似,不过人数占比存在明显不同。其中,台风"利奇马"灾后青少年中无症状组的人数最多,九寨沟地震灾后青少年中抑郁症状组的人数最多。对此,我们认为根本的原因在于灾难本身。台风可预报,人们能够提前做好物质、心理和行动上的准备,减少灾难对人的影响;而地震的突发性、不可预测性会给人们的心理带来更强的冲击,导致其心理问题更加严重。

(二)PTSD 与抑郁的网络分析

现有的交叉滞后研究和潜在剖面分析都是从潜变量模型出发将 PTSD与抑郁视为整体,忽略了 PTSD 和抑郁具体症状之间的关系。心理病理学的网络分析法作为一种新的方法,为研究者从症状层面探索抑郁与 PTSD

的共病机制提供了崭新的视角。在 PTSD 与抑郁的共病网络中,当分别属于二者的症状相互激活时,PTSD 与抑郁就有可能在人群中出现共病,这些可以激活另一障碍节点的症状就被称为桥接症状。实际上,采用心理病理学的网络分析法探索 PTSD 与抑郁的共存特征,有利于厘清两者在结构上相互影响的过程,明确 PTSD 与抑郁间关系中影响最大的因素,找到临床干预的靶点;同时,也能考察两类常见的创伤后心理反应共存网络的桥接症状,有利于了解二者同时发生的机制和内部结构。基于此,我们也从网络理论的视角出发,以经历过台风"利奇马"的青少年为样本,考察了 PTSD (DSM-5 标准)与抑郁的共病情况(Qi et al.,2021),结果(见图 5-7)显示,在 PTSD 与抑郁的共病网络中,PTSD 中的"惊跳反应过度"和"鲁莽行为",抑郁中的"感到心情低落"和"感到难过"的期望影响力较网络内其他症状更大。桥接症状分析表明,抑郁中的"感到不开心"和"感到害怕"对 PTSD 中其他症状影响力较大。此外,PTSD 与抑郁之间的重叠症状,如睡眠问题和注意力问题也发挥桥接作用。

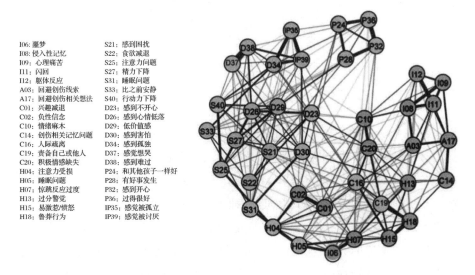

I06: 噩梦
I08: 侵入性记忆
I09: 心理痛苦
I11: 闪回
I12: 躯体反应
A03: 回避创伤线索
A17: 回避创伤相关想法
C01: 兴趣减退
C02: 负性信念
C10: 情绪麻木
C14: 创伤相关记忆问题
C16: 人际疏离
C19: 责备自己或他人
C20: 积极情感缺失
H04: 注意力受损
H05: 睡眠问题
H07: 惊跳反应过度
H13: 过分警觉
H15: 易激惹/愤怒
H18: 鲁莽行为

S21: 感到困扰
S22: 食欲减退
S25: 注意力问题
S27: 精力下降
S31: 睡眠问题
S33: 比之前安静
S40: 行动力下降
D23: 感到不开心
D26: 感到心情低落
D29: 低价值感
D30: 感到害怕
D34: 感到孤独
D37: 感觉想哭
D38: 感到难过
P24: 和其他孩子一样好
P28: 有好事发生
P32: 感到开心
P36: 过得很好
IP35: 感觉被孤立
IP39: 感觉被讨厌

图 5-7　台风"利奇马"受灾青少年群体内 PTSD 与抑郁的共存网络

为探究经历过地震的青少年群体的 PTSD 和抑郁的共病情况,我们利用九寨沟地震受灾青少年的数据,对 PTSD 和抑郁的共病模型进行了网络分析,结果(见图 5-8)显示,该模型中的核心症状包括"感到消沉""认为别人不友好""创伤相关的消极情绪""与他人疏离""噩梦""自我毁灭/不计后果的行为""感到悲伤难过""线索引发生理反应"。桥接症状除了两者的重叠症状外,还包括"与他人疏离""创伤相关的消极情绪""最近有烦心事"和"感到沮丧"等。

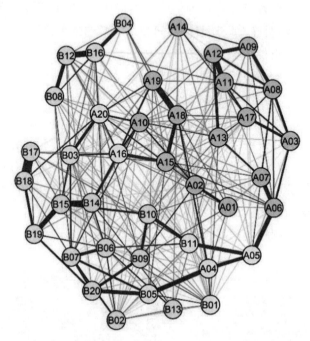

图 5-8　九寨沟地震后青少年群体内 PTSD 与抑郁的共存网络

通过对以上两类受灾青少年的分析可以发现,PTSD 与抑郁的共病可能是因为它们的部分症状相互重叠。从发生机制上看,PTSD 与抑郁的重叠症状对二者的共病具有重要作用,支持了重叠因素假说(Angelakis et al.,2015)。同时,这也表明当前 PTSD 与抑郁分类标准的精确性有待提高。除此之外,台风"利奇马"受灾青少年抑郁中的"感觉不开心"和"感觉害怕"也在 PTSD 与抑郁的共病网络中表现出了较强的桥接作用,九寨沟地震受灾青少年的 PTSD 和抑郁网络中的"与他人疏离""创伤相关的消极情绪""最近有烦心事"和"感到沮丧"发挥桥接作用,这些发现从理论上扩展了重叠因素假说,即二者的重叠症状并不能完全解释共病的发生机制。从理论上看,在 PTSD 与抑郁网络内,属于同一障碍的症状联系更加紧密,这为两者属于相互独立的心理障碍体系提供了新的证据。

二、PTSD 与 PTG 的共存特征

除了与抑郁存在共病外,PTSD 还经常与 PTG 共存。例如,汶川地震一年后,在受灾青少年群体中,PTSD 和 PTG 的共存率高达 50%(Jin et al.,2014)。类似的研究也发现,地震后受灾青少年 PTSD 与 PTG 的共存率为50.1%(Zhou et al.,2018b)。这些结果说明,创伤后的个体在忍受创伤所带来痛苦的同时,可能也在与创伤进行斗争。

那么为什么 PTSD 和 PTG 会共存呢? 一些研究者认为两者之间存在一定的预测关系。其中,Tedeschi 等(2004)认为,创伤事件导致的心理应激激发了人们对创伤事件的认知加工,当这种认知加工转向创伤积极面时,有助于 PTG 的形成(陈杰灵等,2014)。基于此,有研究对 PTSD 与 PTG 的关系进行了研究,发现两者之间存在显著正相关(Yonemoto et al.,2012)。不过,较少的心理应激不足以诱发个体认知的失衡,难以促进个体的主动思考,不利于实现创伤后的恢复和成长;但太多的心理应激,又可能给个体的主动思考带来压力,亦不利于他们的成长。因此,有研究者认为只有中等水平的心理应激才有助于促进个体的成长(Nelson,2011),PTSD 与 PTG 呈倒U 形关系(Solomon et al.,2007)。此外,还有研究者认为 PTSD 和 PTG 虽然是共同存在的,但两者是相互独立的心理反应,PTSD 不能显著预测 PTG(Cordova et al.,2001a)。大量研究支持了这一假设,认为 PTSD 与 PTG 之间的关系不显著(Phelps et al.,2008)。甚至还有研究认为,PTG 是个体创伤后的积极应对方式,有助于个体积极地重新建构对创伤事件的理解,从而缓解 PTSD 症状,因此 PTG 与 PTSD 之间存在负相关(Zoellner et al.,2006)。

以往研究在探讨 PTSD 与 PTG 的关系时得出了不同的结论,究其原因可能在于研究工具、调查时间、考察对象及其经历创伤事件不同。更重要的是,这些研究大多采用了横断研究的方式,无法有效地确认两者之间的关系(陈杰灵等,2014)。于是,一些研究者利用纵向数据,对 PTSD 与 PTG 的关系进行了研究,不过研究结论也存在较大差异。例如有研究发现,PTSD 可以正向预测 PTG,但 PTG 不能正向预测 PTSD(Dekel et al.,2012;Zhou et al.,2015a);有研究则发现二者相互的纵向预测作用均不显著(伍新春等,2015;An et al.,2018)。

在对二者关系的探究上,无论是横断研究还是纵向研究都没有形成统一的定论,一个重要的原因在于这些研究忽略了个体之间的差异与症状水

平的关系。为此,有必要从潜在剖面分析和网络分析的角度探讨 PTSD 与 PTG 共存关系的特征。我们曾利用潜在剖面分析的方法,考察了 619 名经历过汶川地震的青少年,目的在于了解 PTSD 和 PTG 的共存模式,结果发现了低症状组、成长组和共存组等三类模式(Zhou et al.,2018b)。不过,由于我们之前的研究主要采用 DSM-4 标准的 PTSD,难以明确 DSM-5 标准的 PTSD 与 PTG 的共存模式。为此,我们将分别对台风"利奇马"和九寨沟地震的受灾青少年的 PTSD(DSM-5 标准)与 PTG 的共存模型进行考察,六类潜在剖面模型的拟合指数见表 5-7。

在台风"利奇马"受灾青少年群体中,我们发现模型 2—模型 5 的 ALMRLRT 值和 BLRT 值都非常显著,即便是模型 6 中的 BLRT 值也非常显著。实际上,这是因为 BLRT 值相对敏感。不过,模型 6 中的 ALMRLRT 值并不显著,于是我们拟选择模型 5。进一步分析发现,模型 5 中有一组人数低于总样本的 4%,说明该模型不稳定,于是我们选择模型 4 作为最优模型。在九寨沟地震灾后青少年群体中,我们发现模型 2 和模型 3 中的 ALMRLRT 值和 BLRT 值都非常显著,但是模型 4—模型 6 中的 ALMRLRT 值和 BLRT 值都不显著,于是拟选择模型 3。不过,值得注意的是,模型 3 的 Entropy 值太小,说明其不能很好地与模型 2 做区分,于是我们最终选择模型 2 作为最优模型。

表 5-7　六类 PTSD 与 PTG 共存潜在剖面模型拟合指数汇总

灾难类型	类别模型	AIC	BIC	aBIC	Entropy	ALMRLRT	BLRT
台风"利奇马"	模型 1	32370.793	32392.859	32380.151	—	—	—
	模型 2	32029.605	32068.220	32045.981	0.786	332.445***	347.188***
	模型 3	31792.809	31847.973	31816.203	0.746	232.486**	242.796***
	模型 4	31640.574	31712.287	31670.987	0.779	151.516*	158.235***
	模型 5	31526.606	31614.869	31564.038	0.791	114.873*	119.967***
	模型 6	31471.760	31576.572	31516.210	0.800	55.930	58.411***
九寨沟地震	模型 1	10469.645	10487.358	10474.659	—	—	—
	模型 2	10428.548	10459.545	10437.321	0.784	44.775***	47.097***
	模型 3	10412.453	10456.734	10424.986	0.619	21.006*	22.095***
	模型 4	10411.376	10468.941	10427.668	0.700	6.729	7.077
	模型 5	10412.825	10483.675	10432.877	0.737	4.326	4.551
	模型 6	10404.825	10488.959	10428.637	0.770	1.193	1.255

基于 PTSD 与 PTG 的平均值,研究考察了两者在不同类型共存模式中的特征(见表 5-8)。在台风"利奇马"受灾青少年群体中,第一组青少年的 PTSD 和 PTG 的平均值都未达到各自的临界值,且分数相对较低,这说明该群体在经历灾难之后,并没有太多的心理波动,因此可被视为"韧性组",类似的情况也反映在九寨沟地震受灾青少年群体中。第二组青少年的 PTSD 和 PTG 的平均值尽管也未达到临界值,不过分数都相对较高,说明这部分人可能既有轻微的 PTSD 症状,又展现出了一定的积极心理变化,是"痛苦并成长着"的一群人,可以将其视为具有"共存"特征的组别。九寨沟地震受灾青少年群体中没有人被划到第三、第四组,发现在台风"利奇马"受灾青少年群体的第三组中,其 PTSD 超过了该症状的临界分,而 PTG 分数比较低,因此这组人主要表现出 PTSD 症状,因此可以命名为症状组;与该组特征相反的是,第四组的 PTSD 非常低,不过其 PTG 的水平已经超过了 66 分,该组主要表现为创伤后的成长,因此可以命名为"成长组"。在台风"利奇马"灾后青少年中,被划到韧性组、共存组、症状组和成长组的人数分别占总人数的 42.6%、28.2%、7.2% 和 22.0%,在九寨沟地震受灾青少年中,被划到韧性组和共存组的人数分别占总人数的 7.6% 和 92.4%。

表 5-8 共存类型被试在 PTSD 与 PTG 得分上的描述性统计、差异分析

组别	台风"利奇马"受灾青少年群体				九寨沟地震受灾青少年群体			
	PTSD		PTG		PTSD		PTG	
	M	SD	M	SD	M	SD	M	SD
韧性组	5.681	5.575	19.355	71.686	14.340	11.285	16.426	10.970
共存组	26.220	5.704	45.674	48.000	29.309	14.070	64.271	69.794
症状组	47.662	8.139	39.684	22.960				
成长组	6.913	5.367	68.933	15.834				
F	2997.502***		78.088***		50.499***		22.011***	
η_p^2	0.831		0.113		0.076		0.034	

通过对不同自然灾害受灾青少年 PTSD 和 PTG 共存模型的分析,我们发现不同灾后青少年 PTSD 和 PTG 的共存具有很大差异。我们之前的分析发现了低症状、成长和共存等三类模式(Zhou et al.,2018b),结合我们当前的分析,可以有力地证实这一结论。对此,我们认为这主要与灾难类型有关。仅就本节分析的内容来看,我们发现台风"利奇马"受灾青少年 PTSD

和 PTG 的共存存在四种模式,九寨沟地震受灾青少年 PTSD 和 PTG 的共存存在两种模式。实际上,PTG 的实现或 PTSD 的缓解都需要一定的时间,以便个体充分地对创伤相关线索进行认知和情绪加工。我们对台风"利奇马"受灾青少年的调查是在灾后 3 个月,对九寨沟地震灾后青少年的调查是在震后 1 年,刚经历过台风的青少年很可能还在对灾难进行认知和情绪加工。不同的青少年对灾难加工的深度和广度不同,出现了更多的 PTSD 和 PTG 共存模式。相对而言,地震 1 年后,受灾青少年已经有充足的时间来加工创伤事件,其加工的广度和深度逐渐趋同,所以其 PTSD 和 PTG 共存的模式相对少一些。

不过,在这两种灾难的受灾青少年群体中,都发现了韧性组和共存组。九寨沟地震受灾青少年也曾经历过汶川地震和雅安地震,重复的暴露也可能导致"钢化效应",加强了部分青少年的心理韧性;同样,对台风"利奇马"受灾青少年而言,他们几乎每年都遭遇台风的侵袭,可以说对台风存在一定的"免疫力",因此会有更多的学生在面对台风时展现出韧性的一面。不过,需要注意的是,两种灾难都可能导致轻微的消极心理结果和积极心理变化的共存,这与我们之前的研究结果(Zhou et al.,2018b)类似,也支持了 PTSD 和 PTG 之间的共存假设(Tedeschi et al.,2004),说明该部分青少年依旧没有从灾难中得到完全的恢复,还在以各种形式的应对手段与灾难带来的影响做斗争。

在台风"利奇马"受灾青少年群体中,还存在以"成长"为主要特征的共存类型,对此我们认为 PTG 是个体努力应对创伤事件的结果。有过创伤经历的青少年即使出现 PTSD 症状,仍然可以发展出 PTG(Zhou et al.,2018b)。此外,症状组的存在,一方面说明即便青少年已经适应了台风,也能提前对台风做充分的准备,台风的到来依旧会对其产生心理冲击;另一方面也说明经常暴露于台风等自然灾害中,这种重复的创伤暴露也会导致"敏化效应",诱发部分青少年出现严重的心理问题,例如PTSD。

(二)PTSD 与 PTG 共存的网络分析

近年来,有学者从症状层面的视角出发,探索 PTSD 与 PTG 的共存关系,不过大都局限在成人群体中。例如,一项研究以中国澳门地区大学生为研究样本,采用网络分析方法考察了台风"天鸽"后该群体 PTSD 与 PTG 的共存情况,发现 PTSD 与 PTG 在网络中形成了两个独立的集群。两个集群间正向联系最紧密的是"鲁莽行为"和"理解宗教",负向联系最紧密的是"灵性理解增加"与"易激惹/愤怒"。PTSD症状中的"侵入性思维""心理痛苦""过度警觉""鲁莽行为""噩梦"与"躯体反应",PTG中的"事件优先级改变"和"理解宗教"为二者间的桥接症状(Yuan et al.,2021)。以青少年为研究对象考察PTSD与PTG共病问题的研究相对较少。为此,我们以台风"利奇马"和九寨沟地震受灾青少年为研究对象,利用网络分析方法考察了PTSD与PTG的共存网络。

图5-9为台风"利奇马"灾后青少年PTSD与PTG的共存网络。网络中的所有节点都和其他节点直接或间接地连接在一起。PTSD症状项和PTG成长项在共存网络中形成了两个相对独立的网络,两个网络都具有内部联系紧密的特征。在对PTSD和PTG各自的网络中心性进行考察时,我们发现中心性较高的节点有PTSD中的"惊吓反应""鲁莽行为"和PTG中的"不后悔""发现新方向""发现人性之美"。桥接中心性分析结果显示,所有节点的桥接中心性均较低。不过,PTSD中的"过分警觉"和PTG中的"与他人关系亲近""灵性理解增加""理解他人痛苦"显示出较其他节点稍强的桥接中心性。

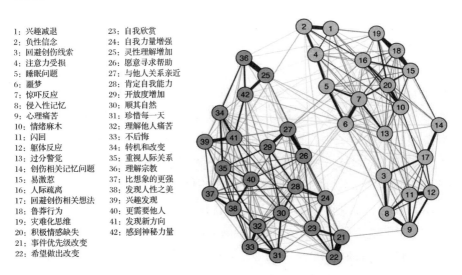

1: 兴趣减退
2: 负性信念
3: 回避创伤线索
4: 注意力受损
5: 睡眠问题
6: 噩梦
7: 惊吓反应
8: 侵入性记忆
9: 心理痛苦
10: 情绪麻木
11: 闪回
12: 躯体反应
13: 过分警觉
14: 创伤相关记忆问题
15: 易激惹
16: 人际疏离
17: 回避创伤相关想法
18: 鲁莽行为
19: 灾难化思维
20: 积极情感缺失
21: 事件优先级改变
22: 希望做出改变
23: 自我欣赏
24: 自我力量增强
25: 灵性理解增加
26: 愿意寻求帮助
27: 与他人关系亲近
28: 肯定自我能力
29: 开放度增加
30: 顺其自然
31: 珍惜每一天
32: 理解他人痛苦
33: 不后悔
34: 转机和改变
35: 重视人际关系
36: 理解宗教
37: 比想象的更强
38: 发现人性之美
39: 兴趣发现
40: 更需要他人
41: 发现新方向
42: 感到神秘力量

图5-9　台风"利奇马"青少年PTSD与PTG的共存网络

为了进一步检验青少年PTSD与PTG的共存特征,我们又以九寨沟地震灾后青少年群体为对象进行网络分析(见图5-10)。结果发现在PTSD与

PTG 共存网络模型中,"人际疏离""噩梦""珍惜每一天"的中心性最强;"情感反应""闪回""惊吓反应""过分警觉""创伤相关记忆""事件优先级改变""愿意寻求帮助""发现新方向""感到神秘力量"等 8 个节点为桥接症状,不过其影响力相对较弱。

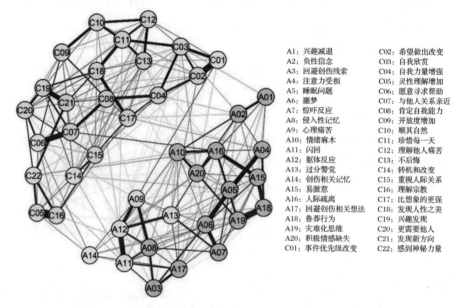

A1:兴趣减退
A2:负性信念
A3:回避创伤线索
A4:注意力受损
A5:睡眠问题
A6:噩梦
A7:惊吓反应
A8:侵入性记忆
A9:心理痛苦
A10:情绪麻木
A11:闪回
A12:躯体反应
A13:过分警觉
A14:创伤相关记忆
A15:易激惹
A16:人际疏离
A17:回避创伤相关想法
A18:鲁莽行为
A19:灾难化思维
A20:积极情感缺失
C01:事件优先级改变

C02:希望做出改变
C03:自我欣赏
C04:自我力量增强
C05:灵性理解增加
C06:愿意寻求帮助
C07:与他人关系亲近
C08:肯定自我能力
C09:开放度增加
C10:顺其自然
C11:珍惜每一天
C12:理解他人痛苦
C13:不后悔
C14:转机和改变
C15:重视人际关系
C16:理解宗教
C17:比想象的更强
C18:发现人性之美
C19:兴趣发现
C20:更需要他人
C21:发现新方向
C22:感到神秘力量

图 5-10　九寨沟地震受灾青少年 PTSD 与 PTG 的共存网络

通过对两个受灾青少年群体的研究可以发现,"过分警觉"都是 PTSD 和 PTG 的主要症状项,说明该症状项具有跨灾难类型的稳定性,是 PTSD 影响 PTG 的主要变量。之所以能促发 PTG,可能是因为它能够激发人们的自我保护机制,促使人们寻求他人的支持和帮助,从而建立良好的人际关系,体验到积极的人际变化,进而体验到更多的 PTG。也正因如此,PTSD 和 PTG 在青少年群体中才具有共存的特征。我们也发现两个模型的桥接项存在不同,这可能是因为自然灾害的类型不同,具体的原因还需要进一步探究。可以肯定的是,PTSD 和 PTG 中桥接症状的影响力相对较弱,但是它们的要素在各自的网络中表现出紧密的联系,说明 PTSD 和 PTG 是两种不同的但可以共存的创伤后心理反应,驳斥了消极心理反应和积极心理反应此消彼长的观点。

第五节 灾难后青少年创伤心理的变化特征

创伤心理反应出现之后,并非一成不变。随着时间的推移,很多创伤心理反应,特别是 PTSD、抑郁和 PTG 都会发生变化。不过,以往研究在考察创伤心理反应的变化趋势时,倾向于从某一种心理问题出发考察该种创伤心理反应的变化轨迹,忽略了创伤心理反应共存的特征,不能全面窥探灾后青少年创伤心理反应变化的全貌。为此,我们将从共存的视角出发,对创伤心理反应的变化特征进行考察。为了与台风"利奇马"受灾父母 PTSD 的变化轨迹做比较,本节主要对台风"利奇马"受灾青少年 PTSD 与抑郁的变化轨迹进行分析。

我们首先采用潜在增长模型分别分析台风"利奇马"受灾青少年 PTSD 和抑郁的变化轨迹,随后采用潜在增长混合模型来分析 PTSD 和抑郁的变化轨迹类型。结果显示,PTSD 的潜在增长模型拟合指数良好 $[\chi^2(1) = 0.774,\text{RMSEA}(90\%\text{CI}) = 0.000$(介于 0.000—0.103 之间),CFI = 1.000,TLI = 1.002,SRMR = 0.009];PTSD 的初始值为 15.569,呈逐渐下降的趋势(斜率为 −1.669,$p < 0.01$)。抑郁的潜在增长模型拟合指数良好 $[\chi^2(1) = 2.769,\text{RMSEA}(90\%\text{CI}) = 0.054$(介于 0.000—0.135 之间),CFI = 0.996,TLI = 0.988,SRMR = 0.016];抑郁的初始值为 17.489,变化趋势不明显(斜率为 −0.068,$p > 0.01$)。

潜在增长模型主要从变量的视角考察了 PTSD 和抑郁的变化轨迹,不能有效地区分被试之间的异质性特征。为此,我们又采用潜在增长混合模型,从个体的视角探究了 PTSD 和抑郁的变化轨迹类型。结果(见表 5-9)显示,在 PTSD 的轨迹类型模型中,ALMRLRT 和 BLRT 在模型 2 和模型 4 中均显著,在模型 5 中不显著,据此可以选择模型 4 作为最优模型。不过,进一步分析发现,模型 3 和模型 4 中都有一组人数低于总样本的 4%,说明模型 3 和模型 4 不稳定。基于此,我们最终选择了模型 2 作为最优模型。在抑郁的轨迹类型模型中,BLRT 在模型 2 至模型 5 中都非常显著,不过 ALMRLRT 在模型 2 和模型 3 中显著,在其他类模型中不显著,且相对其他模型,模型 3 的 Entropy 最高。基于此,针对青少年抑郁这一创伤心理反应的变化轨迹,我们拟选择模型 3 作为最优模型,不过该模型中有一组的人数少于 4%,说明该模型不稳定,最终我们选择了模型 2 作为最优模型。

表 5-9　创伤心理变化轨迹类型模型拟合指数汇总

轨迹类型模型	类别模型	AIC	BIC	aBIC	Entropy	ALMRLRT	BLRT
PTSD	模型 1	14413.916	14449.051	14423.653	—	—	—
	模型 2	14257.433	14305.744	14270.822	0.878	154.429**	162.483***
	模型 3	14194.220	14255.707	14211.261	0.909	65.783*	69.213***
	模型 4	13962.963	14037.626	13983.656	0.959	225.497**	237.257***
	模型 5	14135.618	14223.456	14159.962	0.834	−158.395	−166.655
抑郁	模型 1	12670.232	12705.367	12679.970	—	—	—
	模型 2	12593.015	12641.326	12606.404	0.782	79.093**	83.217***
	模型 3	12527.117	12588.604	12544.158	0.844	68.334***	71.898***
	模型 4	12516.192	12590.855	12536.885	0.834	16.086	16.925***
	模型 5	12499.763	12587.601	12524.107	0.835	21.318	22.429***

　　图 5-11 呈现了 PTSD 的变化轨迹类型,以 31 分作为 PTSD(DSM-5 标准)的临床分界分数,发现第一组青少年的 PTSD 在前两次测查时得分低于 31 分,在第三次测查时得分高于 31 分,因此可以将其命名为"延迟症状组";第二组青少年的 PTSD 得分都在 31 分以下,因此可以将其命名为"韧性组"。

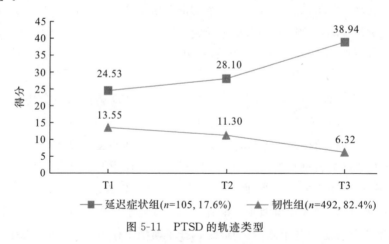

图 5-11　PTSD 的轨迹类型

　　图 5-12 呈现了抑郁的变化轨迹类型。我们以 16 分为判定抑郁(DSM-5 标准)的临床分界分数,发现第一组青少年的抑郁在三个时间点上的得分都在 16 分以上,可以将其命名为"慢性症状组";第二组青少年的抑郁在三个时间点上的得分都在 16 分以下,可以将其命名为"韧性组"。

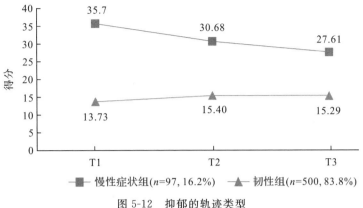

图 5-12　抑郁的轨迹类型

通过对台风灾后青少年 PTSD 和抑郁的轨迹进行分析,发现都存在"韧性组",即 PTSD 和抑郁的变化不大,并且这部分青少年占了总样本的绝大多数。具体的原因可能在于,台风的频发性使得这部分青少年经历了重复创伤暴露,产生了"钢化效应",因此表现出较强的韧性。不过,我们也发现了 PTSD 的"延迟症状组",这与我们之前对地震灾后青少年的研究结果一致(Zhou et al.,2018c),对这部分青少年而言,我们认为可能是重复创伤暴露使其产生了"敏化效应",导致其对后续台风灾难的易感性,以至于其 PTSD 的水平呈逐渐增强的趋势。我们发现,有 16.2% 的受灾青少年的抑郁呈现了慢性存在的特征,这与我们对战争中士兵创伤心理的研究结果一致(Bachem et al.,2021),可能与台风的频发性有密切的关系。

实际上,与父母 PTSD 的变化轨迹相比(具体见第四章),青少年的 PTSD 没有出现恢复类型的轨迹。这是因为台风"利奇马"给人们的生命安全带来了巨大的影响,为此社会各界都比较关注受灾群体的心理健康问题,特别是青少年的心理问题,在这方面给予了大量的社会支持。不过,由于后续青少年的应对策略不同,一部分人的 PTSD 可能加剧,另一部分人的 PTSD 可能始终维持在较低的水平。从父母的角度看,台风不仅使其稳定的生活遭受重创,而且还加重了原有的生活担子,所以灾后部分父母的 PTSD 程度较高。随着时间的推移、灾后重建工作的开展,他们能够重新建设自己的家园,学会如何应对,使得其 PTSD 呈现下降趋势。因此,父母 PTSD 存在恢复类型轨迹。

第三篇

灾后家庭系统对青少年创伤心理的影响机制

　　家庭在灾难中受到重创，使得家庭系统发生或大或小的变化，这可能会对青少年的创伤心理造成消极影响。实际上，家庭系统主要包括夫妻子系统和亲子系统，子系统内部会相互影响，子系统之间也会相互作用，甚至一个子系统内部的相互作用效果也可能会通过另一个子系统来影响它的成员。这也就是说，从家庭的角度考察青少年创伤心理问题，需要从关系和个体整合的视角进行研究。不仅如此，家庭咨询相关理论认为，子系统内部及外部的相互作用构成了整个家庭的系统功能，它也可能会对青少年的心理问题发挥作用。我们通过元分析发现，相对家庭成员及其之间的关系，家庭功能对青少年创伤心理的影响更大。因此，在考察灾后家庭对青少年创伤心理的影响时，就需要从灾后家庭功能的视角、夫妻系统的视角、亲子系统的视角和父母创伤心理的视角出发，明确青少年创伤心理的发生或缓解机制，为青少年创伤心理的家庭干预提供实证支持。

第六章　家庭功能对青少年创伤心理影响的元分析

我国是灾难多发国家,进入21世纪后先后发生了汶川地震、雅安地震、台风"利奇马"、新冠疫情等灾难事件,不仅给人们生命财产造成了重大损失,也对其心理造成巨大冲击。灾难的影响深远,即使灾难过后很长时间,受灾群体仍然会出现PTSD、抑郁等心理问题,干扰其正常的生活,甚至引发社会经济的衰退。于是,2018年11月份,教育部、民政部等十部委联合下发《关于印发全国社会心理服务体系建设试点工作方案的通知》,明确指出在自然灾害等突发事件发生时,要立即组织开展个体危机干预和群体危机管理,提供心理援助服务,及时处理急性应激反应,预防和减少极端问题行为发生。在事件善后和恢复重建过程中,对高危人群持续开展心理援助服务。

相对成年人,青少年的认知和情感管理能力尚未成熟,他们更容易受灾难的影响,是灾后心理创伤群体中的高危人群,其心理问题更严重,也更持久。例如,有研究发现,汶川地震8.5年后,依旧有4.75%和29.98%的中学生分别存在PTSD和抑郁(伍新春等,2018)。实际上,重大灾难发生后,我国政府部门、社会组织和学校系统都会积极地对青少年开展心理干预。既然如此,为什么青少年灾后心理问题还持久地存在呢?究其原因在于青少年最终要回归家庭,其父母也是灾难的受害者,也会出现心理创伤,家庭创伤没有解决,势必会对孩子产生持久的消极影响。为有效地缓解重大灾难后青少年的心理问题,不仅要从社会和学校层面开展心理危机干预,更要从家庭系统的角度对青少年创伤后的心理问题进行干预。

从家庭视角对青少年创伤心理进行干预的前提是明确家庭的哪些因素可能会对其创伤心理,尤其是对其PTSD产生影响。近年来,有些学者已通过元分析对家庭因素与PTSD之间的关系进行了探讨(Trickey et al.,2012;Birkley et al.,2016;Pinquart,2020),不过这些元分析研究依旧存在一些局限性。一是研究的被试大多是男性(Birkley et al.,2016),对女性的关注度较低;二是元分析纳入的样本量比较少(Trickey et al.,2012),可能会影响结论的科学性；三是这些研究缺乏对青少年 PTSD 的关注（Birkley et al.，2016）；四是这些研究聚焦的创伤相对单一，仅关注某一类创伤事件后家庭因素与 PTSD 之间的关系（Pinquart，2020）；五是这些研究都将注意力放在家庭表面难以改变的因素，例如家庭经济地位（Vandenberg et al.，2009）、家庭结构（Collin-Vezina et al.，2005）、父母教养方式（Williamson et al.，2017），忽略了对潜在家庭功能与孩子 PTSD 之间关系的探究，限制了对影响青少年 PTSD 发生发展的家庭因素的全面理解。基于此，研究者开始转变研究视角，从对家庭表面因素的探索转向对家庭系统的探索，关注家庭功能与创伤后心理反应之间的关系，本章主要对家庭功能与 PTSD 之间的关系进行元分析（Ye et al.，2022）。

实际上，家庭系统理论认为（Epstein et al.，1973），家庭是一个动态的系统，其内在状态的发展和维系都会对个体心理障碍的发生发展产生影响。因此，家庭系统理论主要关注家庭系统内部导致问题行为发生的过程，并假设改变系统就可以改变个体的行为。改变家庭的动态系统就意味着改变家庭功能的运行状态，建立良好的家庭功能运作系统可以为家庭成员的心理和生理方面的健康发展和维持提供必要的条件（Epstein et al.，1976），提升家庭成员的身心健康水平（Beavers et al.，2000）。

近来，大量研究发现，作为保护性因素，良好的家庭功能可以缓解创伤后孩子的 PTSD（Trickey et al.，2012；Lee et al.，2018；Nelson et al.，2019）。不过，系统地分析这些研究的元分析或综述还相对较少，限制了我们对家庭功能与 PTSD 间关系的理解。为了弥补这一局限，我们运用元分析的方法来回顾以往的研究（Ye et al.，2022）。这不仅可以将家庭相关理论和研究拓展到心理创伤领域，还可以为创伤后青少年消极心理问题的干预和家庭教育提供启发，阻断创伤心理的家庭传递，缓解孩子的心理问题，促使其健康成长。

第一节　家庭功能与孩子创伤后应激障碍之间的关系

一、家庭功能的理论观点

家庭功能是家庭研究中比较重要的变量，关于家庭功能的理论比较多，不过大致可以分为结果取向和过程取向两大类（见表 6-1），并且两类不同取向的理论对危机有着不同的观点。

表 6-1　家庭功能理论总结

理论	要素	主要假设
环状模型 (Olson,2000)	家庭凝聚力、家庭灵活性、家庭沟通	该理论认为平衡的家庭系统和夫妻系统,相对于不平衡的家庭系统和夫妻系统,在生命之环中更具功能价值。平衡的系统能够通过调整他们的凝聚力和灵活性水平来适应发展的需要和情境的压力
家庭功能系统模型 (Beavers et al.,2000)	家庭胜任性、家庭交互风格	有能力的家庭本质上就是一个关系定向的系统,在这个系统中他们会理解原因和结果之间的交换性以及系统现象的内在循环性
家庭功能模型 (Epstein et al.,1978; Epstein et al.,1976; Miller et al.,2000)	问题解决、家庭沟通、家庭角色、情绪回应、情绪卷入、家庭行为控制	家庭的基本功能在于为家庭成员的心理和生理状态的维系和发展提供一个安全的环境。在这些功能发挥作用的过程中,被家庭解决的问题或事件可以分为基本事件、发展事件和危机事件等。如果家庭不能有效地应对这些事件,那么将可能导致问题,甚至可能诱发慢性功能失调
家庭功能的过程模型 (Skinner et al.,2000)	任务完成、角色表现、家庭沟通、情绪表达、家庭卷入、家庭控制、价值评价、家庭规则	家庭最重要的目标在于成功地完成了一系列的基本、发展和危机任务。每一种任务都要家庭组织和管理自身以满足需要。通过任务完成的过程,家庭可能实现其生命中重要的目标。这些过程促进家庭成员持续发展,提供给家庭安全感,确保充足的凝聚力以维系家庭作为一个整体的存在,也可以促使家庭作为社会的一部分有效地运转

　　环状模型和家庭功能系统模型是结果取向理论的典型代表,它们强调家庭功能的结果,把家庭分为不同的类型,以确定家庭功能是否健康。在这些理论看来,家庭功能是家庭成员之间的情感联结、家庭规则、家庭沟通、家庭系统应对外部压力事件时的有效性等。不过,家庭系统会因面对的危机而发生变化,一个平衡的家庭拥有充足的资源和技能来改变它们的系统,发展出合适的应对方式来有效地处理危机。相反,失衡的家庭倾向于僵化和紊乱,难以有效地改变自身的资源来应对危机,这会给家庭成员及其关系的长期发展带来更多的压力和问题(Olson,2000)。

　　不同于结果取向理论,过程取向的理论强调家庭功能的运作过程,典型的理论有家庭功能模型和家庭功能的过程模型。这两个模型都有一个共同的出发点,即家庭分类图式(Epstein et al.,1968),强调家庭的基本功能在于为家庭成员心理状态和生理状态的发展和维系提供环境条件(Epstein et al.，1976)。在这些理论的基础上(Epstein et al.，1978;Skinner et al.，2000)，心理治疗师需要关注家庭运作过程，一旦家庭不能完成它的基本功能，就会引发各种问题。这两个过程取向理论都认为，家庭的主要目标在于完成不同的危机任务，应对这些危机任务的过程才是至关重要的。通过完成这些任务，家庭成员的持续发展动力和凝聚力会使得他们维持一个有效的家庭运作模式(Skinner et al.，2000)。相反，一旦家庭不能有效地处理危机任务，势必会导致各种问题，甚至导致家庭功能失调(Epstein et al.，1978)。

实际上，这两种取向的理论都把家庭看作一个整体，阐释了家庭功能在家庭成员心理发展中的重要作用，认为家庭与个人之间存在相互交换的过程。需要注意的是，先前的理论和相关实证研究都是基于这两种取向中的一种展开的(McCarthy et al.，2010;Nelson et al.，2019)，很少有研究整合两种取向的理论开展研究。在现实的研究中，每种理论取向都仅仅关注了家庭的某个方面，没有回顾家庭功能的全貌。例如，结果取向的理论可能会将家庭分为不同的类型，有助于决定家庭的功能状态，但不利于临床实践的开展;过程取向的理论为家庭咨询和治疗过程提供了有针对性的指导，但不利于对家庭功能的评估。进一步来说，这些理论是否适用于创伤领域还是一个有待探讨的议题。基于此，我们的重点是考察两种理论取向的家庭功能与青少年 PTSD 之间的关系。

在进行研究之前，我们也发现不同的理论在家庭功能的要素方面有着不同的界定和划分。这些要素可以分为认知和情感成分、积极内容(如家庭凝聚力)和消极内容(如家庭冲突)。基于不同理论对家庭功能要素的界定(Epstein et al.，1978;Beavers et al.，2000;Olson，2000;Skinner et al.，2000)，结合以往研究的综述(Holtom-Viesel et al.，2014)，再考虑到元分析所呈现的效应量等情况，我们将有关家庭功能的元素整合成比较大的要素，如家庭情绪/情感、家庭冲突、家庭凝聚力、家庭灵活性、家庭沟通、家庭规则等。其中，家庭情绪/情感反映了家庭中的情绪/情感卷入或回应;家庭沟通是指家庭内部成员之间表达观点和感受的过程;家庭凝聚力是指家庭成员之间的情感联结和相互支持的程度;家庭规则是指家庭成员通过学习而来的关于家庭的一些期待，包括"应该"如何与人打交道、如何处理问题等;家庭冲突是指家庭成员之间意见不一致的程度;家庭灵活性是指家庭系统在变化与稳定之间进行协调的能力，一般反映在面对、应对和适应家庭变化等方面。

二、家庭功能与孩子 PTSD 之间的关系

实际上，家庭功能与孩子 PTSD 之间的关系已经得到广泛的关注（Trickey et al.，2012；Lee et al.，2018）。在经历创伤事件之后，家庭功能更易被创伤事件破坏（Cohan et al.，2002；Walsh，2007），导致家庭功能运作不良，从而可能导致孩子出现 PTSD（Trickey et al.，2012）。家庭功能运作不良具体表现为家庭成员应对任务时是分离状态、家庭难以有效适应外部压力、家庭没有明确的规则和边界等（Beavers et al.，2000；Skinner et al.，2000；Petrocelli et al.，2003）。在这种情况下，包括孩子在内的所有家庭成员都可能出现适应性问题（Vliem，2009）。例如，相较于功能运作良好的家庭，功能动作不良家庭的孩子患有癌症时，他们更可能发展出 PTSD 症状（Alderfer et al.，2009）。即便如此，也有一些研究发现，家庭功能与孩子 PTSD 之间的关系并非那么显著（Nelson et al.，2019），他们认为这可能是因为家庭功能与 PTSD 之间的关系并非一成不变，容易受到第三方因素的影响。

可以说，学者关于家庭功能与孩子 PTSD 关系的研究存在一定的矛盾之处，究其原因主要有两个。

第一，家庭功能的不同要素与孩子 PTSD 之间的关系在方向和程度上有所差异。实际上，家庭功能的不同要素反映了家庭功能的不同方面，这些要素在家庭解决问题时发挥的作用不同（Epstein et al.，1978；Miller et al.，2000）。例如，家庭功能中的积极要素（如家庭凝聚力、家庭支持和家庭成员间的联结等）可能会帮助家庭成员直面创伤事件，有助于创伤后家庭成员展示出积极的情绪和行为，缓解个体的心理问题（Gorman-Smith et al.，2004），保护孩子避免出现 PTSD（Deane et al.，2018）。同样，生活在冲突频发的家庭中的青少年，在经历性侵后，会出现更多的创伤心理反应（Faust，2000）。不过，研究发现有些家庭功能要素（如家庭凝聚力和家庭冲突）与孩子的 PTSD 之间并不存在显著关系（Schreier et al.，2005），其他功能要素（如家庭规则和家庭情感等）与癌症青少年的 PTSD 存在显著的关系（Ozono et al.，2007）。这些结果说明，不同的家庭功能要素与 PTSD 之间的关系是不一致且不稳定的，这可能是因为受到了其他因素的影响，需要进一步探究。

第二，创伤事件的类型、青少年的性别、测量工具的差异、出版状态和其他潜在因素都可能调节家庭功能与孩子 PTSD 之间的关系。例如，大量研究发现，在经历过重大疾病（Nelson et al.，2019）、虐待（Faust，2000）、交通

事故(Lee et al.,2018)和战争等重大事件后的青少年群体中,家庭功能与孩子PTSD之间存在显著的关系。此外,对男孩子而言,家庭冲突可能会加剧其PTSD(Suarez-Morales et al.,2017)。孩子感知的家庭功能和家庭功能测查工具的不同也都会导致研究结果存在差异(Gallo et al.,2019)。不过,当前的量化和横断研究在探究家庭功能与PTSD之间的因果关系,以及两者之间的调节因素方面显得力不从心。

为了解决这些问题,整合不同的研究结果,我们对家庭功能要素与孩子PTSD之间的关系进行了元分析,侧重分析家庭的整体功能,以及家庭冲突、凝聚力、灵活性、沟通、规则和情感对孩子PTSD的影响,并阐述其中的调节因素。通过元分析,我们希望能够解决以下几个问题:家庭功能如何影响孩子的PTSD？家庭功能的哪些要素与孩子PTSD之间的关系最密切？家庭功能与孩子PTSD之间的调节因素有哪些？结果和过程取向的家庭功能与孩子PTSD之间有什么样的关系。通过回答这些问题,希望能够为孩子PTSD的家庭干预提供有针对性的建议和启发。

第二节　元分析研究方法

一、数据检索方法

我们根据系统评估和元分析优先报告条目的指导纲要(Moher et al.,2009),对家庭功能与孩子PTSD之间关系的研究进行元分析(Ye et al.,2022)。在检索有关文章的过程中,我们发现国内研究家庭功能与孩子PTSD之间关系的文章寥寥无几,因此只能对国际数据库中关于此类研究的文章进行元分析。我们用英文来检索有关文章,具体采用了两种检索策略。首先,我们在PsychINFO、Web of Science、PubMed、Medline、Embase、PsychNet这六个数据库中全面、系统地检索了关于家庭功能与孩子PTSD之间关系的文献,主要检索发表时间为1980年1月1日—2021年10月31日的文章。文章类型主要侧重于已经发表的文献和硕博论文。其中,我们输入的关于孩子PTSD的检索词包括child * OR boys OR girls OR juvenil * OR minors OR adolesc * OR preadolesc * OR pre-adolesc * OR pre-school OR pre-school OR paediatric * OR pediatric * OR pubescen * OR puberty OR school * OR campus OR teen * OR young OR youth * AND post-trauma * OR postt-

rauma * OR PTSD OR PTSS OR psychotrauma * ,输入的家庭功能关键词包括
family func * OR family conflict OR family cohesion OR family communication
OR family flexibility OR family problem-solving OR family adjust * OR family
maint * 。随后,我们也对家庭因素与孩子 PTSD 之间关系的元分析进行了系
统的回顾(Trickey et al. ,2012;Birkley et al. ,2016;Pinquart,2020),这些元分析
所用的文献也被纳入本元分析之中。

二、数据筛选标准

首先,通过对以上六个数据库进行检索,我们获得了 2245 篇文章,并有
34 篇文章在其他相关的元分析中被用过了(Birkley et al. ,2016;Pinquart,
2020;Trickey et al. ,2012)。在剔除了 1036 篇重复性的文章后,共得到
1243 篇文章。接下来,两名研究者根据纳入和排除标准独立地评价了这
1243 篇文章的题目和摘要,保留了 145 篇文章。之后,我们下载了这 145 篇
文章进行了进一步的筛选,最终选用了 31 篇文章。当然,在筛选的最后,两
名研究者就矛盾之处进行了讨论,有冲突时再与第三位研究者进行讨论,最
终达成一致意见。

其中,纳入元分析的文章要包括以下内容:家庭功能的直接测量,孩子
PTSD 的标准化测量,家庭功能与孩子 PTSD 之间关系的统计检验,孩子的
年龄限定在 18 岁以下等;其中排除的标准为综述类、元分析类、评论类、个案
类、访谈类和被试量小于 10 人的文章,样本没有满足 DSM 中关于 PTSD 创
伤暴露的标准,以及非英文类文章等。

三、数据提取

三位研究者独立地从纳入的文章中提取数据,之后两位研究者对其进
行独立编码。在数据提取的过程中,对编码不一致的内容通过回顾原始文
献一起讨论。其中,提取的研究信息主要包括作者信息、出版年份、出版类
型、国家、横断或纵向研究;提取的孩子特征信息包括样本年龄平均值、性别
比例、样本类型(如是否为临床样本等);提取的家庭成员创伤经历信息包括
创伤暴露、创伤事件、创伤经历的被试(例如孩子、父母或两者都有)、创伤暴露
的时间,创伤事件的类型(群体或个体,有意或无意等);提取的孩子 PTSD 和家
庭功能信息主要包括测量的变量、变量的均值、变量的测量方法、相关系数、
PTSD 和家庭功能之间的关系、PTSD 与家庭功能要素之间的相关系数等。

四、质量评估

在提取文章的数据信息之后,研究者需要对每篇文章进行独立的质量评估,讨论并最终确定质量评估的结果。研究的质量评估采用 Newcastle-Ottawa 量表的修订版(Wells et al.,2000;Modesti et al.,2016),该量表被认为是对横断研究进行质量评估的有效工具(O'Driscoll et al.,2014;Modesti et al.,2016;Velotti et al.,2021)。质量评估主要考察三个方面的内容,即选择、比较和结果等,内容涉及样本的代表性和大小、所用工具的效度、统计方法的合适性等(见表 6-2)。

表 6-2　质量评估　　　　　　　　　　　　　　　(单位:篇)

作者(年份)	选择	比较	结果	总结
Acuña 等(2017)	4	2	2	8
Al-Krenawi 等(2012)	4	2	2	8
Al-Krenawi 等(2009)	4	2	2	8
Bal 等(2004)	3	1	2	6
Berkman(2005)	5	2	2	9
Berson(1997)	3	1	2	6
Bokszczanin(2008)	5	2	2	9
Brown 等(2003)	4	1	2	7
Burton 等(1994)	4	2	2	8
Coakley 等(2010)	3	1	2	6
Cousino(2015)	3	1	2	6
Danielson 等(2017)	4	2	2	8
Daniunaite 等(2021)	5	2	2	9
Deane 等(2018)	5	2	2	9
D'Urso 等(2018)	5	2	2	9
Gallo 等(2019)	3	1	1	5
Green 等(2000)	5	1	2	8
Hall 等(2006)	5	2	2	9
Hildenbrand(2016)	3	2	2	7
Kiliç 等(2003)	4	2	2	8
Lee 等(2018)	3	2	2	7
Marchante-Hoffman(2018)	4	1	2	7
McCarthy 等(2010)	5	2	2	9
Meiser-Stedman 等(2006)	3	2	2	7
Mora 等(2021)	4	2	2	8

作者(年份)	选择	比较	结果	总结
Overstreet 等(2000)	3	2	2	7
Rowe 等(2010)	3	2	2	7
Sadeh 等(2020)	4	1	2	7
Thompson(2005)	4	2	3	9
Usta 等(2013)	5	2	2	9
Vasileva 等(2017)	5	2	2	9

质量评估结果显示,31 篇文章都有较好的质量效果($M=7.71$,SD=1.16)。其中,大多数研究有充足的样本量,且样本具有代表性,在选择性方面得分较高($M=4.00$,SD=0.82);大多数研究对协变量进行了有效的控制,因此有较高的可比较度($M=1.71$,SD=0.46);研究的统计方式是合适的,报告了相关的指标,结果是可靠的($M=2.00$,SD=0.26)。

五、统计分析

(一)主效应和异质性分析

传统的单因素元分析策略要求每个效应量均独立于其他效应量(Assink et al.,2016),因此,在元分析的过程中只要提取一个效应量即可。不过,我们知道大多数研究报告了多种效应量,这就与单因素元分析的假设有所不同。因此,有研究者建议利用三水平结构的元分析模型来处理这些多种效应量的研究(Assink et al.,2016)。所谓三水平,一般分为效应量的抽样变异(水平 1)、同一研究中不同效应量之间的变异(水平 2)和不同研究之间的变异(水平 3)等三个水平(Assink et al.,2016;Cheung,2014)。与传统的单因素元分析相比,三水平元分析能够从一个研究中提取出所有的效应量,可以最大限度地保证研究的信息量,提高统计的有效性。根据 Assink 等(2016)的建议,我们采用了 R 语言中的 metafor 软件包进行三水平元分析。

针对主效应分析,我们计算了平均效应量和研究之间的异质性。在以往的元分析研究中,主要将相关分析看作一个重要的效应量。在本书中,我们沿袭了该方法,并将家庭功能与孩子 PTSD 之间的相关性转化为 Fischer Z 分数进行分析。当研究报告的效应量是点估计时,也可以转化为相关系数(Lipsey et al.,2001)。其中,相关效应量的大小,采用 Gignac 等(2016)的建议予以确定,即 $r=0.1$、$r=0.2$、$r=0.3$ 分别代表小、中、大效应量。

由于家庭功能与孩子 PTSD 之间的相关性容易被其他因素和研究的随机性所影响,因此我们利用比固定效应模型更加严格的随机效应模型,来解释抽样误差以及研究内、研究间变异的效应量(Brockwell et al.,2001;Kontopantelis et al.,2010;Assink et al.,2016)。我们通过森林图和异质性统计分析,检验了不同研究之间的变异数量。

(二)调节效应分析

为了进一步评价其他变量对家庭功能与孩子 PTSD 之间关系的影响,我们考察了研究中的调节变量,如性别、创伤类型等。在三水平元分析模型中,如果不同的研究之间存在异质性,那么就有必要进一步考察调节变量,从而解释这种异质性存在的可能(Assink et al.,2016)。在进行调节效应分析的时候,单因素元分析主要用来测量连续调节变量;亚组分析主要来考察分类调节变量。

(三)出版偏差

出版偏差的检验主要是为了避免那些有显著性结果的研究更容易发表以及选择性出版的问题(Rothstein et al.,2006)。为此,已经出版的期刊文章和未出版的学位论文都将进入本元分析。我们采用修正后 Egger 回归方法来检验漏斗图的非对称性(Egger et al.,1997),以便更好地发现结果效应量的选择性报告问题(Rodgers et al.,2021)。

第三节　元分析结果

一、研究特征

在这 31 篇研究报告中,效应量最少的是 1 个,最多的是 14 个,总计效应量个数为 91 个(见表6-3)。其中,发表在同行评议期刊上的研究有 25 篇,发表时间范围为 1994—2021 年;纳入的博士论文有 6 篇,时间范围为 1997—2018 年。这些研究覆盖了 11 个国家,不过大多数都来自美国。87.1% 的研究都是横断研究设计,样本的年龄在 3 岁到 18 岁之间,总计样本量为 8684人。从被试经历的创伤类型来看,35.48% 的研究探讨了情境性创伤,32.26% 的研究考察了混合性创伤。进一步分析发现,54.84% 的被试经历了人为性创伤,45.16% 的被试经历了自然创伤,还有 61.29% 的被试经历了个体性创伤。所有被试都是在创伤事件发生 3—69 个月之间被调查的。

二、家庭功能与孩子 PTSD 之间的关系

我们采用随机效应模型对家庭功能与孩子 PTSD 之间关系的主效应进行了三水平元分析,结果见表 6-4。从整体上看,家庭功能与孩子 PTSD 之间呈现显著负相关($r=-0.205,95\%$CI$=[-0.241,-0.169],p<0.001$)。异质性分析的结果表明,家庭功能与孩子 PTSD 之间的关系异质性显著($Q=227.163,p<0.001$)。三 水 平 模 型($\text{AIC}_{\text{full}}=-57.911$,$\text{BIC}_{\text{full}}=-50.445$)优于研究内部变异限制为零的两水平模型($\text{AIC}_{\text{reduced}}=-30.343$,$\text{BIC}_{\text{reduced}}=-35.320$,$\text{LRT}=24.591,p<0.0001$),三水平模型与研究之间变异限制为零的两水平模型之间没有差异($\text{AIC}_{\text{reduced}}=-58.911$,$\text{BIC}_{\text{reduced}}=-53.934$,$\text{LRT}=1.000,p=0.317$)。不过,在总变异之中,样本的变异(第一水平的 I^2)占了 33.23%,研究内部之间的变异(第二水平的 I^2)占了 54.96%,研究之间的变异(第三水平的 I^2)占了 11.81%。因此,三水平模型更合适。敏感性分析结果显示,相关系数在-0.214 至-0.199 之间浮动,说明结果具有高的稳定性。

为了评估一般家庭功能、不同家庭功能要素、不同家庭功能取向和不同创伤类型等因素与孩子 PTSD 之间的关系,我们采用了独立元分析。分析结果显示,一般家庭功能与孩子 PTSD 之间呈显著负相关($r=-0.205$,95%CI$=[-0.241,-0.169],p<0.001$);家庭沟通、家庭凝聚力、家庭规则等家庭功能要素与孩子 PTSD 之间呈显著负相关($r=-0.251,95\%$CI$=[-0.311,-0.191],p<0.001$;$r=-0.221,95\%$CI$=[-0.319,-0.112]$,$p=0.002$;$r=-0.184,95\%$CI$=[-0.287,-0.078],p=0.003$;$r=-0.140,95\%$CI$=[-0.247,-0.030],p=0.019$),家庭灵活性与孩子 PTSD 之间的相关不显著($r=-0.103,95\%$CI$=[-0.210,0.007]$,$p=0.065$);过程取向和结果取向的家庭功能都与孩子 PTSD 之间呈显著负相关($r=-0.208,95\%$CI$=[-0.257,-0.158],p<0.001$;$r=-0.209$,95%CI$=[-0.271,-0.145],p<0.001$);不同创伤类型与孩子 PTSD 之间的相关系数在-0.284 至-0.026 之间。

通过以上出版偏差检验,我们发现标准误可以显著地调节家庭功能与孩子 PTSD 之间的关系,这意味着存在出版偏差,$F(1,89)=8.613,p=0.004$,见表 6-5。

表6-3　纳入研究基本特征

作者（出版年份）	样本特征						孩子 PTSD		家庭功能			相关个数
	国家	研究设计	N	年龄 M(SD)	女性占比(%)	创伤事件	报告者	测量工具	报告者	测量工具	理论	
Acuña 等(2017)	美国	C	98	13.05(1.17)	44.9	混合型	C	CPSS	C	Other	环状理论	2
Al-Krenawi 等(2009)	以色列/巴勒斯坦	C	892	NA	NA	政治暴力	C	其他	C	FAD	过程理论	2
Al-Krenawi 等(2012)	巴勒斯坦	C	971	NA	57.5	政治暴力	C	其他	C	FAD	过程理论	2
Bal 等(2004)	美国	C	100	14.34(1.82)	87	性虐待	C	TSCC	C	FES	环状理论	7
Berkman(2005)[a]	美国	C	39	NA	NA	受伤	B	CSDC/CPSS	NA	FAD	过程理论	14
Berson(1997)[a]	美国	C	32	11.47(1.83)	100	性虐待	C	TSCC	P	FACES	环状理论	2
Bokszczanin(2008)	波兰	C	533	15.96(2.50)	60.04	洪水	C	其他	C	FES	环状理论	1
Brown 等(2003)	美国	C	52	17(3.44)	55.8	儿童其癌症	C	PTSD-RI	B	FES	环状理论	2
Burton 等(1994)	美国	C	91	16(1.0)	0	严重反复的犯罪行为	C	其他	C	FES	环状理论	3
Coakley 等(2010)	美国	C	51	NA	31	混合型	B	CSDC/CPSS	P	FAD	过程理论	2
Cousino(2015)[a]	美国	C	62	NA	NA	肿瘤	C	CPSS	C	FAD	过程理论	4
Danielson 等(2017)	美国	C	2000	14.5(1.7)	50.9	龙卷风	C	其他	C	其他	环状理论	1
Daniunaite 等(2021)	立陶宛	C	97	14.34	69.1	混合型	C	其他	C	其他	环状理论	1
Deane 等(2018)	美国	L	254	12.57(NA)	59	社区暴力	C	其他	C	其他/FES	环状理论	2
D'Urso 等(2018)	英国	C	60	12.38(2.85)	55	癌症	C	其他	P	FAD	过程理论	1
Gallo 等(2019)	比利时	L	41	10.73(2.11)	60.98	交通事故/高位截瘫	C	CPTS-RI	C	FFQ	过程理论	3

续表

作者（出版年份）	国家	研究设计	样本特征				孩子 PTSD		家庭功能			相关个数
			N	年龄 M(SD)	女性占比（%）	创伤事件	报告者	测量工具	报告者	测量工具	理论	
Green 等(2000)[a]	美国	C	96	12.99(1.86)	NA	性虐待	C	TSCC	P	其他	过程理论	1
Hall 等(2006)	美国	L	62	11.45(NA)	31	严重烧伤	D	其他	P	其他	环状理论	2
Hildenbrand(2016)[a]	美国	C	76	14.08(2.14)	79	疾患	C	CPSS	B	FAD	过程理论	2
Kilic 等(2003)	土耳其	C	49	10.25(NA)	46.9	地震	C	CPTS-RI	P	FAD	过程理论	7
Lee 等(2018)	韩国	C	57	NA	49.1	沉船事故	C	其他	C	FACES	环状理论	2
Marchante-Hoffman(2018)[a]	美国	C	111	NA	NA	混合型	C	PTSD-RI	C	FAD	过程理论	1
Meiser-Stedman 等(2006)	英格兰	L	46	NA	NA	攻击行为	C/D	其他	P	FFQ	过程理论	6
McCarthy 等(2010)	美国	C	350	15.3(1.8)	55.9	难民	C	TSCC	C	FFS	过程理论	5
Mora 等(2021)	美国	C	416	15.5(1.03)	53	社区暴力	C	其他	P	FACES	环状理论	2
Overstreet 等(2000)	美国	C	70	12.5(1.0)	54	社区暴力	C	TSCC	C	FES	环状理论	1
Rowe 等(2010)	美国	C	80	15.6(1.0)	13	飓风	B	PTSD-RI	B	FES	环状理论	4
Sadeh 等(2020)	以色列	C	196	12.8(3.1)	38.8	创伤性医疗事故	B	CPSS	B	其他	环状理论	4
Thompson 等(2005)	美国	C	350	15.3(1.7)	55.9	难民	C	TSCC	C	FFS	过程理论	3
Usta 等(2013)	黎巴嫩	C	1028	11.89(1.67)	45.92	虐待	C	TSCC	C	其他	过程理论	1
Vasileva 等(2017)	德国	C	324	4.89(1.29)	50.3	寄养	P	其他	P	FAD	过程理论	1

注：a 代表学位论述，C＝横断研究设计，L＝纵向研究设计，TSCC＝儿童创伤症状量表，CSDC＝儿童创伤障碍筛查表，PTSD-RI＝PTSD 反应指数，P＝父母报告，B＝父母和孩子同时报告，C＝孩子报告，D＝临床诊断访谈，NA＝没有呈现，CPTS-RI＝儿童创伤后应激反应指数，CPSS＝儿童创伤后症状筛查表，FAD＝McMaster 家庭评定量表，FES＝家庭环境量表，FACES＝家庭适应与凝聚力评估表，FFQ＝家庭功能问题，FFS＝家庭功能量表。

表6-4 家庭功能与孩子 PTSD 之间关系的三水平元分析

变量	s	k	效应量 Zr(95%CI)	效应量 r(95%CI)	t	p	σ^2 水平2	σ^2 水平3	%变异 水平1	%变异 水平2	%变异 水平3
家庭整体功能	31	91	−0.208 (−0.246, −0.170)	−0.205 (−0.241, −0.169)	−10.967	<0.001	0.011	0.002	33.229	54.959	11.813
一般家庭功能	13	22	−0.240 (−0.304, −0.176)	−0.235 (−0.295, −0.174)	−7.833	<0.001	0.003	0.004	44.990	20.706	34.304
家庭要素功能											
家庭冲突	10	11	−0.232 (−0.395, −0.069)	−0.228 (−0.376, −0.069)	−3.167	0.010	0.000	0.046	7.966	0.000	92.034
家庭凝聚力	8	14	−0.186 (−0.295, −0.078)	−0.184 (−0.287, −0.078)	−3.717	0.003	0.023	0.000	24.815	75.185	0.000
家庭灵活性	8	14	−0.103 (−0.213, 0.007)	−0.103 (−0.210, 0.007)	−2.016	0.065	0.000	0.008	74.401	0.000	25.600
家庭沟通	7	9	−0.225 (−0.33, −0.112)	−0.221 (−0.319, −0.112)	−4.581	0.002	0.005	0.004	47.422	29.332	23.246
家庭规则	5	9	−0.141 (−0.252, −0.030)	−0.140 (−0.247, −0.030)	−2.924	0.019	0.000	0.005	60.364	1.731	37.905
家庭情绪/情感	6	12	−0.257 (−0.322, −0.193)	−0.251 (−0.311, −0.191)	−8.801	<0.001	0.001	0.000	93.918	6.082	0.000
家庭取向理论											
过程取向理论	16	55	−0.211 (−0.263, −0.159)	−0.208 (−0.257, −0.158)	−8.134	<0.001	0.003	0.005	47.655	19.709	32.637
结果取向理论	15	35	−0.212 (−0.278, −0.146)	−0.209 (−0.271, −0.145)	−6.545	<0.001	0.026	0.000	18.892	81.108	0.000

续表

变量		s	k	效应量 Zr(95%CI)	效应量 r(95%CI)	t	p	σ^2 水平2	σ^2 水平3	%变异 水平1	%变异 水平2	%变异 水平3
类型1:创伤事件	人际暴力创伤	2	5	-0.026(-0.511,0.458)	-0.026(-0.471,0.428)	-0.149	0.889	0.132	0.000	10.987	89.013	0.000
	人为创伤	17	54	-0.219(-0.267,-0.172)	-0.216(-0.261,-0.170)	-9.244	<0.001	0.004	0.004	41.732	28.743	29.525
	自然创伤	8	26	-0.205(-0.282,-0.127)	-0.202(-0.275,-0.126)	-5.450	<0.001	0.009	0.003	38.927	44.645	16.428
	多重创伤	4	6	-0.292(-0.444,-0.139)	-0.284(-0.417,-0.138)	-4.915	0.004	0.007	0.001	61.191	35.245	3.564
类型2:创伤事件	群体创伤	8	25	-0.235(-0.320,-0.150)	-0.231(-0.310,-0.149)	-5.717	<0.001	0.006	0.008	28.148	30.716	41.135
	个体创伤	19	60	-0.187(-0.229,-0.145)	-0.185(-0.225,-0.144)	-8.854	<0.001	0.013	0.000	35.896	63.704	0.400
	多重创伤	4	6	-0.292(-0.444,-0.139)	-0.284(-0.417,-0.138)	-4.915	0.004	0.007	0.001	61.191	35.245	3.564
类型3:创伤事件	有意创伤	14	38	-0.219(-0.270,-0.168)	-0.216(-0.264,-0.166)	-8.650	<0.001	0.017	0.000	21.174	78.826	0.000
	无意创伤	13	47	-0.188(-0.251,-0.126)	-0.186(-0.246,-0.125)	-6.053	<0.001	0.004	0.006	54. et al.	19.170	26.719
	多重创伤	4	6	-0.292(-0.444,-0.139)	-0.284(-0.417,-0.138)	-4.915	0.004	0.007	0.001	61.191	35.245	3.564

111

续表

变量	s	k	效应量 Zr(95%CI)	效应量 r(95%CI)	t	p	σ^2 水平2	σ^2 水平3	%变异 水平1	%变异 水平2	%变异 水平3
类型4: 创伤事件											
身体创伤	7	29	-0.187 (-0.270,-0.104)	-0.185 (-0.264,-0.104)	-4.614	<0.001	0.000	0.005	79.135	0.000	20.865
性创伤	3	10	-0.138 (-0.290,0.014)	-0.137 (-0.282,0.014)	-2.055	0.070	0.017	0.003	38.532	52.953	8.514
情境型创伤	11	25	-0.207 (-0.275,-0.139)	-0.204 (-0.268,-0.138)	-6.279	<0.001	0.008	0.004	23.842	49.824	26.334
混合型创伤	10	27	-0.249 (-0.320,-0.178)	-0.244 (-0.310,-0.176)	-7.236	<0.001	0.021	0.000	21.457	78.543	0.000

表6-5 异质性、出版偏差等检验结果

变量		异质性检验	出版偏差的三水平分析	出版偏差的两水平分析	剪补法分析
家庭整体功能		$Q(df=90)=227.163$, $p<0.001$	$F_{(1,89)}=8.613$, $p=0.004$	Intercept$=-0.298$, 95%CI$=[-0.366,-0.231]$, $p=0.003$	$z=-0.244$, 95%CI$=[-0.279,-0.209]$, $p<0.0001$
一般家庭功能		$Q(df=21)=42.982$, $p=0.003$	$F_{(1,20)}=4.683$, $p=0.043$	Intercept$=-0.325$, 95%CI$=[-0.412,-0.239]$, $p=0.031$	—
家庭功能要素	家庭冲突	$Q(df=10)=57.400$, $p<0.001$	$F_{(1,9)}=0.344$, $p=0.572$	Intercept$=-0.316$, 95%CI$=[-0.651,0.019]$, $p=0.611$	—
	家庭凝聚力	$Q(df=13)=41.763$, $p<0.001$	$F_{(1,12)}=0.772$, $p=0.397$	Intercept$=-0.302$, 95%CI$=[-0.580,-0.024]$, $p=0.380$	—
	家庭灵活性	$Q(df=13)=13.246$, $p=0.429$	$F_{(1,12)}=0.035$, $p=0.855$	Intercept$=-0.157$, 95%CI$=[-0.568,0.248]$, $p=0.783$	—
	家庭沟通	$Q(df=8)=17.245$, $p=0.028$	$F_{(1,7)}=0.016$, $p=0.904$	Intercept$=-0.253$, 95%CI$=[-0.513,0.008]$, $p=0.867$	—
	家庭规则	$Q(df=8)=11.820$, $p=0.159$	$F_{(1,7)}=0.748$, $p=0.416$	Intercept$=-0.257$, 95%CI$=[-0.469,-0.045]$, $p=0.278$	—
	家庭情绪/情感	$Q(df=11)=10.590$, $p=0.478$	$F_{(1,10)}=0.364$, $p=0.560$	Intercept$=-0.287$, 95%CI$=[-0.401,-0.173]$, $p=0.546$	—

续表

变量		异质性检验	出版偏差的三水平分析	出版偏差的两水平分析	剪补法分析
家庭取向理论	过程取向理论	$Q(df=54)=95.190$, $p<0.001$	$F_{(1,53)}=4.717$, $p=0.034$	Intercept$=-0.289$, 95%CI$=[-0.352,-0.225]$, $p=0.006$	$z=-0.238$, 95%CI$=[-0.272,-0.203]$, $p<0.0001$
	结果取向理论	$Q(df=34)=121.850$, $p<0.001$	$F_{(1,33)}=3.730$, $p=0.062$	Intercept$=-0.385$, 95%CI$=[-0.570,-0.200]$, $p=0.053$	$z=-0.212$, 95%CI$=[-0.276,-0.149]$, $p<0.0001$
类型1:创伤事件	人际暴力创伤	$Q(df=4)=42.605$, $p<0.001$	$F_{(1,3)}=0.166$, $p=0.711$	Intercept$=-0.352$, 95%CI$=[-1.748,1.044]$, $p=0.633$	—
	人为创伤	$Q(df=53)=112.987$, $p<0.001$	$F_{(1,52)}=1.612$, $p=0.210$	Intercept$=-0.270$, 95%CI$=[-0.337,-0.202]$, $p=0.072$	—
	自然创伤	$Q(df=25)=50.950$, $p=0.002$	$F_{(1,24)}=6.717$, $p=0.016$	Intercept$=-0.341$, 95%CI$=[-0.455,-0.228]$, $p=0.010$	$z=-0.263$, 95%CI$=[-0.332,-0.193]$, $p<0.0001$
	多重创伤	$Q(df=5)=8.413$, $p=0.135$	$F_{(1,4)}=1.511$, $p=0.286$	Intercept$=-0.711$, 95%CI$=[-1.386,-0.036]$, $p=0.219$	—

续表

变量		异质性检验	出版偏差的三水平分析	出版偏差的两水平分析	剪补法分析
类型2:创伤事件	群体创伤	$Q(df=24)=56.818$, $p<0.001$	$F_{(1,23)}=1.576$, $p=0.222$	Intercept$=-0.316$, 95%CI$=[-0.440, -0.193]$, $p=0.124$	—
	个体创伤	$Q(df=59)=155.560$, $p<0.001$	$F_{(1,58)}=6.516$, $p=0.013$	Intercept$=-0.281$, 95%CI$=[-0.362, -0.200]$, $p=0.011$	$z=-0.236$, 95%CI$=[-0.283, -0.188]$, $p<0.0001$
	多重创伤	$Q(df=5)=8.413$, $p=0.135$	$F_{(1,4)}=1.511$, $p=0.286$	Intercept$=-0.711$, 95%CI$=[-1.386, -0.036]$, $p=0.219$	—
类型3:创伤事件	有意创伤	$Q(df=37)=144.287$, $p<0.001$	$F_{(1,36)}=0.282$, $p=0.599$	Intercept$=-0.246$, 95%CI$=[-0.360, -0.131]$, $p=0.613$	—
	无意创伤	$Q(df=46)=72.138$, $p=0.008$	$F_{(1,45)}=13.015$, $p<0.001$	Intercept$=-0.342$, 95%CI$=[-0.434, -0.251]$, $p=0.0003$	$z=-0.245$, 95%CI$=[-0.294, -0.195]$, $p<0.0001$
	多重创伤	$Q(df=5)=8.413$, $p=0.135$	$F_{(1,4)}=1.511$, $p=0.286$	Intercept$=-0.711$, 95%CI$=[-1.386, -0.036]$, $p=0.219$	—

续表

	变量	异质性检验	出版偏差的三水平分析	出版偏差的两水平分析	剪补法分析
类型4：创伤事件	身体创伤	$Q(df=28)=21.322$, $p=0.812$	$F_{(1,27)}=9.142$, $p=0.005$	Intercept$=-0.365$, $95\%CI=[-0.477,-0.252]$, $p=0.003$	$z=-0.253$, $95\%CI=[-0.298,-0.209]$, $p<0.0001$
	性创伤	$Q(df=9)=21.867$, $p=0.009$	$F_{(1,8)}=2.765$, $p=0.135$	Intercept$=-0.511$, $95\%CI=[-0.950,-0.073]$, $p=0.096$	—
	情境型创伤	$Q(df=24)=75.882$, $p<0.001$	$F_{(1,23)}=5.327$, $p=0.030$	Intercept$=-0.315$, $95\%CI=[-0.422,-0.207]$, $p=0.021$	$z=-0.241$, $95\%CI=[-0.301,-0.181]$, $p<0.0001$
	混合型创伤	$Q(df=26)=98.786$, $p<0.001$	$F_{(1,25)}=0.038$, $p=0.847$	Intercept$=-0.234$, $95\%CI=[-0.399,-0.070]$, $p=0.845$	—

除此之外,整体家庭功能与孩子 PTSD 之间也存在出版偏差(Egger 的回归截距$=-0.298,95\%$CI$=[-0.366,-0.231]$,$p=0.003$),具体结果见图 6-1。

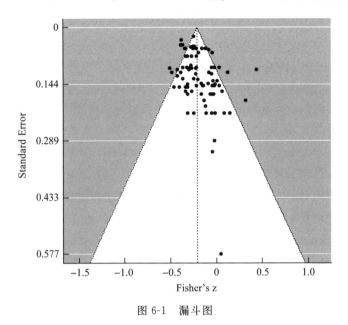

图 6-1 漏斗图

由于出版偏差的存在,我们用 Duval 和 Tweedie 的修剪和填充方法对其进行了修正,修正后的总效应量相对不受影响($z=-0.244,95\%$CI$=[-0.279,-0.209]$,$p<0.0001$)。这也说明出版偏差对结果的影响非常小,进一步说明了本元分析结果是精确的、可信的。

三、调节效应分析

家庭的整体功能与孩子 PTSD 之间的关系异质性显著,后续的调节效应模型主要用来确定哪些调节变量可能导致这些变异。我们建构了 17 个调节模型来检验调节变量是否显著地影响了家庭整体功能与孩子 PTSD 之间的关系。针对不同的调节变量,我们采用了不同的分析方法。在本书中,类别调节变量包括家庭功能的要素、家庭功能的取向、创伤类型、创伤经历者、PTSD 报告者、家庭功能的报告者、PTSD 量表、家庭功能量表、出版状态、研究设计等。针对这些变量,我们采用了亚组分析的方法。本章的连续变量,如出版年、被试年龄、女性的比例和创伤时间等,采用单因素元回归分析的方法进行分析。调节效应的检验结果见表 6-6,发现几乎所有的连续调节变量都不能显著地调节家庭整体功能与孩子 PTSD 之间的关系。

表6-6 家庭功能与孩子PTSD之间关系调节因素的三水平元分析

调节因素	s	k	截距 平均z(95%CI)	平均 r	t_0	β_1 (95%CI)	t_1	p_1	$F_{(df1,df2)}$	p	%变异 水平2	%变异 水平3
模型1: 家庭功能要素												
家庭冲突(RC)	10	11	-0.232 (-0.395, -0.069)***	-0.228	-3.167							
家庭凝聚力	8	14	-0.186 (-0.295, -0.078)**	-0.184	-3.717	0.054 (-0.047, 0.155)	1.066	0.29				
家庭灵活性	7	9	-0.103 (-0.213, 0.007)	-0.103	-2.016	0.131 (0.017, 0.246)	2.285	0.025				
家庭沟通	8	14	-0.225 (-0.33, -0.112)**	-0.221	-4.581	0.004 (-0.109, 0.117)	0.07	0.944	$F_{(5,85)}$ = 1.736	0.135	51.501	13.479
家庭规则	5	9	-0.141 (-0.252, -0.030)*	-0.140	-2.924	0.102 (-0.012, 0.216)	1.784	0.078				
家庭情绪/情感	6	12	-0.257 (-0.322, -0.193)***	-0.251	-8.801	-0.013 (-0.124, 0.097)	-0.243	0.808				
模型2: 家庭功能取向理论取向												
过程取向理论(RC)	16	55	-0.211 (-0.263, -0.159)***	-0.208	-8.134				$F_{(1,89)}$ = 0.389	0.534	53.989	13.247
结果取向理论	15	35	-0.212 (-0.278, -0.146)***	-0.209	-6.545	-0.024 (-0.101, 0.053)	-0.624	0.534				

续表

调节因素	s	k	截距 平均 z(95%CI)	平均 r	t_0	β_1(95%CI)	t_1	p_1	$F_{(df1,df2)}$	p	%变异 水平 2	水平 3
模型 3：创伤事件类型 1												
人际暴力创伤（RC）	2	5	-0.026 (-0.511, 0.458)	-0.026	-0.149							
人为创伤	17	54	-0.219 (-0.267, -0.172)***	-0.216	-9.244	-0.172 (-0.343, -0.000)	-1.993	0.049	$F_{(3,87)}=$ 1.839	0.146	54.802	11.223
自然创伤	8	26	-0.205 (-0.282, -0.127)***	-0.202	-5.450	-0.160 (-0.340, 0.020)	-1.764	0.081				
多重创伤	4	6	-0.292 (-0.444, -0.139)**	-0.284	-4.915	-0.246 (-0.458, -0.034)	-2.305	0.024				
模型 4：创伤事件类型 2												
群体创伤（RC）	8	25	-0.235 (-0.320, -0.150)***	-0.231	-5.717							
个体创伤	19	60	-0.187 (-0.229, -0.145)***	-0.185	-8.854	0.043 (-0.041, 0.127)	1.011	0.315	$F_{(2,88)}=$ 1.273	0.285	55.104	11.410
多重创伤	4	6	-0.292 (-0.444, -0.139)**	-0.284	-4.915	-0.058 (-0.209, 0.093)	-0.759	0.45				

续表

	调节因素	s	k	截距/平均z(95%CI)	平均r	t_0	β_1(95%CI)	t_1	p_1	$F_{(df1,df2)}$	p	%变异 水平2	%变异 水平3
模型5: 创伤事件类型3	有意创伤(RC)	14	38	−0.219 (−0.270, −0.168)***	−0.216	−8.650							
	无意创伤	13	47	−0.188 (−0.251, −0.126)***	−0.186	−6.053	0.043 (−0.034, 0.120)	−1.117	0.267	$F_{(2,88)}=$ 1.410	0.25	58.266	8.447
	多重创伤	4	6	−0.292 (−0.444, −0.139)**	−0.284	−4.915	−0.069 (−0.212, 0.074)	−0.957	0.341				
模型6: 创伤事件类型4	身体创伤(RC)	7	29	−0.187 (−0.270, −0.104)***	−0.185	−4.614							
	性创伤	3	10	−0.138 (−0.290, 0.014)	−0.137	−2.055	0.039 (−0. et al., 0.190)	0.52	0.604	$F_{(3,87)}=$ 1.087	0.359	53.816	13.586
	情境型创伤	11	25	−0.207 (−0.275, −0.139)***	−0.204	−6.279	−0.025 (−0.130, 0.081)	−0.464	0.644				
	混合型创伤	10	27	−0.249 (−0.320, −0.178)***	−0.244	−7.236	−0.071 (−0.179, 0.036)	−1.323	0.189				

续表

	调节因素	s	k	截距/平均 z(95%CI)	平均 r	t_0	β_1(95%CI)	t_1	p_1	$F_{(df1,df2)}$	p	%变异 水平2	水平3
模型7：创伤经历者	孩子(RC)	26	77	−0.209 (−0.250, −0.168)***	−0.206	−10.220				$F_{(1,89)}=$ 0.000	0.993	54.188	13.327
	其他家庭成员	5	14	−0.203 (−0.325, −0.081)**	−0.200	−3.602	0.000 (−0.104, 0.105)	0.009	0.993				
模型8：创伤时间		10	43	−0.215 (−0.308, −0.123)***	—	−4.698	0.001 (−0.004, 0.006)	0.391	0.698	$F_{(1,41)}=$ 0.153	0.698	0.000	56.219
模型9：PTSD 报告者	孩子(RC)	29	72	−0.198 (−0.237, −0.160)***	−0.195	−10.202				$F_{(2,88)}=$ 1.078	0.345	59.835	6.721
	父母	5	13	−0.192 (−0.292, −0.093)**	−0.190	−4.216	−0.116 (−0.276, 0.043)	−1.449	0.151				
	临床访谈	2	6	−0.326 (−0.477, −0.175)**	−0.315	−5.553	0.006 (−0.098, 0.110)	0.123	0.903				
模型10：家庭功能 报告者	孩子(RC)	20	46	−0.225 (−0.271, −0.179)***	−0.221	−9.796				$F_{(2,74)}=$ 0.367	0.694	63.668	7.416
	父母	12	29	−0.190 (−0.262, −0.118)***	−0.188	−5.393	0.022 (−0.060, 0.105)	0.534	0.595				
	两者都报告	1	2	−0.126 (−1.409, 1.158)	−0.125	−1.246	0.098 (−0.174, 0.369)	0.717	0.476				

续表

调节因素	s	k	截距/平均 z(95%CI)	平均 r	t_0	β_1 (95%CI)	t_1	p_1	$F_{(df1,df2)}$	p	%变异 水平2	%变异 水平3
模型11：PTSD 测量工具												
CPSS(RC)	6	20	-0.189 (-0.318, -0.060)**	-0.187	-3.059							
PTSD-RI	3	5	-0.164 (-0.416, 0.088)	-0.163	-1.807	0.038 (-0.139, 0.216)	0.43	0.669				
TSCC	7	20	-0.215 (-0.277, -0.153)***	-0.212	-7.228	-0.013 (-0.131, 0.105)	-0.217	0.829	$F_{(5,85)} = 0.648$	0.664	57.137	10.144
CPTS-RI	2	10	-0.106 (-0.215, 0.002)	-0.106	-2.224	0.091 (-0.072, 0.255)	1. et al.	0.27				
CSDC	2	8	-0.170 (-0.373, 0.034)	-0.168	-1.973	0.029 (-0.143, 0.202)	0.339	0.736				
其他	14	28	-0.234 (-0.301, -0.167)***	-0.230	-7.188	-0.029 (-0.138, 0.080)	-0.529	0.598				

调节因素		s	k	截距/平均 z(95%CI)	平均 r	t_0	β_1(95%CI)	t_1	p_1	$F_{(\text{df1},\text{df2})}$	p	%变异 水平 2	%变异 水平 3
模型 12:家庭功能测量工具	FAD(RC)	10	36	−0.173 (−0.240, −0.105)***	−0.171	−5.204							
	FES	7	19	−0.191 (−0.302, −0.081)**	−0.189	−3.635	−0.042 (−0.136, 0.051)	−0.905	0.368				
	FFQ	2	9	−0.283 (−0.487, −0.078)*	−0.276	−3.184	−0.149 (−0.291, −0.008)	−2.094	0.039	$F_{(5,85)}=$ 2.059	0.078	66.419	0.000
	FACES	3	6	−0.085 (−0.370, 0.200)	−0.085	−0.77	0.023 (−0.120, 0.167)	0.321	0.749				
	FFS	2	8	−0.223 (−0.298, −0.148)***	−0.219	−7.055	−0.070 (−0.178, 0.037)	−1.296	0.198				
	其他	8	13	−0.270 (−0.358, −0.181)***	−0.264	−6.646	−0.126 (−0.224, −0.027)	−2.534	0.013				
模型 13:出版年份		31	91	−0.203 (−0.239, −0.168)***	—	−11.384	−0.004 (−0.009, 0.001)	−1.619	0.109	$F_{(1,89)}=$ 2.620	0.109	60.029	5.519

123

续表

调节因素	s	k	截距/平均 z(95%CI)/等	平均 r	t_0	β_1(95%CI)	t_1	p_1	$F_{(df1.df2)}$	p	%变异 水平2	%变异 水平3
模型14：出版状态												
正式出版（RC）	25	67	−0.222 (−0.261, −0.183)***	−0.218	−11.375							
未出版	6	24	−0.129 (−0.203, −0.054)**	−0.128	−3.578	0.071 (−0.015, 0.157)	1.638	0.105	$F_{(1,89)}=$ 2.682	0.105	59.888	5.997
模型15：研究设计												
横断研究设计（RC）	27	78	−0.200 (−0.239, −0.161)***	−0.197	−10.146							
纵向研究设计	4	13	−0.236 (−0.372, −0.100)**	−0.232	−3.771	−0.044 (−0.157, 0.069)	−0.779	0.438	$F_{(1,89)}=$ 0.606	0.438	56.530	10.890
模型16：年龄	25	67	−0.199 (−0.239, −0.159)***	—	−9.985	−0.014 (−0.031, 0.004)	−1.551	0.126	$F_{(1,65)}=$ 2.405	0.126	73.067	0.000
模型17：女性所占比例	26	70	−0.197 (−0.237, −0.157)***	—	−9.81	−0.000 (−0.002, 0.002)	−0.155	0.877	$F_{(1,68)}=$ 0.024	0.877	73.941	0.042

注：RC＝参考类别。

　　尽管如此,在亚组分析中,有些调节变量的结果是显著的。例如,在家庭功能要素方面,相较于家庭冲突与孩子 PTSD 之间的关系($r=0.228$),家庭灵活性与孩子 PTSD 之间的关系要弱一些($r=-0.103$,$\beta=0.131$,95%CI$=$[0.017,0.246],$p=0.025$)。对不同的创伤类型而言,人际暴力创伤后家庭功能与孩子 PTSD 之间的关系($r=-0.026$)要弱于人为创伤后的被试群体($r=-0.216$,$\beta=-0.172$,95%CI$=$[-0.343,-0.000],$p=0.049$)以及同时经历人际暴力与人为创伤后的被试群体($r=-0.284$,$\beta=-0.246$,95%CI$=$[-0.458,-0.034],$p=0.024$)。对不同的家庭功能量表,FAD 测量的家庭功能与孩子 PTSD 之间的关系是正向的,而 FFQ 和其他家庭功能量表测量的家庭功能与孩子 PTSD 之间的关系是负向的。需要注意的是,过程取向和结果取向的家庭功能与孩子 PTSD 之间的关系没有显著差异($\beta=$ -0.024,95%CI$=$[-0.101,0.053],$p=0.534$)。

第四节　元分析结果讨论

　　本节内容是关于家庭功能与孩子 PTSD 之间关系的元分析。结果表明家庭的整体功能及其具体功能要素均与孩子 PTSD 呈中等的负相关,说明创伤后的家庭功能在缓解孩子 PTSD 的过程中发挥了一定的作用,这也在一定程度上拓展了家庭系统理论(Epstein et al.,1973)和家庭功能理论(Epstein et al.,1978;Beavers et al.,2000;Olson,2000;Skinner et al.,2000),进入创伤心理学领域。与以往研究一致(Trickey et al.,2012;Lee et al.,2018),我们发现良好的家庭功能,例如积极的情绪、开放的沟通、较少的冲突、向孩子提供稳定安全的环境和支持等,都可以帮助孩子有效地应对创伤。

　　具体而言,我们发现不同的家庭功能要素与孩子 PTSD 之间的关系存在独特性。其中,家庭情绪、家庭沟通、家庭凝聚力、家庭规则作为积极的家庭功能要素可以显著地缓解孩子的 PTSD。同时,家庭冲突等不良的家庭功能会加剧孩子的 PTSD,家庭灵活性与孩子 PTSD 的关系不显著。实际上,我们认为当家庭遭遇压力性事件时,家庭情绪作为一种短暂的不稳定的要素可能直接诱发包括孩子在内的家庭成员出现焦虑、担心等应激反应(McCarthy et al.,2010;Gallo et al.,2019),在短时间内可能对孩子的 PTSD 产生巨大的影响。

　　家庭凝聚力会增加孩子对家庭成员支持和情感联结的体验(Gorman-Smith et al.,2004),能缓冲创伤带来的分离感和认知上的震荡(Kaur et al.,2013),可以缓解孩子的 PTSD。开放的家庭沟通能够帮助孩子直面创伤经历,增加对创伤事件的积极理解(McCarty et al.,2003)。相反,消极的沟通可能会限制个体的沟通(Acuña et al.,2017),导致个体的回避性和警觉性增高,最终加剧个体的 PTSD。僵化或封闭的家庭规则可能会限制家庭成员之间的表达,不利于其对创伤相关线索的加工,增加家庭成员出现 PTSD 的可能性(Cordova et al.,2001b;Belsher et al.,2012;Whealin et al.,2015)。相反,稳定的家庭结构和丰富的家庭资源作为家庭规则的重要组成部分,可能会降低个体对危险情境的敏感性(Sadeh et al.,2020),减轻其 PTSD。

　　研究发现,作为典型的消极家庭功能因素,家庭冲突可以显著地加剧孩子的 PTSD,这与以往的研究结论一致(Bal et al.,2004;Bokszczanin,2008;McCarthy et al.,2010;Danielson et al.,2017)。经历创伤事件的家庭,在处理创伤事件时容易出现更多的争吵和冲突情况,这可能会作为一种负向的压力源弱化家庭的支持,使得孩子感知到更少的安全感,进而阻碍孩子受创心理的恢复(Bal et al.,2004;Bokszczanin,2008;McCarthy et al.,2010;Danielson et al.,2017)。更重要的是,消极家庭功能对孩子 PTSD 的加剧作用要远远大于积极家庭功能对孩子 PTSD 的缓冲作用。具体而言,家庭冲突可能会对孩子 PTSD 发生、发展的任何阶段产生影响(Layne et al.,2006),即便创伤事件已过去很长时间,家庭冲突依旧是预测孩子发生 PTSD 的重要因子(Kliewer et al.,1998;Lepore et al.,1996)。

　　相对家庭冲突,家庭灵活性对孩子 PTSD 的作用较小,这与以往的研究结果存在相同之处(Berkman,2005)。一个原因可能在于不同时间点上,家庭灵活性的功能特征对孩子 PTSD 的作用效价不同。例如,过度保护的教养方式可能就是家庭灵活性的一个表现,它可能在创伤之后的长时间内对孩子的情绪状态造成消极的影响(McFarlane,1987),但是它可能在创伤之后的短时间内给孩子提供支持和保护(Gallo et al.,2019)。因此,我们认为家庭灵活性作为一个家庭功能,它暗含了多种要素,对家庭成员的影响可能体现在不同的时间点上。

　　对不同的家庭功能理论(Epstein et al.,1978;Beavers et al.,2000;Olson,2000;Skinner et al.,2000),我们发现过程取向和结果取向的家庭功能与孩子 PTSD 之间都呈现显著的负相关,这就意味着我们可以将两种取向的家庭功能理论相整合,构建一个"过程—结果"式理论模型来解释家庭功能与孩子 PTSD 之间的关系。于是,我们假设,在创伤之后,过程取向和结果取向的家庭功能都能够保护孩子免遭 PTSD 的影响,其中两种取向的家庭功能可能会发生交互作用。不过,不同取向的家庭功能对孩子 PTSD 的影响在以往的研究中并未得到充分的重视(Al-Krenawi et al. ,2012;Mora et al. ,2021)。基于我们提出的这个假设模型,未来的研究可以进一步检验不同取向家庭功能在影响孩子 PTSD 或其他心理问题中的交互作用。

在创伤类型方面,我们将创伤分为人为创伤和自然创伤、个体创伤和群体创伤、有意创伤和无意创伤等类型,探究了家庭功能与孩子 PTSD 之间的关系,结果发现在拥有重大疾病(Nelson et al. ,2019)、虐待(Faust,2000)、意外事故(Lee et al. ,2018)、战争(Howell et al. ,2015)相关经历的人群中,家庭功能对孩子 PTSD 有显著的影响。对那些经历人际暴力或性虐待的儿童,其家庭功能与其 PTSD 之间的相关性不显著,这可能是因为这些家庭的功能是不良的,它们很难对孩子的 PTSD 发挥缓冲作用。不过,我们发现,与单一创伤事件相比,在经历多重创伤事件的群体中,其家庭功能对孩子 PTSD 发挥作用,这与以往的研究一致(Green et al. ,2000;Kira et al. ,2014)。可能的原因在于经历多重创伤的孩子,可能对家庭功能的变化更敏感,因此家庭功能更可能对其 PTSD 发挥作用。

我们也评估了 PTSD 和家庭功能测量工具以及研究特征对家庭功能与孩子 PTSD 之间关系的调节作用,结果发现测量工具的类型不能显著地调节两者之间的关系,说明两者关系确实是稳定的。此外,我们发现创伤时间的调节作用也不明显,说明家庭功能对孩子 PTSD 的影响具有持久性,可能在孩子 PTSD 发生、发展的任何阶段都发生作用。孩子或者家庭成员经历了创伤类型也不能调节家庭功能对孩子 PTSD 的影响,说明了家庭中无论是谁经历的创伤事件,家庭功能都会影响孩子的 PTSD。例如,对经历创伤事件的父母而言,他们在应对创伤时可能要耗费大量的资源,出现一些心理应激,导致他们在给孩子提供帮助、支持、关注和温暖方面出现困难(McFarlane,1987;Henry et al. ,2004),这可能会加剧孩子的 PTSD。报告的类型也不会影响两者之间的关系,一个原因在于日常生活中父母比较了解他们的孩子,父母报告的内容可能与孩子自己报告的内容一致。

PTSD 的测量工具也不会显著地调节家庭功能与孩子 PTSD 之间的关系,说明不同的测量工具之间没有显著差异,这可能是因为所用的工具都具有良好的信效度。在家庭功能测量工具方面,我们发现 FFQ 调查的结果相对 FAD 要可靠一些,说明家庭功能的具体要素尚未达成一致,今后还需做进一步的研究。更重要的是,我们的研究发现了家庭功能对孩子 PTSD 的影响不受年龄、性别、研究设计、出版状态、出版年份的影响,这一结果说明了两者之间关系确实存在一定的稳定性。

综上,通过对家庭功能与孩子 PTSD 之间关系进行元分析,我们发现积极的家庭功能要素可以缓解孩子的 PTSD,消极的家庭功能要素可以加剧孩子的 PTSD;研究也整合了过程取向和结果取向的家庭理论,初步提出了两者取向交互的整合式模型,为后续的研究提供了理论基础。从临床干预的视角看,在对青少年进行创伤心理干预时,一定要考虑其家庭功能情况,需要增加其家庭积极情绪,帮助家庭进行开放式沟通,鼓励家庭形成良好的凝聚力,缓解家庭冲突等。不过,心理服务工作者要特别注意那些经历了多重创伤的家庭,用不同的评估手段对其进行评估,给予有针对性的家庭心理服务(Ye et al.,2022)。

第七章　夫妻系统对青少年创伤心理的影响机制

家庭系统包括夫妻系统、亲子系统等多个子系统,每个子系统之间都会相互影响,这种影响可以跨系统地影响到不同系统内部的家庭成员,也就是说在亲子系统中的孩子也可能会受到夫妻系统的影响。一般来说,夫妻系统对孩子创伤心理的影响主要通过以下方式实现。一是通过"外溢"的方式实现,即将夫妻子系统中的认知、情绪和行为"外溢到"亲子系统之中,从而实现对孩子的影响;二是通过营造家庭氛围来实现,即夫妻系统的互动会对整个家庭氛围产生影响,积极的互动可以营造积极的家庭氛围,生活在这种家庭环境氛围下的青少年,能够感知到更多的支持和温暖,有助于缓解其创伤心理问题。

在夫妻系统之中,有很多因素都可以影响孩子,其中以夫妻之间的婚姻满意度和婚姻冲突最具代表性。实际上,夫妻婚姻满意度和婚姻冲突可以反映在日常的生活交流之中。然而,对夫妻来说,他们的重要任务就是对孩子的教养,在教养孩子过程中也会出现互动,具体体现在协同教养方面。为此,本章将着重分析重大灾难后,夫妻婚姻满意度、婚姻冲突、协同教养对孩子创伤心理的影响及影响机制。

第一节　调查样本与工具信息

一、调查样本信息

(一)小学生被试及其父母信息

台风"利奇马"3个月后,我们于2019年11月对浙江省温岭地区3所小学进行了问卷调查,共选取866对学生及家长作为被试,共发放问卷866份,剔除无效问卷后共回收有效问卷852份,问卷有效率98.4%。在儿童被试中,男生 467 人(占 54.8%),女生 385 人(占 45.2%),30 人未报告年龄;年龄范围在 7 岁至 12 岁之间,平均年龄为 10.48±1.05 岁。在父母被试中,父亲 198 人(占 23.2%),母亲 654 人(占 76.8%),142 人未报告年龄;年龄范围在 28 岁至 63 岁之间,平均年龄为 37.96±4.92 岁。在台风"利奇马"15 个月后(2020 年 11 月),我们对这 866 对学生及家长进行了再次调查,共有 735 对学生和家长参与。

(二)中学生被试及其父母信息

我们在台风"利奇马"3 个月后(2019 年 11 月)对浙江省温岭地区的 2 所中学进行问卷调查,共选取 1218 对学生及家长作为被试。在青少年被试中,男生 563 人(46.1%),女生 628 人(51.6%),27 人未报告年龄;年龄范围在 11 岁至 18 岁之间,平均年龄为 14.05±1.55 岁。在父母被试中,父亲 356 人(29.2%),母亲 862 人(70.8%);年龄范围在 31 岁至 56 岁之间,平均年龄为 41.26±4.90 岁。

二、调查工具信息

本章所用的变量包括台风创伤暴露、PTSD、PTG、希望感、安全感、夫妻婚姻满意度、应对方式、父母婚姻冲突、自我分化、心理僵化、反刍、协同教养等。其中,测查台风创伤暴露、PTSD、PTG、希望感、安全感等的工具信息可以参见第六章第一节的调查工具信息部分,其他测量工具的信息如下。

(一)夫妻婚姻满意度

采用汪向东等(1999)翻译的 ENRICH 婚姻满意度量表(Fowers et al.,1993)来测查父母的婚姻满意度。共包含 10 个题项,采用五点计分,1 代表"完全不符合",5 代表"完全符合",其中有 5 个题项为反向计分,量表得分越高表示夫妻婚姻满意度越好。

(二)应对方式

采用程科等(2013)修订、萧丽玲(2001)编制的应对方式量表,共包含 17 个题项,分为积极认知、逃避、寻求社会支持和负向发泄四个维度,其中积极认知与寻求社会支持组成积极应对方式分量表,逃避和负向发泄组成消极应对方式分量表。均采用五点计分,1 表示"完全不符",5 表示"完全符合"。

(三)父母婚姻冲突

采用 Zhou 等(2022a)编制的父母婚姻冲突问卷进行测量。该问卷源自其对儿童感知父母冲突量表的修订,共计包括了 3 个题项,包括在孩子面前打架、吵架和冷暴力等内容。题项采用五点计分,1 表示"完全不符",5 表示"完全符合"。

（四）自我分化

采用吴煜辉等(2010)修订的自我分化量表来测量青少年的自我分化程度。该量表有 27 个题项,每个题项采用六点计分,其中 1 代表"完全不同意",6 代表"完全同意"。量表得分越高,说明青少年自我分化程度越高。

（五）心理僵化

采用 Greco 等(2008)编制的回避与融合问卷来测量青少年的心理僵化程度。该问卷包括 17 个题项,分回避和融合两个维度。所有题项采用五点计分,0 表示"完全不符",4 表示"完全符合"。

（六）反刍

采用认知情绪调节量表的中文修订版(朱熊兆等,2007)来测量青少年的反刍情况。该量表由 36 个题项组成,分自责、接受、反刍、积极重新关注、计划、积极重评、向下比较、灾难化和责怪他人等维度。问卷采用五点计分,0 代表"绝对不符合",4 代表"完全符合"。该量表在青少年群体中具有良好的适用性(Zhen et al.,2016)。根据需要,本节仅选择反刍这一分维度进行研究。

（七）协同教养

采用刘畅等(2014)修订的协同教养问卷(中文版)来测查父母的协同教养情况。该问卷包括 18 个题项,每个题项采用七点计分,其中 1 表示"完全不符",7 表示"完全符合"。量表分团结、一致、冲突和贬低四个维度,其中团结和一致可以合成为合作式协同教养方式,冲突和贬低可以合成为冲突式协同教养方式。

第二节　父母婚姻满意度对孩子创伤心理的影响机制

灾难会造成许多问题,如对人身安全的威胁,以及一些心理疾病。根据已有研究,经历飓风、台风等自然灾害的幸存者经常会出现抑郁、焦虑、分离、PTSD 等消极心理问题(Tang et al.,2010;Pietrzak et al.,2012;Kopala-Sibley et al.,2016)。其中,创伤后应激障碍(PTSD)被认为是超强台风、飓风后幸存者中常见的心理问题(Guo et al.,2016;Lenane et al.,2019)。例如,有研究表明,在飓风或台风幸存者中,PTSD 的发生率约为 17.81%(Wang et al.,2019);Lai 等(2015)对飓风"卡特里娜"426 名受灾儿童进行调查研究发现,有轻微 PTSD 的儿童占 20%,有中等水平 PTSD 的儿童占 12%(Lai et al.,2015);Dass-Brailsford 等(2021)对飓风后海地青少年的研究发现,PTSD 的发生率为 36.4%(Dass-Brailsford et al.,2021)。尽管不同研究之间的调查时间、研究工具和诊断标准存在差异,致使 PTSD 检出率存在较大不同,但研究都发现在台风或飓风之后的儿童青少年群体中,PTSD 具有较高的发生率。

为了明确灾后儿童青少年较高 PTSD 发生率的原因,一些研究者开始关注 PTSD 的影响因素。不过,大多研究都从受灾儿童自身的视角来考察其 PTSD 发生的原因。实际上,在重大自然灾害之后,不仅儿童是受灾者,其家庭也同样遭受灾难的冲击,灾后的家庭因素也可能影响儿童的创伤心理(Zhou et al.,2022a)。那么,哪些家庭因素可能对孩子的 PTSD 产生影响呢?在家庭系统理论看来,家庭系统包括夫妻子系统和亲子系统等多个子系统,每个子系统之间都会相互作用并影响着系统中的个体。其中,夫妻子系统是维系家庭系统运行的核心要素,夫妻间的满意度被认为是家庭中的关键因素(Cox et al.,2003)。当父母对婚姻关系不满意时,这种消极认知和情绪会溢出至亲子关系中(Erel et al.,1995),限制亲子之间的有效沟通和情感表达(Jacob et al.,1997),父母很难及时、有效地满足孩子的需求,无法有效地缓冲灾难事件对孩子心理的影响,甚至可能加剧孩子的 PTSD(Zhou et al.,2021c)。相反,对婚姻关系满意的父母更容易对孩子的需求做出敏锐的反应(Easterbrooks et al.,1988),夫妻之间也能够协同处理孩子的问题,及时满足孩子的需要,有助于缓解灾后孩子的 PTSD。例如,Cheng 等(2018)在自然灾害后进行的一项纵向研究表明,父母婚姻关系好的孩子比父母婚姻关系差的孩子表现出更少的 PTSD。因此,可以假设父母的婚姻满意度可以负向预测孩子的 PTSD。本节主要考察父母婚姻满意度对孩子 PTSD 的影响机制(黄应璐等,2023)。

由于从父母关系视角考察孩子 PTSD 的研究相对较少,关于父母婚姻满意度对孩子 PTSD 的影响机制还不明确。实际上,根据家庭系统理论,父母婚姻关系会对孩子的情绪和行为发展产生重要影响(Cox et al.,2003),具体表现在父母婚姻满意度越高,家庭成员之间的相处越融洽,越依赖和信任家人,这有助于建立安全的家庭氛围,使得孩子体验到更多的安全感。现有研究结果也表明,父母婚姻满意度可以正向预测孩子的安全感(梅高兴等,2012;王旻,2021)。当孩子体验到安全时,他们将会延伸出对世界和他人的信任,有助于他们积极面对创伤后的自我、他人和世界,建构对世界的重新解释,这些都可能有助于缓解其 PTSD。实证研究也发现,安全感可以有效地降低 PTSD 的严重性(周宵等,2018)。基于此,我们假设父母的婚姻满意度可以提升孩子的安全感,从而降低孩子 PTSD 的严重性。

除了安全感之外,父母婚姻满意度也可能会通过影响孩子的应对方式来间接地预测孩子的 PTSD。在父母婚姻满意度高的情况下,父母对孩子的需求有着更强的敏感性,家庭成员间的有效沟通较多,有助于孩子在面对压力情境时,采用积极的应对方式(Kim et al.,2009;原凯歌等,2011),积极调整自身的认知和行为以适应内外部环境(Lazarus et al.,1984)。因此,可以说在面对创伤事件时,积极的应对方式可以降低出现 PTSD 的可能并促进心理健康(Zhou et al.,2019a)。据此,我们认为孩子的应对方式也可能在父母婚姻满意度影响孩子 PTSD 的过程中发挥中介作用。

基于以上论述,夫妻婚姻满意度可以通过影响孩子的安全感和应对方式来预测孩子的 PTSD,那么孩子的安全感和应对方式之间是否也存在某种关系呢? 实际上,积极情绪的拓展建构理论认为(Fredrickson,2001),安全感能够拓展个体的认知资源,有助于个体直面压力事件,采取积极的方式来应对压力事件及其带来的影响。当个体缺乏安全感时,他们往往无法建立对世界和他人的信任,从而更倾向于压抑个人的想法与情绪(Cummings,2011),更容易选择消极的应对方式以避免为他人带来麻烦;相反,当个体具有足够安全感时,他们对周围环境越信任,在遇到应激事件时更倾向于采取积极的应对方式,如积极寻求支持(姜圣秋等,2012;夏瑶瑶等,2020)。可以说安全感可以正向预测积极应对方式、负向预测消极应对方式。基于此,综合以上假设,我们认为父母婚姻满意度可能会通过孩子安全感经过孩子应对方式这一链式中介路径来影响孩子的 PTSD。

即便如此,很少有实证研究在考察父母婚姻满意度影响孩子 PTSD 的过程中,深入探究安全感和应对方式的中介作用,更鲜有研究考察两者在这一过程中的具体关系。此外,由于儿童年龄较小,自我防卫能力和心理承受力较弱,在面临自然灾害等突发应激事件时,容易感到不安(梁一鸣等, 2020),更需要家庭提供安全的环境氛围,而父母婚姻满意是营造安全家庭环境氛围的重要因素。因此,有必要从父母关系的视角来考察其婚姻满意度对孩子 PTSD 的影响机制。对此,我们以台风"利奇马"3 个月后的孩子及其父母为被试来考察父母婚姻满意度、孩子安全感、孩子应对方式和孩子 PTSD 之间的关系(黄应璐等,2023)。根据家庭系统理论、情绪拓展建构模型以及相关的实证研究,我们假设孩子的安全感和应对方式在父母婚姻满意度和孩子 PTSD 之间发挥中介作用。

一、研究结果

对父母婚姻满意度、孩子安全感、孩子应对方式和孩子 PTSD 进行 Pearson 相关分析,结果见表 7-1。可以发现,父母婚姻满意度与孩子安全感存在显著正相关,与孩子 PTSD 存在显著负相关;孩子安全感与孩子积极应对存在显著正相关,与孩子 PTSD 存在显著负相关;孩子消极应对与孩子积极应对之间存在显著正相关,与孩子 PTSD 之间存在显著正相关。

表 7-1　各变量描述统计及相关分析

变量	M	SD	1	2	3	4	5
父母婚姻满意度	38.12	8.10	1				
孩子安全感	40.02	7.69	0.13**	1			
孩子积极应对	28.00	11.63	0.05	0.34**	1		
孩子消极应对	19.05	9.14	0.05	−0.01	0.63**	1	
孩子 PTSD	12.62	13.88	−0.08*	−0.35**	−0.04	0.21**	1

注:*、**、***分别表示在10%、5%、1%的水平上显著;除婚姻满意度外其余四个变量均为孩子数据,下同。

在考察孩子安全感与应对方式在父母婚姻满意度与孩子 PTSD 之间的中介作用前,首先考察父母婚姻满意度对孩子 PTSD 的直接影响。为此,我们建立了父母婚姻满意度与孩子 PTSD 之间的直接效应模型(如图 7-1 所示)。结果表明,该直接效应模型完全拟合数据,$\chi^2/\mathrm{df}=0.000$,CFI$=1.000$, TLI$=1.000$,RMSEA(90%CI)$=0.000$,SRMR$=0.000$。路径分析结果显示,父母婚姻满意度可以显著地负向预测孩子的 PTSD($\beta=-0.086, p<0.05$)。

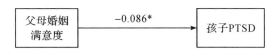

图 7-1 父母婚姻满意度与孩子 PTSD 的直接作用模型

在直接效应模型的基础上,我们纳入孩子的安全感和应对方式,增加了"父母婚姻满意度—孩子安全感—孩子积极应对方式—孩子 PTSD""父母婚姻满意度—孩子消极至应对方式、应对方式—孩子 PTSD"等路径,建立了最终的多重中介效应模型(如图 7-2 所示)。该模型也完全拟合数据,$\chi^2/\mathrm{df}=0.000$,$\mathrm{CFI}=1.000$,$\mathrm{TLI}=1.000$,$\mathrm{RMSEA}(90\%\ \mathrm{CI})=0.000$,$\mathrm{SRMR}=0.000$。路径分析结果显示,父母婚姻满意度可以正向预测孩子的安全感($\beta=0.138$,$p<0.001$),但对孩子的积极应对方式、消极应对方式和 PTSD 没有显著的预测作用($\beta=-0.009$,$p=0.784$;$\beta=-0.050$,$p=0.160$;$\beta=-0.026$,$p=0.414.$);孩子的安全感可以显著地正向预测孩子的积极应对方式($\beta=0.357$,$p<0.001$),负向预测孩子的 PTSD($\beta=-0.332$,$p<0.001$),但对孩子消极应对方式的预测作用不显著($\beta=-0.011$,$p=0.758$);孩子的积极应对方式可以显著负向预测孩子的 PTSD($\beta=-0.131$,$p<0.01$),孩子的消极应对方式可以显著正向预测孩子的 PTSD($\beta=0.312$,$p<0.001$)。这些结果表明,父母婚姻满意度可以通过孩子的安全感间接地负向预测孩子的 PTSD,也可以通过孩子的安全感经孩子的积极应对方式间接地负向预测孩子的 PTSD;父母婚姻满意度不能直接通过应对方式来预测孩子的 PTSD,也不能通过孩子的安全感经孩子的消极应对方式来预测孩子的 PTSD。

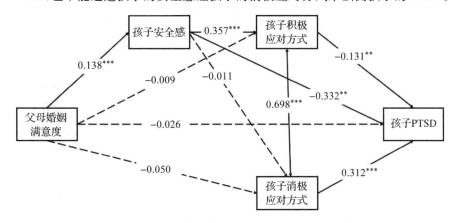

图 7-2 父母婚姻满意度与孩子 PTSD 的多重中介模型

采用偏差校正的百分位 Bootstrap 法,本章抽取了 1000 个样本再次分析上述变量的中介效应。结果(见表 7-2)表明,除"婚姻满意度—孩子安全感—孩子 PTSD"的间接路径的 95％置信区间[−0.075,−0.023]和"婚姻满意度—孩子安全感—孩子积极应对—孩子 PTSD"的间接路径的 95％置信区间[−0.014,−0.003]不包括 0 之外,其余间接路径均包括 0,这也再次证明上述中介效应成立。

表 7-2　各间接效应 Bootstrap 方法估计的中介效应及 95％置信区间

路径	标准化的间接效应估计	95％的置信区间	
		下限	上限
婚姻满意度—孩子安全感—孩子 PTSD	−0.046	−0.075	−0.023
婚姻满意度—孩子积极应对—孩子 PTSD	0.001	−0.008	0.011
婚姻满意度—孩子消极应对—孩子 PTSD	−0.016	−0.038	0.006
婚姻满意度—孩子安全感—孩子积极应对—孩子 PTSD	−0.006	−0.014	−0.003
婚姻满意度—孩子安全感—孩子消极应对—孩子 PTSD	0.000	−0.004	0.003

此外,比较图 7-1 和图 7-2 两个模型可知,在引入中介变量之前,父母婚姻满意度可以直接负向预测孩子的 PTSD($\beta = -0.086$,$p < 0.05$)。在引入中介变量后,父母婚姻满意度对孩子的 PTSD 的直接负向预测作用减弱(β 由 −0.086 变为 −0.026),且无统计学意义($p = 0.414$)。不过,中介路径 1 和中介路径 4 成立(中介路径 1:$\beta = -0.046$,$p < 0.01$,中介路径 4:$\beta = -0.006$,$p < 0.05$)。由此可知,该多重中介模型为完全中介模型。

二、分析与讨论

通过以上分析研究,我们发现在未纳入中介变量之前,父母婚姻满意度能够直接负向影响孩子 PTSD,说明父母婚姻关系会对孩子的心理健康发挥重要的影响,这一结果与前人的研究一致(Bokszczanin,2008;Dekel et al.,2010;Cheng et al.,2018)。研究结果也进一步支持了家庭系统理论,肯定了父母的婚姻关系在家庭系统中的重要作用(Cox et al.,2003)。良好的夫妻关系使得家庭氛围更加温暖、家庭成员相互依赖,能够使孩子的需求及时得到满足(Easterbrooks et al.,1988),从而缓解孩子的 PTSD。

在纳入孩子的安全感和应对方式之后,我们发现父母的婚姻满意度可以通过孩子的安全感影响孩子的 PTSD。在父母婚姻满意度高的家庭中,孩子的成长环境会更加温暖和具有凝聚力,他们很少会遭受家庭因素带来的恐惧和威胁,家庭氛围是稳定和安全的(Tsai et al.,2018)。在这种环境下生活,儿童会体验到更多的心理安全感(梅高兴等,2012)。这会使得其对自己和他人都充满信任(刘玲爽等,2009),有助于其获得更多的帮助,从他人的视角来应对灾难事件,从而缓解灾难对其心理产生的不良影响,降低PTSD 的严重性。此外,安全感的增加也有助于个体获得更多的控制感,激发个体主动应对其创伤经历及相关情绪,也有助于缓解其 PTSD。

需要注意的是,在提升孩子的安全感之后,孩子可能会对自我、他人和世界抱有积极的认知,这有助于增加他们解决问题的信心,使他们在解决问题时积极看待问题,从而促进了积极应对方式的使用,进而缓解他们的PTSD(Kishore et al.,2008)。因此,我们的研究也发现,父母婚姻满意度能够通过孩子安全感经孩子积极应对方式的链式中介间接影响孩子的 PTSD。

不过,我们的研究也发现,父母婚姻满意度并未通过孩子安全感经消极应对方式的链式中介效应影响孩子的 PTSD。一个直接的解释在于孩子的安全感对其消极应对方式没有显著的直接预测作用,这与我们的假设不同。对此,一个可能的解释是,积极应对和消极应对都是灾后孩子常见的应对方式,例如他们也可能在寻求他人帮助的同时,负向发泄自己的情绪。当安全感提升之后,儿童可能会更多地采用积极的应对方式而非消极应对方式,但这并不意味着消极应对方式不存在。因此,儿童的安全感对其消极应对没有显著的负向预测作用。不过,孩子的消极应对方式能够直接正向预测孩子的 PTSD,这与以往的研究一致(Stallard et al.,2001;Pina et al.,2008;McGregor et al.,2015)。一个可能的解释在于,消极的应对方式可能会导致心理控制负加工,使得负性情绪和痛苦经历对心理健康的影响加重(Wegner,1994),反而加剧了孩子的 PTSD(王龙等,2011)。另一个可能的解释是,消极应对方式中的逃避与负向发泄本就与 PTSD 症状存在一定的重叠之处,两者都包含相似的行为和认知,因而消极应对方式能够增加 PTSD 产生的可能性(Lengua et al.,2006)。

此外,研究没有发现父母的婚姻满意度可以通过孩子积极/消极应对方式直接影响孩子的 PTSD。一个直接的原因在于,父母的婚姻满意度不能直接显著地预测孩子的应对方式。对此,我们认为这可能是因为父母的婚姻满意度主要在于为孩子营造一个安全的家庭关系氛围,它能够提升孩子的安全感,满足孩子的心理需要,达到缓解人们心理问题的作用。在这个过程中,孩子的心理问题可以被动地被缓解,他们不需要主动采取应对方式来应对创伤经历,就可以实现缓解心理问题的目的。因此,可以说父母婚姻满意度不会对孩子的应对方式发挥直接作用。

总之,我们的研究结果发现,父母的婚姻关系在家庭系统中发挥了至关重要的作用,明确了父母婚姻满意度可以有效地缓解孩子的 PTSD,强调了孩子的安全感和应对方式在其中发挥着重要的中介作用。这些结果也说明,在父母影响孩子 PTSD 的过程中,孩子并非被动接受父母的影响,也会积极主动地采取行动来缓解自身的心理问题。这些发现提示我们,对灾后儿童 PTSD 的干预,需要从家庭系统的视角出发,构建良好的夫妻关系,营造积极的家庭氛围,才能提升孩子的安全感,促使其积极应对,从而缓解其PTSD。尽管本书具有重要的理论和实践价值,不过也存在一定的局限,即采用横断研究方式无法探讨变量之间随时间变化的动态关系(黄应璐等,2023)。

第三节 父母冲突对孩子创伤心理的影响机制

重大灾难后,父母也可能表现出创伤心理反应,影响父母之间的交流,甚至对其婚姻关系产生影响(Bachem et al.,2018),导致冲突。对此,以往研究认为重大创伤之后的回避行为可能阻碍夫妻之间的表达和交流(Campbell et al.,2016),对创伤相关线索的警觉性可能引发他们的认知偏差(Chemtob et al.,1997),出现易激惹和侵犯行为(Campbell et al.,2016),最终导致夫妻之间的冲突发生(Miller et al.,2013)。因此,重大灾难之后,夫妻系统也会受到影响,增加了冲突行为的出现。对此,本节主要考察父母冲突对孩子 PTSD 的影响机制(Zhou et al.,2022a)。

生活在父母经常起冲突的家庭环境中,青少年创伤心理问题不仅得不到缓解,甚至还可能恶化。父母冲突的本质是双方交互模式过于消极,这种模式可能会使父母在与孩子进行交流的过程中,表现出类似的情绪和行为,导致亲子之间的消极交互模式出现,加剧亲子之间的冲突(Hammen et al.,2004),限制亲子之间的情绪表达(Jacob et al.,1997)。在这种情况下,父母不能提供给孩子及时有效的支持,甚至可能会加剧孩子的 PTSD。据此,我们假设灾难后父母之间的冲突可能会加剧孩子的 PTSD。

除了父母冲突之外,与家庭有关的其他因素也可能会影响孩子的

PTSD,其中,自我分化程度就是一个重要的变量。自我分化是指自主性的发展,也是个体逐渐独立于父母和同伴形成独特自己的过程(Blos,1979)。青少年自我分化是在与父母的互动关系中逐渐发展出来的,开放的亲子关系能够促使孩子大胆地与父母讨论不一致的观点,解决亲子之间的冲突(Scharf et al.,2004;Freeman et al.,2009)。不过,对经历过灾难的家庭而言,特别是父母存在 PTSD 的家庭,其亲子沟通可能会因父母的创伤心理出现问题。在这种情况下,孩子可能感知到父母对自己是不支持的,他们可能不愿意与父母沟通,甚至不敢或不愿意表达自己的观点、情绪、情感等,最终可能限制了他们自我分化能力的发展(Zerach,2015)。然而,低的自我分化能力意味着个体与他人之间存在较高的情感融合,容易失去自我,不能区分我与他人的关系,容易陷入别人的情绪情感之中(Kerr et al.,1988)。特别需要注意的是,自我分化水平低的个体更容易情绪化,在面对压力事件的时候,无法保持内心的平静(Kerr et al.,1988),不能有效地应对压力因子(Showron et al.,1998),难以管理自己的心理应激反应(Nicolai et al.,2017)。因此,大量研究发现,自我分化能力较低的个体在创伤之后,会表现出更多的 PTSD(Solomon et al.,2009a;Giladi et al.,2013)。基于此,我们假设创伤后青少年的自我分化能力也会影响其 PTSD。

除了与家庭有关的因素之外,青少年自身的因素也可能会影响其PTSD。在本节中,我们主要探究青少年的心理僵化和反刍对其 PTSD 的影响。心理僵化主要包括经验回避(Hayes et al.,2013)和思维融合(Greco et al.,2008)两个方面的内容,它容易受到亲子关系或教养方式的影响(Moreira et al.,2020;Williams et al.,2012)。当青少年感知到他们的父母在教养他们或与他们进行交流的时候,表现出更多的惩罚或消极反馈时,他们可能会更多地使用压抑或回避的应对策略(Krause et al.,2003),这可能会限制其自我调节能力的发展,增加他们的心理僵化程度(Williams et al.,2012),使得个体不能清晰地分辨自己的情绪或接纳自己的情绪(Cox et al.,2018)。因此,在面对创伤相关的刺激时,心理僵化的个体可能会选择逃避刺激,不能准确地理解和处理创伤刺激,有损其对创伤刺激的认知情绪加工,也会诱发更多的 PTSD 症状(Ehring et al.,2010;Tull et al.,2007)。近来,研究也发现,心理僵化与更多的 PTSD 症状有关系(Meyer et al.,2019;Miron et al.,2015;Schramm et al.,2020)。正如前文所述,反刍这一认知策略的使用会使个体沉浸在创伤事件之中,无法从创伤事件中走出来,不利于其解决创伤线索及其相应的情绪反应,甚至导致更多的 PTSD(Egan et al.,2014;Zhou et al.,2016c;Zhou et al.,2020a)。因此,心理僵化和反刍可能正向地预测 PTSD。

不过,以上的论述都是对父母冲突和孩子自我分化、心理僵化和反刍单独影响 PTSD 的论述。是否可以将这些因素整合在一起来考察父母冲突对 PTSD 的影响机制呢?我们的研究给予了说明(Zhou et al.,2021b)。在这里我们将逐一讨论四者之间的关系,建构父母冲突通过孩子自我分化、心理僵化和反刍影响孩子 PTSD 的多重中介模型。

溢出模型认为(Erel et al.,1995),在夫妻冲突中展现出来的情绪情感和行为可能外溢至亲子系统,导致不良的亲子关系(Hammen et al.,2004)。在这种亲子关系下,青少年会担心自己的表达遭到父母的批评,倾向于不表达,这限制了孩子自我分化能力的发展,削弱了其情绪管理的能力,增加了其心理僵化的可能性(Zhou et al.,2021b)。此外,不良的交流会限制亲子之间关于创伤经历的探讨,使孩子放大创伤的严重性(Stein et al.,2017),促进了他们对创伤线索的反刍。因此,父母的冲突会降低孩子的自我分化水平,增加其心理僵化的可能性,导致更多的反刍。

进一步而言,自我分化能力较高的个体对创伤有明确的认知,能够自主地选择生活的方向,对未来具有更多的控制力(Asadollahinia et al.,2018)。现实是,对受创群体的孩子而言,自我分化程度相对较低,意味着他们可能与其受创的父母有着高度的情感融合(Scharf,2007;Giladi et al.,2013),难以区分父母遭遇的创伤与自己的遭遇(Nicolai et al.,2017),甚至可能沉浸在父母的遭遇之中无法自拔,从而促进他们对创伤相关线索的反刍。因此,我们假设自我分化可以直接影响个体对创伤事件的反刍。此外,自我分化水平较低容易导致情感融合(Kerr et al.,1988),也可能会因此导致个体的认知融合。实际上,认知融合是心理僵化的一个重要特征,它是指个体对思考内容的过度沉浸,与情绪感知和内在思考过程之间存在较强的缠结(Lucena-Santos et al.,2017),这些都可能会增加个体对事件的反刍。

理论上,父母冲突、孩子自我分化、心理僵化和反刍都可能对孩子的 PTSD 产生影响,且四者之间存在交互作用,这意味着我们在考察四者对孩子 PTSD 的作用时,应该深入考察具体的作用机制。根据以上的论述,我们以台风"利奇马"3 个月后的青少年及其父母为被试,假设在控制父母 PTSD 的基础上,父母冲突可以直接影响孩子 PTSD,也可以分别通过青少年自我分化、心理僵化和反刍对其 PTSD 发挥间接的预测作用,假设模型见图 7-3。

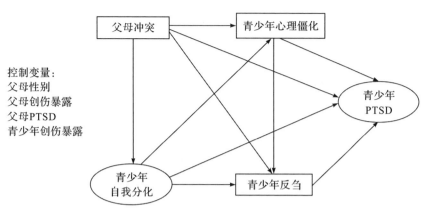

控制变量：
父母性别
父母创伤暴露
父母PTSD
青少年创伤暴露

图 7-3　父母冲突影响青少年 PTSD 的机制假设

一、研究结果

描述统计与相关分析的结果（见表 7-3）显示，父母创伤暴露与父母的
PTSD 和冲突以及与青少年的自我分化存在显著相关性；青少年创伤暴露与
青少年的自我分化、心理僵化、反刍和 PTSD 之间分别存在显著相关性；父
母 PTSD 分别与其夫妻间的冲突、孩子的 PTSD 呈显著正相关，与青少年的
自我分化之间呈显著负相关；父母冲突与青少年的自我分化之间呈显著负
相关，与青少年的心理僵化之间呈显著正相关。青少年的心理僵化、反刍和
PTSD，两两之间都存在显著关系。

表 7-3　主要变量之间的描述统计与相关分析结果

变量	M(SD)	1	2	3	4	5	6	7
父母创伤暴露	1.72 (1.66)	1						
青少年创伤暴露	1.44 (1.34)	0.07*	1					
父母PTSD	19.61 (14.87)	0.30***	0.00	1				
父母冲突	4.45 (1.50)	0.13**	0.05	0.20***	1			
青少年自我分化	62.15 (17.79)	−0.07*	−0.31***	−0.07*	−0.10**	1		

续表

变量	M(SD)	1	2	3	4	5	6	7
青少年心理僵化	27.61 (14.46)	0.01	0.29***	0.05	0.08**	−0.74***	1	
青少年反刍	3.69 (4.04)	0.01	0.17***	0.00	0.00	−0.25***	0.27***	1
青少年PTSD	14.32 (14.00)	0.01	0.28***	0.06*	0.05	−0.51***	0.44***	0.32***

注：*、**、***分别表示在10%、5%、1%的水平上显著。

在相关分析的基础上，根据假设，我们建立了如图7-4所示的模型。该模型的拟合指数良好，$\chi^2(108)=750.222$，CFI$=0.942$，TLI$=0.920$，RMSEA$=0.070(90\%$CI$:0.065—0.075)$，SRMR$=0.055$。在控制了父母的创伤暴露和PTSD、青少年的创伤暴露之后，我们发现父母冲突到青少年自我分化、青少年自我分化分别到心理僵化和PTSD、心理僵化到反刍以及反刍到PTSD等路径显著，其余路径均不显著。

我们以不显著的路径为0，获得了简约模型（见图7-4）。该模型的拟合指数良好[$\chi^2(116)=757.153$，CFI$=0.942$，TLI$=0.925$，RMSEA$=0.067$，90%CI$:0.063—0.072$，SRMR$=0.056$]。路径分析结果显示，在控制了协变量之后，我们发现父母冲突对青少年PTSD没有显著的直接预测作用，不过它可以通过青少年的自我分化间接地正向预测青少年的PTSD，也可以通过青少年的自我分化经青少年心理僵化由青少年反刍的多重间接路径来正向预测青少年的PTSD。

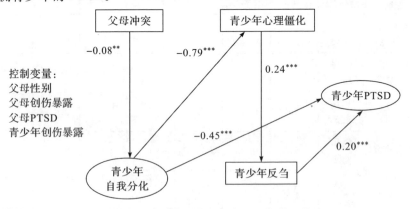

图7-4　父母冲突影响青少年PTSD的简约模型

二、分析与讨论

父母冲突之所以能够通过青少年自我分化来正向预测青少年 PTSD,我们认为这可能是因为父母之间的冲突会导致家庭功能失调的或压抑的家庭氛围,使得青少年难以有效地感知到安全,他们可能不愿意或担心向父母表达自己的观点,怕这种表达可能会加剧本就压抑的家庭氛围(Cummings,2011)。不愿表达自身的观点,这种思想可能会限制了青少年自我分化的发展,导致低水平的自我分化,使孩子与父母之间出现更多的情感缠结。那么,一旦家庭或父母表现出创伤反应,由于过度的情感缠结,他们的孩子也可能会表现出更多的创伤心理反应,甚至会诱发或加剧其 PTSD。

研究发现,在控制协变量后,父母冲突可以经青少年的自我分化通过青少年的心理僵化由其反刍来间接地正向预测青少年的 PTSD。这一结果支持了我们的假设,强调了青少年自我分化、心理僵化和反刍的重要性。前文已经讨论了父母冲突可能导致青少年较低的自我分化水平。然而,自我分化水平降低,可能使他们与父母在情感上产生缠结,即他们比较容易根据父母的态度和情感来思考创伤之后的自我、他人和世界。在某种程度上,这不利于青少年自我调节能力的发展,进而可能加剧他们的心理僵化程度(Williams et al.,2012)。进一步来说,心理僵化的青少年在思考问题的过程中,难以从不同的视角来看待问题。尤其是在遭遇创伤之后,心理僵化的青少年更容易将自己的认知和注意力聚焦在创伤相关线索上无法自拔,容易增加其对创伤相关线索的反复思考,诱发个体的反刍,加剧其 PTSD(Egan et al.,2014;Zhou et al.,2016c)。

在我们的研究中,父母冲突与青少年的 PTSD 之间没有直接的显著关系,这与我们的假设不同。对此,我们认为,一个最直接的原因在于青少年的自我分化和反刍在这两者之间发挥了完全中介的作用,即自我分化和反刍的中介作用掩蔽了两者可能的直接关系。不过,这一结果也说明了父母冲突对孩子心理的影响主要通过亲子关系才能发挥作用(Peterson et al.,1986),也支持了认知情境模型(Grych et al.,1990),说明了认知加工是父母冲突影响孩子心理结果的一个重要中介变量。

此外,我们也发现,青少年心理僵化可以通过青少年自身的反刍对其 PTSD 发挥完全中介作用,这也就是为什么我们发现心理僵化和 PTSD 之间没有直接关系的原因。这也支持了破碎世界假设(Janoff-Bulman,1992)和

PTSD的认知模型,强调反刍或功能不良的认知是PTSD近端预测因子。对此的一个解释是,心理僵化的一个重要特征是经验性地回避,这会使个体回避创伤相关线索,暂时性地缓解创伤对个体心理应激的影响(周宵等,2015),所以我们发现心理僵化对PTSD没有显著的预测作用。

总之,这节内容主要从父母冲突的视角出发考察了其对青少年PTSD的影响机制,说明冲突型夫妻关系确实可以导致青少年的负性心理活动,最终诱发更多的创伤心理问题。从家庭心理干预的角度看,我们的研究也说明为了缓解灾后青少年的心理问题,建立良好的夫妻关系是比较重要的举措。

第四节　父母协同教养对青少年创伤心理的影响机制

重大自然灾害不仅导致个体出现严重的心理问题,而且还对其家庭造成严重的创伤(Pfefferbaum et al.,2015),导致灾后的儿童青少年及其父母都可能表现出现消极的心理反应(McFarlane,1987;Zhou et al.,2021b),出现PTSD症状。许多研究者认为,在家庭中,父母一旦出现PTSD,就可能对孩子产生影响,加剧孩子的PTSD(Yehuda et al.,2008;Bachem et al.,2018;Zerach et al.,2018),影响孩子创伤后的积极变化(Dekel et al.,2013),特别是对其创伤后成长(PTG)产生巨大的影响。PTSD和PTG已被证实可以共存于创伤后的个体身上(Tedeschi et al.,2004)。是否两者有着共同的家庭机制呢? 为回答这个问题,我们将从家庭中夫妻协同教养的视角来窥探其对孩子PTSD和PTG的影响机制,并比较机制的异同。

实际上,在重大自然灾害之后,父母也容易出现PTSD症状(Shi et al.,2018),这可能会对他们的夫妻关系产生消极的影响(Marshall et al.,2017)。对此,Campbell等(2018)提出了一个PTSD影响人际关系机能的组织框架理论,强调出现PTSD的个体很难体验到安全的人际关系,解决人际关系问题的动机相对较弱(Meis et al.,2017),这可能会导致其无法有效地增加与伴侣之间的情感和身体亲密性,妨碍夫妻交流(Campbell et al.,2018)。进一步而言,这些问题也会对夫妻之间的关系机能造成消极影响(Goff et al.,2005;Campbell et al.,2018),导致其在教养孩子的过程中,出现冲突,影响了夫妻之间的协同教养问题,进而可能影响孩子的心理问题。

　　所谓协同教养,是指父母作为伙伴或对手参与教养孩子的程度,主要反映教养孩子过程中父母关系是合作的还是冲突的(Feinberg,2002)。在重大灾难之后,一旦父母出现心理问题,就有可能导致他们在教养孩子上出现更少的合作和更多的冲突。致力于合作型的协同教养,可以为父母提供一个具有凝聚力的家庭框架,有助于孩子感知到父母教养方式的一致性和支持性(Weissman et al. ,1985),提升孩子的认知能力(Feinberg et al. ,2007),帮助他们在创伤后重新建构对世界的理解,最终有助于缓解 PTSD、促进PTG。相反,冲突型协同教养模式下父母会表现出更多的消极情绪,增加破坏性的沟通行为,如情绪退缩、回避亲密等(Hock et al. ,2012),甚至加剧夫妻之间的冲突行为。这些都可能会加剧孩子的消极情绪反应,增加他们的回避行为。这些反应和行为一旦出现,必然会加剧孩子的 PTSD,降低其实现 PTG 的可能性(Hofmann et al. ,2003;Schneider et al. ,2019;Kline et al. ,2021)。

　　不过,正如上一节所述,个体的因素也可能会影响儿童青少年的创伤心理。其中,安全感是一个重要的因素,这一因素对创伤心理的作用,前面章节已经做了深入的讨论。实际上,家庭在遭遇重大灾难之后,容易出现"未解决的创伤",使得父母在亲密性和沟通方面出现问题(Sherman et al. ,2015;Fredman et al. ,2017),甚至诱发暴力行为(Taft et al. ,2007),导致孩子认为家庭氛围及父母的教养行为也具有创伤性(Schuengel et al. ,1999),威胁其安全感。生活在一个缺少安全感的家庭中,会使得孩子对外在微末的威胁产生敏感性,引发其身体、情感和认知的应激反应,导致慢性高唤醒的出现(van der Kolk et al. ,1989),最终可能会激活个体的侵入性思维和回避性行为等问题(Doron-LaMarca et al. ,2015),加剧 PTSD,降低实现 PTG的可能性。因此,可以假设安全感是重要的个体性因素,能够有效地缓解PTSD,促进 PTG 的实现。

　　在前面的章节中,我们也知道,除了安全感之外,希望感也可能是影响儿童青少年创伤心理的一个重要个体性因素。一般认为,希望涉及目标定向的加工,因此被认为是个体重要的资源(Long et al. ,2020),能够激发人们调节现有的认知模式来顺应创伤相关的信息(Joseph et al. ,2005b)。在这一过程中,个体可能会再次接纳自我和世界,重新建构对创伤经历的理解(Zhou et al,2019a)。我们之前的研究及其他学者的研究都发现,希望能够促进个体 PTG 的实现,缓解 PTSD(Zhou et al. ,2019b;Long et al. ,2020)。

不过,需要注意的是,一旦家庭遭遇创伤,如果父母不能给孩子提供良好的支持环境,孩子的希望感将会受到消极的影响(Dhital et al.,2019)。对此,模糊丧失理论给予了解释(Boss,1999),该理论认为经历创伤的家庭或父母,父母可能会"身在家庭心在外",不能有效地履行自己的家庭角色任务,他们对孩子可能持有消极的态度,因此难以提供给孩子更多的支持,帮助孩子来应对应激事件(Schwerdtfeger et al.,2007),无法促使孩子重新认识创伤事件(Dyb et al.,2011),以致扼杀孩子对未来的希望。因此,从家庭的视角考察孩子创伤心理发生、发展的过程,我们要更加重视家庭对孩子希望感的影响。

通过对以往的理论和研究进行回顾,我们发现家庭中的父母协同教养模式、孩子自身的安全感和希望感都可能会影响其 PTSD 和 PTG,那么,这三个因素是否存在一定的预测关系?既然我们打算从家庭的视角对孩子的 PTSD 和 PTG 进行研究,那么家庭中的父母协同教养模式是否真的可以影响孩子的安全感和希望感?为此,有必要对三者之间的关系进行深入的探讨。

理论上说,协同教养模式是夫妻系统中的重要因素之一,通常被儿童和家庭领域的研究者所关注(Margolin et al.,2001),认为父母协同教养的方式方法会对亲子关系产生影响(Teubert et al.,2010)。其中,一旦家庭中缺少合作式的协同教养,亲子之间的关系就会变得糟糕(Floyd et al.,1998),父母不能为孩子提供有效的帮助,促使其树立正确的目标,限制了其目标感的发展(Hill et al.,2019),降低了孩子的希望感。据此,可以假设父母合作式的协同教养模式可以直接提升孩子对未来的希望感,父母冲突式的协同教养模式会有损孩子对未来的希望。

此外,父母的协同教养也可能会通过影响孩子的安全感来间接地影响孩子对未来的希望感。对此,情绪安全理论认为,一旦孩子暴露于父母冲突之下,孩子的安全感将会被大大地削弱(Davies et al.,2006;Davies et al.,2015),这将降低孩子的安全感。实际上,冲突式的协同教养模式的主要特征是,父母在教养孩子的过程中相互批评、指责、贬损等(Feinberg,2003),这会使得孩子觉得父母之间存在敌意。长期生活在这种环境下,孩子的安全感难免会受到影响,使其体验到更多的威胁感、更少的安全感(Majdandžić et al.,2012)。相反,合作式的协同教养模式就会让孩子觉得父母能够一致性地提供帮助和支持,能够为孩子营造一个良好的家庭环境,提升他们的安全感。安全感的提升可能增加其面对未来的勇气,提升其探索世界的信心,最终会增加孩子对未来的希望感(Zhou et al.,2019a)。于是,结合以上的理论和实证研究,我们提出父母的协同教养模式可能会通过影响孩子的安全感和希望感来间接地影响孩子的 PTSD 和 PTG。

尽管如此,我们也发现,关于父母协同教养模式的研究主要集中在家庭心理咨询或治疗领域,能否将这一领域的研究发现推广至创伤心理学领域还尚未可知。通过创伤心理学的视角,探究父母协同教养模式对孩子 PTSD 和 PTG 的影响机制,可以丰富创伤心理学的理论,特别是创伤心理的家庭机制理论。进一步来说,目前关于 PTSD 家庭机制的研究对象也主要集中在战后士兵,很少关注自然灾害后的家庭。由于创伤类型的差异,在战后士兵家庭中的研究发现是否可以推广到自然灾害后的家庭也是一个值得关注的课题。更重要的是,现有研究已经发现父母的 PTSD 会影响孩子的创伤心理(Zhou et al.,2022a),那么在控制了父母的 PTSD 之后,父母的协同教养模式是否还会对孩子的 PTSD 和 PTG 产生影响,这也有待进一步探讨。为了明确这些问题,我们将以台风"利奇马"15 个月后小学生及其父母为被试,考察灾后父母的协同教养模式对儿童青少年 PTSD 和 PTG 的影响,明确儿童青少年自身的安全感和希望感在其中发挥的中介作用,以窥探父母协同教养模式对儿童青少年 PTSD 和 PTG 的影响机制。具体的假设模型见图 7-5。

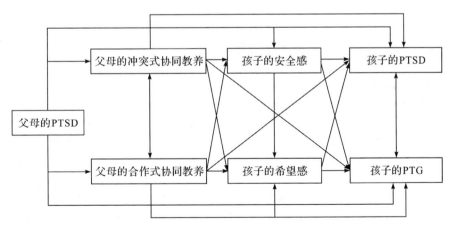

图 7-5　父母协同教养对青少年 PTSD 和 PTG 的影响机制假设

注:父母的 PTSD 作为协变量被控制。

一、研究结果

主要变量的描述统计及相关分析结果(见表 7-4)显示,父母的 PTSD 与其自身的合作式协同教养、孩子的安全感之间存在显著的负相关,与其自身的冲突式教养方式之间存在显著正相关,父母的 PTSD 与其他变量之间的关系不显著;父母的合作式协同教养分别与孩子的安全感和希望感之间呈显著正相关,与孩子的 PTSD 之间呈显著负相关;父母的冲突式教养方式分别与孩子的安全感、希望感、PTSD 和 PTG 之间不存在显著相关关系;孩子的安全感与他们自身的希望感之间存在显著正相关,与他们自身的 PTSD 之间存在显著负相关;孩子的希望感与他们自身的 PTSD 之间存在显著负相关,与其自身的 PTG 之间呈显著正相关。

表 7-4 描述统计与相关分析

变量	M(SD)	1	2	3	4	5	6
父母的 PTSD	16.82 (13.99)	1.00					
父母的合作式协同教养	45.14 (13.53)	−0.16***	1.00				
父母的冲突式协同教养	14.79 (7.49)	0.13***	0.07	1.00			
孩子的安全感	38.60 (7.89)	−0.10**	0.15***	−0.06	1.00		
孩子的希望感	30.29 (9.91)	−0.03	0.09*	−0.03	0.40***	1.00	
孩子的 PTSD	13.26 (13.93)	0.04	−0.12**	0.01	−0.39***	−0.28***	1.00
孩子的 PTG	44.62 (30.81)	0.01	0.02	0.01	0.07	0.31***	0.09*

注:*、**、***分别表示在 10%、5%、1%的水平上显著。

在相关分析的基础上,我们发现父母的 PTSD 与其自身的协同教养模式及孩子的安全感都存在显著相关,因此在后续的研究中,我们将其作为协变量予以控制。根据研究的假设,我们建立如图 7-5 所示的中介效应模型,发现该模型完全拟合数据,$\chi^2(0)=0.00$,CFI$=1.00$,TLI$=1.00$,RMSEA$(90\%\text{CI})=0.00(0.00—0.00)$,SRMR$=0.00$。结果发现父母 PTSD 可以显著预测孩子的安全感和父母自身的合作式协同教养模式；父母的协同教养模式可以预测孩子的安全感，孩子的安全感可以显著预测其自身的希望感和 PTSD，孩子的希望感可以显著预测其自身的 PTSD 和 PTG。除了这些预测路径显著外，其他的预测路径均不显著。

为了进一步获得简约模型，我们将上述模型中的不显著路径限制为 0，然后再次检验该模型，最终的模型结果见图 7-6。结果发现，该模型的拟合指数良好，$\chi^2(11)=8.62$，CFI$=1.00$，TLI$=1.01$，RMSEA$(90\%CI)=0.00$ $(0.00—0.03)$，SRMR$=0.02$。父母的冲突式协同教养模式不能显著地预测孩子的 PTSD 和 PTG，父母的合作式协同教养模式可以通过增加孩子的安全感间接地负向预测孩子的 PTSD，父母的合作式协同教养模式也可以通过增加孩子的安全感继而提升孩子的希望感，最终缓解孩子的 PTSD，提升孩子的 PTG。

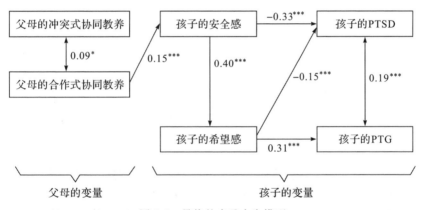

图 7-6　最终的多重中介模型

注：该模型为控制了父母 PTSD 之后的模型，其中父母 PTSD 被省略了。

二、分析与讨论

通过对台风"利奇马"灾后父母及其孩子的数据进行分析，发现父母的协同教养模式对孩子的 PTSD 和 PTG 没有显著的直接预测作用，特别是冲突式协同教养模式对孩子的创伤心理没有任何作用。不过，父母的合作式协同教养模式对孩子创伤心理发挥了一定的保护作用，主要体现在可以缓解孩子的 PTSD、提升孩子的 PTG。需要注意的是，这一保护作用主要是通过孩子的安全感和希望感来实现的。这一结果说明，孩子的安全感和希望感是父母协同教养模式影响孩子创伤心理的重要机制,也进一步说明了在父母关系影响孩子的过程中,孩子并不是被动的,他们也发挥了积极主动的作用。

具体来说,我们在控制了父母 PTSD 的作用下,发现冲突式协同教养模式不能显著地通过安全感间接地预测孩子的 PTSD 和 PTG,这与我们的假设不同,也与先前研究关于冲突式协同教养模式可以导致更少的安全感的结论不一致(Davies et al.,2006;Majdandžić et al.,2012)。对此,我们认为一个可能的原因在于,以往的研究主要聚焦于一般家庭,我们的研究主要聚焦于"利奇马"台风后的受灾家庭。在我们调查的家庭中,甚至有些父母还在遭遇 PTSD,因此这些家庭可能会表现出冲突式协同教养模式,使得孩子长期暴露于紧张气氛中。这种长期的暴露意味着这些孩子不得不调整自己以适应父母的冲突式协同教养模式,在这种适应状态下,孩子的安全感很难受到父母冲突式协同教养模式影响。当然,这仅仅是一种可能,具体的原因还需要未来的研究深入探讨。

在控制了父母的 PTSD 之后,我们发现合作式协同教养模式可以通过提升孩子的安全感来缓解孩子的 PTSD。实际上,合作式协同教养模式可以促进父母在教养孩子的过程中积极开放交流,使得父母双方都能够感受到对方的支持(Choi & Becher,2019),增加了父母在教养孩子过程中的效能感(Teti et al.,1996)。在这种家庭环境中生活,孩子会感知到更多的支持,有助于提升其安全感(Marsanić et al.,2013),减少他们对威胁的敏感性,减少对威胁线索的高警觉反应,从而缓解孩子的 PTSD。

不过,我们也发现,合作式协同教养模式可以通过提升孩子的安全感增加其希望感,最终提升孩子的 PTG。正如前一段所述,父母的合作式协同教养模式可以提升孩子的安全感,这可能会增强孩子去探索世界的勇气,增强他们的信心,进而提升他们的希望感(Zhou et al.,2019a)。希望感可以为个体重新理解创伤事件及其之后的自我、他人和世界提供潜在的资源,因此可以有效缓解 PTSD、提升 PTG(Zhou et al.,2019a)。

我们的研究结果为影响孩子 PTSD 的家庭机制研究提供了新的视角,认为在教养孩子的过程中,父母之间的关系也是影响孩子创伤心理的重要因素。研究发现了孩子安全感和希望感的中介作用,说明孩子并非被动接受创伤后父母的影响,他们可能会主动内化家庭创伤问题。从临床干预的视角看,当前的研究意味着解决家庭对孩子创伤心理的影响,应该倡导父母合作式协同教养模式,增加孩子的安全感和希望感,方可有效地缓解孩子的PTSD,促进其PTG的实现。

第五节　夫妻交流要素对青少年创伤心理的影响机制

除了夫妻之间的婚姻满意度、冲突和协同教养模式会对孩子创伤心理发挥作用之外,夫妻之间的交流也会对孩子的创伤心理产生影响。其中,表达和宽恕是两种重要的夫妻间交流方式。本节将围绕创伤后夫妻之间的表达和宽恕与孩子PTSD之间的关系展开探讨。

一、夫妻之间的表达与孩子PTSD之间的关系

夫妻之间的表达是指在夫妻关系中,夫妻双方表达和分享自己的思想、情感和态度的过程。这一过程不仅包括了日常的生活琐事,也包括个人情感和认知方面的叙事内容,甚至还包括个体的创伤经历等。大量研究表明,夫妻之间的表达为伴侣提供了互相了解的机会,有助于增加夫妻双方的亲密性、开放性、信任感和交流的机会(Bachem et al. ,2018)。不过,需要注意的是,一旦家庭遭遇创伤事件或夫妻双方中的一方出现了创伤应激反应,夫妻之间为了避免增加另一方或创伤一方的心理问题,可能会选择沉默、不表达,夫妻之间的关系可能因此恶化,形成不良的家庭环境氛围,不利于孩子PTSD的缓解。

不过,夫妻表达的内容存在较大不同。妻子倾向于与丈夫分享家庭日常生活的细节,表达的内容多与情绪、情感等有关;丈夫一般倾向于与妻子分享工作方面的事情,其表达的内容多与工作、朋友等有关。即便在遭遇创伤事件之后,夫妻在表达内容上也会存在差异。这就意味着,夫妻双方的表达可能对孩子产生不同的影响。那么,在重大灾难后,父母之间到底谁的表达更容易影响孩子的PTSD呢? 为了明确这一点,我们借用了对战后士兵及其孩子PTSD的研究(Bachem et al. ,2018)予以说明。

Bachem等(2018)以以色列斋月战争后的退伍士兵及其孩子为被试,考察了士兵夫妻的PTSD、表达和婚姻适应对其孩子PTSD的影响(见图7-7)。在该模型中,可以将父母的PTSD看作控制变量,以更好地了解夫妻间的表达对孩子PTSD的影响机制。

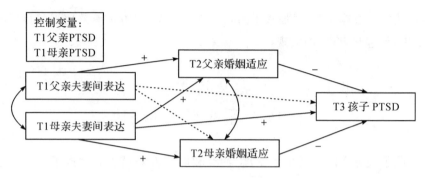

图 7-7　父母之间的表达对孩子 PTSD 的影响路径

注:实线为显著的预测路径,虚线为不显著的预测路径;其中,"＋"代表正向预测作用,"－"代表负向预测作用。

从图 7-7 所示模型中可以发现,父母夫妻间的表达都可以通过提升自身的夫妻适应来降低孩子的 PTSD。实际上,灾后夫妻之间的表达有助于增加伴侣对表达者的理解和同情,能够提供给对方更多的支持和帮助,增加夫妻之间的亲密性,因此有助于提升各自对婚姻的满意度和适应性。对夫妻生活的满意度和适应性会透过夫妻子系统影响亲子系统,增加亲子之间的良性互动,有助于父母增加对孩子的支持,有效地缓解孩子的 PTSD。

更重要的是,母亲的表达能通过父亲的婚姻适应缓解孩子的 PTSD,父亲的表达却不能通过母亲的婚姻适应来预测孩子的 PTSD。其中一个重要原因在于,参与战争的士兵多为男性,他们大多存在 PTSD 症状。从战场回到家中,妻子的表达有助于他们感受到妻子对他们的支持,所以他们可能会感受到更多的婚姻适应性,进而缓解孩子的 PTSD。也正因如此,大多数男性士兵回到家中,由于战争经历所引发的创伤反应,会使得其"身在,心不在",即便在其与妻子的互动过程中,表达的也多是其战争经历,所以不能显著地增加妻子的婚姻满意度和适应性。

另外,母亲的婚姻适应可以直接加剧孩子的 PTSD,这与我们之前的论述和假设都不同。对此,我们认为,夫妻之间的表达不仅存在积极的内容,也可能包括消极的内容,战后退伍士兵的夫妻之间尤其如此。例如,"我会将我最担心害怕的事情告诉我的爱人","我会告诉我的爱人,我曾经做过的让我非常内疚的事情"等,一旦这些事情在家庭中公开,孩子就可能发现父母的脆弱性(Bachem et al. ,2018),这会使得他们不愿向父母分享自己的遭遇和痛苦,以免加剧父母的心理问题,因此不利于青少年解决自身的创伤心理问题，甚至还可能加剧已有的问题。

二、夫妻之间的宽恕与孩子 PTSD 之间的关系

在我们对战争被俘士兵与其孩子的 PTSD 关系研究中，曾对夫妻之间的宽恕与孩子 PTSD 的关系进行了深入的探讨（Zhou et al.，2017e），本部分将重点讨论我们的研究内容。实际上，夫妻宽恕是夫妻交流中的一个重要内容。它在婚姻关系、婚姻满意度和家庭氛围中发挥着重要的作用。例如，夫妻之间的宽恕可以降低夫妻间的冲突行为，增加夫妻关系的质量，提升其对婚姻的整体满意度。与这些结果类似的是，关于战争被俘士兵的研究也发现了夫妻宽恕可以提升其婚姻关系的质量（Solomon et al.，2009b），增加其婚姻满意度（Dekel，2010）。

在夫妻之间的宽恕如何影响孩子 PTSD 方面，我们借用了 ABC-X 模型（Hill，1958）来予以阐释。该模型认为作为一种有效的应对资源，家庭应对可以有效地缓解家庭压力或危机。实际上，家庭作为一个整体，有着自身的凝聚力，即家庭成员之间相互联结成长。这种凝聚力能够提升家庭在面对灾难时的复原力，帮助家庭中的所有成员处理其面对的压力（Hawley et al.，1996）。这也就是说，一个家庭成员可以缓解其他家庭成员的心理问题。鉴于夫妻之间的宽恕可以促进夫妻之间的交流（Solomon et al.，2009b），因此夫妻间的宽恕也可以有效地减少亲子之间的不良交互，缓解孩子的心理问题。

通过实证研究，我们发现母亲的夫妻宽恕确实可以缓解父亲 PTSD 对孩子 PTSD 的正向预测作用，也就是说母亲的宽恕可以缓解创伤的代际传递。对此，我们做了如下的解释：夫妻之间的宽恕能够增加夫妻之间的信任度、亲密感和婚姻满意度，进而可以改善家庭氛围。夫妻之间相互宽恕，也可以帮助孩子感知到良好的父母关系，从而有助于建立良好的亲子关系，这可能会阻止创伤的代际传递（Zhou et al.，2017e）。

第八章　亲子系统对青少年创伤心理的影响机制

在家庭系统中,夫妻系统对孩子心理与行为的影响主要体现在为孩子的发展树立榜样、营造环境氛围等方面,对孩子的作用相对间接。父母对孩子的直接影响主要体现在与孩子相处过程中的行为方面,因此需要从亲子系统中来探究这种直接作用。实际上,在亲子系统之中,亲子关系、亲子沟通、父母的教养方式、亲子之间的依恋等都是比较重要的影响因素,能够对孩子的心理、行为产生直接作用。为此,本章将对这些因素影响孩子创伤心理的机制进行深入的剖析,为家庭心理干预提供实证支持。

第一节　调查样本与工具信息

一、调查样本信息

在九寨沟地震发生 12 个月后(T1)、21 个月后(T2)和 27 个月后(T3),我们分别对九寨沟县的中学生进行了三次调查。T1 时共有 620 名学生参与调查,其中男生 233 人(占 37.58%),女生 373 人(占 60.16%),14 人(占 2.26%)未报告性别。被试的平均年龄为 15.66±1.59 岁,年龄范围为 12—19 岁,13 名被试没有报告年龄。T2 共有 505 人完成了第二次追踪调查,占 T1 被试的 81.45%。T3 共有 392 名学生完成了第三次追踪调查,占 T1 被试的 63.23%。

二、调查工具信息

本章用到的创伤暴露、PTSD、PTG、反刍等工具信息见第五章,所用其他工具信息如下。

(一)亲子关系

本章采用张文新等(2006)修订的家庭适应性和亲合度评价量表测查青

少年的亲子关系,该量表对青少年与父亲、母亲的亲合度分别进行了 10 个题项的检测。本书在该量表的基础上,将分别对父母的测量整合为共同测量。比如,将"在困难时,我与父亲会相互支持"和"在困难时,我与母亲会相互支持"这两项合并为"在困难时,我与父母会相互支持"一项。

（二）亲子沟通

本章采用王树青等(2007)翻译修订自 Barnes 等(1982)的亲子沟通量表,该量表包括 20 个题项,每题采用五点计分法,1 表示"非常不同意",5 表示"非常同意"。该量表分为开放型沟通和问题型沟通两个维度。

（三）自我表露

本章采用应激自我表露量表(Kahn et al.,2001)来考察青少年的自我表露,该量表包含 12 个题项,采用五点记分法,0 表示"非常不同意",4 表示"非常同意"。

（四）教养方式

本章采用蒋奖等(2010)修订的中文版简式父母教养方式问卷对青少年的家庭教养方式进行测量。该问卷共有 20 个题项,采用四点计分法,1 表示"从不",4 表示"总是"。被试在某个维度中得分越高,表示其父母采用该种教养方式越频繁。

（六）亲子依恋

本章采用修订后的中文版亲密关系体验量表来考察青少年的亲子依恋特征。该量表共有 36 个题项,分"回避—亲近"和"焦虑—安全"两个维度。该量表采用七点计分法,1 表示"非常不赞成",7 表示"非常赞成"。被试在某个维度中得分越高,表示对该方面的依恋就越强。

第二节　父母依恋对青少年创伤心理的影响机制

PTSD 是重大灾难后青少年常见的创伤心理反应,具有较高的发生率和较强持久性。为什么青少年创伤后容易出现 PTSD 呢?根据依恋相关的理论(Bowlby,1969;Ainsworth et al.,1973),这与个体的不安全依恋密不可分(Mikulincer et al.,2006),特别是与青少年对父母的不安全依恋存在密切的关系(Stubenbort et al.,2002)。大量研究已经检验了不安全父母依恋对其

PTSD 的影响机制（Woodhouse et al. , 2015；Ogle et al. , 2016；Ferrajão et al. , 2017），不过很少有研究将注意力放在重大自然灾害后的青少年群体上。本节主要考察不安全的父母依恋对青少年 PTSD 的影响机制（Zhou et al. , 2021c）。

不安全依恋主要包括焦虑和回避依恋，反映了个体关于自己不值得被照顾和他人是不值得信赖的照看者等概括性信念（Bowlby, 1969）。这些信念可能会影响个体社会认知的发展，有损个体社会信息加工的能力（Sharp et al. , 2012）和情绪管理的能力（Ogle et al. , 2016）。这些都可能最终加剧PTSD（Clark et al. , 2012；Escolas et al. , 2012；Ogle et al. , 2015）。也就是说，不安全的依恋可能会加剧 PTSD（Huang et al. , 2017）。

不过，不安全依恋也可以通过一些中介因素间接地预测个体的 PTSD（Woodhouse et al. , 2015）。在依恋理论看来，依恋本质上反映了个体的沟通模式。例如，在人际交往的过程中，不安全依恋的个体倾向于焦虑或退缩（Bowlby, 1988），导致更多的问题型沟通和较少的开放式沟通。在这种情况下，个体可能对依恋的对象存在负性情绪，甚至导致不良的情绪沟通（Bretherton, 1990），进而增加了与依恋对象之间的冲突（Domingue et al. , 2009），加剧了其 PTSD 症状（Creech et al. , 2017）。对青少年而言，其依恋对象主要是父母，因此亲子沟通的类型可能中介了不安全的父母依恋与其PTSD 之间的关系。

Sharp 等（2012）将 PTSD 的相关理论（DePrince, 2005；Nietlisbach et al. , 2009）整合进依恋理论之中，提出了 PTSD 的社会认知模型，强调不安全的依恋诱发了青少年在获取、组织和处理依恋相关社会信息上的认知偏差。实际上，由于重大灾难后的父母也可能出现消极的心理反应（Cobham et al. , 2016；Juth et al. , 2015），例如抑郁（Chan et al. , 2012），不安全依恋诱发的认知偏差就可能使得青少年对父母的抑郁产生认知偏差。例如，回避依恋的青少年可能会在心理和情绪上与父母保持距离，特别是在压力或威胁事件发生的过程中，可能会更加明显（Wardecke et al. , 2016）。与父母保持距离，可能会一定程度地低估父母出现的抑郁（Mikulincer et al. , 2006）。

相反，焦虑依恋的青少年可能会在情绪上更加沉浸在亲子关系中，担心被父母抛弃（Mikulincer et al. , 2003）。这些个体对父母的情绪和行为非常敏感（Cassidy et al. , 1988），他们可能会夸大父母的抑郁。情绪可以感染（Hatfield et al. , 1993），青少年感知父母有较多抑郁情绪时，倾向于内化父母的情绪,因此体验到更多的抑郁情绪,这可能会影响他们创伤之后的感受和行为(Zhou et al.,2017e),最终导致更严重的 PTSD。基于此,我们假设感知父母抑郁也可能存在对不安全的父母依恋与青少年 PTSD 之间关系的中介效应。

PTSD 的社会认知模型也认为,不安全的依恋会导致个体对自我、他人和世界的消极认知,诱发个体对社会信息的不良认知加工(Sharp et al.,2012)。例如,不安全依恋的个体更可能关注压力相关的信息(Mikulincer et al.,2002),并对这些信息进行消极的评价(Mikulincer et al.,1995),这可能会引发个体的侵入性反刍(Mikulincer et al.,1998;Ruijten et al.,2011)。此外,不安全的依恋也会增加个体使用消极应对策略的可能性,使得个体难以有效地感知和管理自己的消极情绪,无法对这些情绪进行释放(Lanciano et al.,2012)。因此,他们可能会重复地对消极情绪及其经历进行消极的思考,从而可能诱发个体的反刍(Lanciano et al.,2010;Lanciano et al.,2012)。一些实证研究也发现了不安全的依恋会增加个体的侵入性症状或消极反刍(Burnette et al.,2010;Caldwell et al.,2012;Lanciano et al.,2012)。实际上,以消极的方式,重复地对创伤事件进行消极思考,是无法解决创伤事件相关问题的,甚至会增加个体的 PTSD(Egan et al.,2014)。基于此,我们也假设,侵入性反刍可能在不安全的父母依恋与 PTSD 之间发挥中介作用。

尽管如此,不过这些研究主要探究了这些中介因素的独立作用,它们的混合作用相对被忽略了,这可能会制约我们对不安全父母依恋影响青少年 PTSD 的深层机制探讨。实际上,这些中介因素之间也存在某种关系。例如,在开放积极的亲子沟通模式下,父母能够了解孩子的创伤相关经历及其创伤后的需要(Murphy et al.,2017),为孩子提供更多的支持和帮助(Keim et al.,2017;Kunkel et al.,2006)。这有助于孩子重新检索创伤相关线索,并对其进行积极的认知建构(Riesch et al.,2010;Schroevers,Helgeson et al.,2010),进而阻止个体侵入性反刍的出现。相反,问题型亲子沟通模式可能会导致亲子之间出现更多的冲突和矛盾(Boniel-Nissim et al.,2018),致使孩子形成消极的自我概念(Burleson et al.,2000),因此可能会增加个体的侵入性反刍(Spasojevic et al.,2001)。可以说,亲子沟通可以直接对侵入性反刍发挥作用。

此外,开放积极的亲子沟通也会促进亲子之间的表达(Metcalfe et al.,2008;Yang,2014),父母会对孩子的需求给予积极的回应,能够在情感上卷入孩子的生活之中;孩子也可能感知到父母积极的态度和行为(Fang et al.,2003)。因此,可以说开放的沟通模式可以减少孩子对父母抑郁的感知。相反,问题型亲子沟通可能会限制亲子关于创伤经历的讨论,增加孩子对父母遭遇及其抑郁的夸张性猜测(Stein et al.,2017);此外,这种亲子沟通的模式也会诱发更多的亲子冲突(Overbeek et al.,2007),因此父母可能会在孩子面前表现出消极的行为和情绪(Chiariello et al.,1995)。对此,孩子可能会觉得这些都是因为父母有着较为严重的抑郁所致,所以孩子可能会夸大父母的抑郁问题。一旦如此,孩子就会担心父母的心理状态,这可能会增加孩子对父母遭遇的消极思考,将注意力集中在创伤事件上,对其进行反复的消极加工,从而增加个体的侵入性反刍。基于此,可以说亲子沟通也可能通过增加青少年对父母抑郁的感知来增加个体的侵入性反刍。

对以往文献进行回顾,发现不安全的父母依恋可能会通过亲子沟通、感知父母抑郁和侵入性反刍来间接地影响孩子的PTSD。需要注意的是,以往的研究已经比较了焦虑型依恋和回避型依恋分别与PTSD之间的关系(Fraley et al.,2006;Frey et al.,2011;Woodhouse et al.,2015;Ogle et al.,2016),但很少有研究考察并比较两种依恋风格对PTSD的影响机制。此外,以往的研究也多关注成年群体,对青少年的关注度不足。鉴于青少年的认知能力和情绪能力发展尚不成熟,他们对灾难更加易感,表现出更多的心理问题。然而,不安全的父母依恋可能会增加青少年面对灾难时的易感性,加剧其已有的心理问题(MacDonald et al.,2008)。因此,本节以九寨沟地震12个月后的受灾青少年为被试,探究了不安全的父母依恋对青少年PTSD的影响机制,具体的假设模型如图8-1所示。

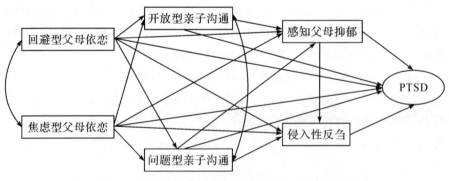

图 8-1　不安全父母依恋对 PTSD 影响的假设模型

一、研究结果

主要变量的描述统计和相关分析结果（见表 8-1）显示，创伤暴露分别与问题型亲子沟通、感知父母抑郁、侵入性反刍和 PTSD 之间存在显著的相关。除开放型沟通和侵入性反刍之间的相关不显著之外，其他变量之间均存在显著相关。

表 8-1　主要变量之间的相关分析

变量	M(SD)	1	2	3	4	5	6	7
创伤暴露	1.92 (1.72)	1.00						
回避型父母依恋	64.37 (16.25)	−0.01	1.00					
焦虑型父母依恋	60.52 (16.56)	0.08	0.31***	1.00				
开放型亲子沟通	31.16 (8.10)	0.003	−0.63***	−0.10*	1.00			
问题型亲子沟通	25.62 (6.71)	0.08*	0.48***	0.40***	−0.32***	1.00		
感知父母抑郁	4.41 (4.52)	0.31***	0.17***	0.33***	−0.10*	0.27***	1.00	
侵入性反刍	8.55 (6.57)	0.29***	0.09*	0.32***	−0.04	0.22***	0.50***	1.00
PTSD	28.33 (14.80)	0.30***	0.19***	0.38***	−0.21***	0.28***	0.42***	0.40***

注：*、**、***分别表示在 10%、5%、1%的水平上显著。

在相关分析的基础上，我们分三步来检验亲子沟通、感知父母抑郁和侵入性反刍在不安全父母依恋与 PTSD 之间的中介作用。由于相关分析中开放型亲子沟通与侵入性反刍之间的关系不显著，于是在第一步建立如图 8-1 的模型时，我们不再建立开放型亲子沟通对侵入性反刍的预测路径。在该间接效应模型中，我们也控制了创伤暴露程度这一协变量。结果显示，该模型具有良好的模型拟合指数 $[\chi^2(23)=87.602, \text{CFI}=0.97, \text{TLI}=0.93, \text{RMSEA}(90\%\text{CI})=0.068$（介于 0.053—0.083 之间）, $\text{SRMR}=0.042]$。焦虑和回避型父母依恋对两种亲子沟通存在显著的预测作用,焦虑型依恋能够显著地预测感知父母抑郁、侵入性反刍和PTSD,开放型亲子沟通可以显著地预测PTSD,问题型亲子沟通可以显著地预测感知父母抑郁,感知父母抑郁可以显著地预测侵入性反刍和PTSD,侵入性反刍可以显著地预测PTSD。除了这些显著的路径外,其他的路径均不显著。

第二步,在约束了上述模型中的不显著路径后,重新运算该模型,获得最终的简约模型(见图8-2)。该最终模型的拟合指数良好[$\chi^2(29)=96.661$,CFI=0.97,TLI=0.94,RMSEA(90%CI)=0.062(介于0.049—0.076之间),SRMR=0.042]。结果显示,该模型中的所有路径均显著。

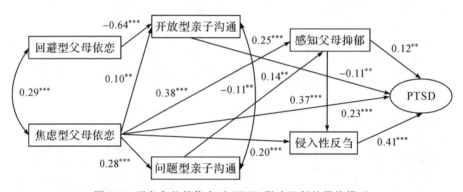

图8-2 不安全父母依恋对PTSD影响机制的最终模型

接下来,我们对最终模型进行Bootstrap检验,以明确可能存在的中介路径,结果见表8-2。在Bootstrap检验的过程中,如果95%CI不包括0,说明中介路径是显著的。结果发现,除了焦虑型父母依恋通过开放型亲子沟通对PTSD的间接路径不显著外,其他的间接路径均显著。也就是说,回避型父母依恋可以通过开放型沟通间接正向预测PTSD,也可以通过问题型沟通经感知父母抑郁间接地正向预测PTSD,还可以通过问题型沟通经感知父母抑郁由侵入性反刍的多重中介作用正向预测PTSD;焦虑型父母依恋可以直接对PTSD发挥显著的正向预测作用,可以分别通过感知父母抑郁和侵入性反刍间接地正向预测PTSD,也可以通过问题型沟通经感知父母抑郁间接地正向预测PTSD,还可以通过感知父母抑郁经侵入性反刍间接地正向预测PTSD,甚至还可以通过问题型沟通经感知父母抑郁由侵入性反刍的多重中介作用正向地预测PTSD。

表 8-2　Bootstrap 检验结果

不安全父母依恋对 PTSD 的预测路径	95%CI	β
回避型父母依恋→开放型亲子沟通→PTSD	(0.020,0.121)	0.071
回避型父母依恋→问题型亲子沟通→感知父母抑郁→PTSD	(0.000,0.012)	0.006
回避型父母依恋→问题型亲子沟通→感知父母抑郁→侵入性反刍→PTSD	(0.002,0.013)	0.008
焦虑型父母依恋→PTSD	(0.149,0.307)	0.228
焦虑型父母依恋→开放型亲子沟通→PTSD	(−0.023,0.001)	−0.011
焦虑型父母依恋→感知父母抑郁→PTSD	(0.004,0.055)	0.030
焦虑型父母依恋→侵入性反刍→PTSD	(0.043,0.119)	0.081
焦虑型父母依恋→问题型亲子沟通→感知父母抑郁→PTSD	(0.000,0.009)	0.004
焦虑型父母依恋→感知父母抑郁→侵入性反刍→PTSD	(0.022,0.055)	0.039
焦虑型父母依恋→问题型亲子沟通→感知父母抑郁→侵入性反刍→PTSD	(0.001,0.010)	0.006

二、分析与讨论

本章率先比较了地震后青少年焦虑和回避型父母依恋通过亲子沟通、感知父母抑郁和侵入性反刍影响 PTSD 的机制差异,结果发现不安全的父母依恋确实可能加剧孩子的 PTSD,这与以往的研究结果一致(Greco,2011;Macdonald et al.,2016)。不过,相对回避型父母依恋对 PTSD 的预测作用,我们发现焦虑型父母依恋的预测作用更强。不过,两者对 PTSD 的影响路径既有共同之处,也存在明显的差异。

研究发现,在间接效应模型中,焦虑型父母依恋对 PTSD 的作用显著,这支持了我们的假设。不过,回避型父母依恋对 PTSD 的作用不明显。这可能与两种不同的依恋类型的功能之间存在差异有关系。具体而言,焦虑型父母依恋的孩子倾向于关注消极情绪和威胁性信息(Mikulincer et al.,2002),这可能会促使其使用高唤醒的应对策略来处理问题,进而可能增加对压力性事件的消极情绪反应(Maunder et al.,2006),加剧其 PTSD(Ogle et al.,2015,2016)。相反,回避型父母依恋的孩子更可能使用一些低唤醒的策略来应对自己的遭遇,例如回避威胁性信息(Edelstein et al.,2008),以便回避创伤相关线索(Fraley et al.,1997;Mikulincer et al.,2003)。这可能会暂时地缓解创伤线索对消极情绪的影响(周宵等,2015),因此回避型父母依恋对 PTSD 没有显著的预测作用。

即便如此,我们也发现回避型父母依恋可能通过开放型亲子沟通间接地加剧 PTSD,也可以通过问题型亲子沟通经感知父母抑郁间接地正向预测 PTSD,还可以通过问题型亲子沟通经感知父母抑郁由侵入性反刍的多重中介作用来正向预测 PTSD。本质上,回避型父母依恋意味着孩子不想与其父母有太多的互动,这可能会降低亲子之间的开放型沟通,增加问题型沟通的发生频率。亲子之间不能开放地交流和沟通,不利于孩子将创伤相关信息暴露给父母,父母很难准确地理解孩子的经历、情绪和需要,难以为孩子提供及时有效的帮助和支持。在这种情况下,父母不能有效保护他们的孩子免遭 PTSD 的困扰,甚至他们无效的行为还可能会在无意之间加剧孩子的 PTSD。问题型亲子沟通的特征是亲子之间的沟通不和谐,充满冲突(Hammen et al.,2004),也包括一些有限的情绪情感表达(Jacob et al.,1997)。这种亲子沟通不利于孩子理解父母情绪,例如孩子可能会错误地感知父母在地震后的抑郁症状,并且内化父母的这些消极情绪,加剧其抑郁,进而导致他们灾后发生消极行为的概率提升(Zhou et al.,2017e),最终加剧孩子的 PTSD。此外,研究者发现,为了避免增加家庭成员的抑郁等消极情绪,其他成员不会对创伤相关经历进行表达(Cummings,2011),他们会沉浸在创伤线索之中,对这些线索进行反刍,进而也可能会增加 PTSD 的发生率和严重性(Egan et al.,2014)。

与回避型父母依恋对 PTSD 影响的中介效应类似,我们发现焦虑型父母依恋也可以通过两条中介路径来影响孩子的 PTSD。具体表现在,焦虑型父母依恋可以通过问题型亲子沟通经感知父母抑郁来正向预测 PTSD,也可以通过问题型亲子沟通经感知父母抑郁由侵入性反刍的多重中介作用来正向预测孩子的 PTSD。一个可能的原因在于,焦虑型父母依恋的青少年对他人持有模糊的观点(Armour et al.,2011),甚至表现出敌意(Lopez et al.,2002),降低了人与人之间的信任和关系质量(Huang et al.,2017),导致问题型亲子沟通。这样可能会使得父母在亲子沟通中呈现出消极的行为和情绪(Chiariello et al.,1995),那么孩子可能会把父母的这些表现归因于自身严重的抑郁情绪,孩子可能也会对父母的创伤遭遇进行反刍,最终都是加剧其 PTSD。

我们也发现焦虑型父母依恋可以分别通过感知父母抑郁和侵入性反刍的一阶中介作用来正向预测 PTSD,还可以通过感知父母抑郁经侵入性反刍来间接地正向预测 PTSD。焦虑型父母依恋会有损人际信任和关系质量(Huang et al.,2017),诱发不良的亲子关系,减少家庭成员之间的共情和关照。这会诱发创伤后压抑的家庭氛围,使得亲子之间会感知到对方的抑郁。也就是说,焦虑依恋会使得孩子感知到灾后父母存在更多的抑郁,因此可能会增加其 PTSD(Zhou et al.,2016b),或通过侵入性反刍间接地增加 PTSD。Mikulincer 等(2003)指出焦虑型父母依恋的人容易使用高唤醒的应对策略管理情绪,他们更容易夸大信息的威胁性,聚焦于应激诱发的思维以引发别人的关注和支持(Shaver et al.,2002)。不过,这种方法容易重新激活创伤相关的记忆(Mikulincer et al.,2006;Mikulincer et al.,2015),诱发创伤相关线索侵入认知世界,影响个体的认知状态(Huang et al.,2017),最终可能会激活侵入性的反刍,导致 PTSD。

　　Bootstrap 检验结果显示,开放型亲子沟通在焦虑型依恋和 PTSD 之间不存在显著的中介作用,这可能是因为焦虑型依恋与开放型亲子沟通之间的关系相对较弱。实际上,焦虑型父母依恋的孩子既害怕与父母亲近,又期望与父母亲近(Ogle et al.,2016)。所以他们在与父母进行开放沟通的时候,又害怕这种沟通会降低其亲密感(Cummings,2011),因此两者之间可能存在微弱的关系。

　　总之,我们的研究发现,回避型父母依恋和焦虑型父母依恋对青少年 PTSD 的影响存在共同的机制,也有不同的路径,具体表现在回避型父母依恋的青少年可能表现出更多的亲子沟通问题,而焦虑型父母依恋的孩子可能表现出更多的消极认知问题。可以说,这一结果拓展了以往的研究(Ogle et al.,2016;Huang et al.,2017),支持了依恋理论(Bowlby,1969;Ainsworth et al.,1973)和 PTSD 的社会认知模型(Sharp et al.,2012)。当前的发现也具有很强的实践价值,在重大灾难之后,心理学工作者、教育者和父母应该关注孩子的不安全父母依恋风格,通过增加亲子之间的积极开放沟通、降低侵入性反刍来缓解孩子的 PTSD。积极开放的亲子沟通能够增加亲子之间彼此理解,也有助于孩子深入地理解父母的经历和情绪状态,缓解孩子的 PTSD。更重要的是,我们可以用反刍聚焦的认知行为疗法(Watkins et al.,2007;Watkins et al.,2011)促使青少年将创伤事件的侵入性反刍转化为积极的认知,帮助孩子重新建构对创伤经历的理解,最终也有助于缓解 PTSD。可以说,对于回避型父母依恋的孩子,应该关注亲子之间的沟通问题;对于焦虑型依恋的孩子,则应关注如何缓解其消极认知。

第三节 亲子关系对青少年创伤心理的影响机制

基于以往的理论和实证研究,我们发现 PTSD 和 PTG 的发生受个体认知、情绪等多种因素的影响(Tedeschi et al. ,2004;Pugach et al. ,2020;Taku et al. ,2021)。不过,在实际生活中,个体的情绪和认知受外在环境的影响较大,特别是容易受他人的影响。对此,Minuchin(1974)早在家庭系统理论中就指出,家庭内部成员会在行为、情绪、认知等方面相互影响。基于此理论,我们认为经历创伤的个体也有可能受到家庭其他成员影响,导致自身 PTSD 和 PTG 增强或减弱。实际上,对青少年而言,在家庭生活中最主要的关系是亲子关系。那么,亲子关系是如何影响青少年 PTSD 和 PTG 的呢?考虑到亲子关系在青少年成长中的重要作用(房超等,2003),对其影响机制的探究将有助于从家庭治疗的角度对创伤后的青少年进行心理干预。于是,本节主要考察亲子关系对孩子 PTSD 与 PTG 的影响机制(亓军等,2024)。

在 Skinne 等(2000)提出的家庭过程模型看来,家庭的首要目标是完成包括危机任务在内的多种生活任务,在面对危机事件的挑战时,需要家人共同面对、调整以应对危机事件所带来的问题,进而获得成长(方晓义等,2004)。创伤作为重大心理危机,遭受打击的青少年也需要和父母一同面对并克服危机,缓解 PTSD,实现成长。研究表明,父母的参与对青少年的创伤后心理治疗起着关键性作用(Kilmer et al. ,2010b;Kerig et al. ,2014),指出积极的亲子关系对青少年的创伤具有缓冲作用(Herbers et al. ,2014)。一方面,是因为在积极的亲子关系下,父母可能是孩子的重要支撑,给予青少年物质、情感和应对方面的支持,帮助青少年勇敢面对创伤,并积极应对来自创伤的威胁和相应的情绪,可以对青少年的创伤起到缓冲作用,缓解 PTSD(Catherall,2004);另一方面,亲子关系的积极变化本身就是人际关系积极的一面,也是 PTG 的重要组成(Berger et al. ,2009),因此良好的亲子关系有助于孩子 PTG 的形成(Li et al. ,2018)。基于此,可以说积极的亲子关系可以负向预测 PTSD、正向预测 PTG。

除了亲子关系之外,在家庭生活中,沟通是衡量家庭健康发展的重要指标。其中,亲子沟通对青少年的成长发展起到了重要的作用(Barnes et al. ,1985;Olson,1989)。不过,亲子沟通并不是独立于家庭关系而存在的,它也要受到家庭关系的影响。例如,良好的亲子关系能够给青少年提供家庭的慰藉,提升亲子沟通的质量(Mulyadi et al.,2016)。考虑到沟通是完成各种危机任务的重要手段,因此研究表明关于创伤事件的亲子沟通有助于青少年 PTG 水平的增长和 PTSD 症状的缓解(Houston et al.,2014;First et al.,2017)。不过,不同类型的亲子沟通对青少年 PTSD 和 PTG 的影响可能不同(Acuña et al.,2017)。在婚姻与家庭的环状模型理论中,亲子沟通包括开放型沟通和问题型沟通(Barnes et al.,1982;Barnes et al.,1995;王树青等,2007)。其中,开放型沟通是指亲子间积极地、开放性地、自由地交流事情和情绪,互相之间没有限制,能感受到对彼此的理解(王树青等,2007);问题型沟通是指亲子间消极地、有选择地、谨慎犹豫地分享信息的交流方式,亲子间的互动也较为消极(王树青等,2007)。因此,现有的研究表明,开放型沟通与 PTSD 之间呈负相关,对 PTG 的水平具有促进作用(Giladi et al.,2013;Smith-Evans,2018);问题型沟通与 PTSD 之间呈正相关(Acuña et al.,2017)。不过,由于关于 PTG 的研究起步较晚,因此问题型亲子沟通与 PTG 的关系还不清楚,有待进一步研究。基于这些论述,我们假设亲子关系可以通过开放型和问题型亲子沟通来影响 PTSD 和 PTG。

此外,根据社会分享理论,个体在经历创伤之后会期待与他人沟通分享自己的创伤感受和经历,即进行自我表露(Rimé et al.,1991;Tedeschi et al.,1996;Rimé,2009)。自我表露可以促进个体身心健康(Rimé,2009),缓解 PTSD(Pietruch et al.,2012);同时自我表露还会引发个体对创伤性事件的重新思考,体验到更多的生命意义,促进个体 PTG 的实现(Dong et al.,2015)。同时,研究发现,良好的亲子关系会让青少年更愿意和父母交流分享、进行自我表露(Papini et al.,1990),会进一步影响个体的创伤心理反应。因此,可以假设亲子关系会通过自我表露来间接地影响青少年的 PTSD 和 PTG。

通过以上综述,可以发现亲子关系可以通过亲子沟通和自我表露分别影响青少年的 PTSD 和 PTG,那么亲子沟通与自我表露之间是否也存在某种关系呢? 实际上,研究认为自我表露是家庭沟通的重要组成部分(Norrell,1984),特别是开放型亲子沟通,意味着亲子之间能较好地交流情绪和信息(王树青等,2007),亲子之间更加愿意交流讨论创伤性事件,这可能提升个体的自我表露水平(Tedeschi et al.,1996)。不过,问题型亲子沟通是亲子间回避沟通的消极沟通方式(王树青等,2007),是对自我表露的压抑。基于此,可以说开放型亲子沟通或问题型亲子沟通都会影响个体的自我表露。由此,结合以往的论述,我们假设亲子关系可以通过开放型沟通和问题型沟通经自我表露的多重中介作用来预测青少年的 PTSD 和 PTG。

不过,尽管相关研究已经表明亲子关系和亲子沟通可能对 PTSD 和 PTG 症状具有重要的影响作用(Herbers et al.,2014;Kilmer et al.,2010a),但是对开放型和问题型亲子沟通并未予以充分的考虑(Smith-Evans,2018)。此外,以往的研究大多是横断研究,缺乏纵向追踪数据的支持(Giladi et al.,2013;Smith-Evans,2018)。为了弥补以往研究的局限,我们在九寨沟地震受灾青少年群体中展开了三次追踪研究,探讨亲子关系、亲子沟通和自我表露对 PTSD 和 PTG 的影响,以期为创伤后青少年的家庭治疗提供依据(亓军等,2024)。

一、研究结果

变量间皮尔逊相关性分析结果(见表 8-3)显示,PTG 与 PTSD、亲子关系和开放型沟通存在显著正相关,与问题型沟通和自我表露的相关不显著;PTSD 与亲子关系、开放型沟通和自我表露呈显著负相关,与问题型沟通呈显著正相关;亲子关系与开放型沟通和自我表露存在显著正相关,与问题型沟通呈显著负相关;开放型沟通与自我表露呈显著正相关,与问题型沟通呈显著负相关;问题型沟通与自我表露存在显著负相关。

表 8-3　变量间皮尔逊相关性分析

变量	M±SD	1	2	3	4	5	6
T3 PTG	54.51±22.77	1					
T3 PTSD	24.00±15.94	0.145**	1				
T1 亲子关系	35.22±6.58	0.052	−0.176**	1			
T2 开放型沟通	31.67±8.14	0.137*	−0.197**	0.490**	1		
T2 问题型沟通	26.05±7.20	0.038	0.274**	−0.342**	−0.449**	1	
T2 自我表露	25.84±7.31	0.057	−0.213*	0.193**	0.340**	−0.318**	1

注:*、**、***分别表示在 10%、5%、1%的水平上显著;T1、T2、T3 分别代表三次调查的时间点。

为了进一步探明亲子关系对 PTSD 和 PTG 的作用机制,本书基于假设和相关分析结果,构建了如图 8-3 所示的多重中介效应模型图,对该模型进行检验,结果发现模型完全拟合数据,其中$\chi^2=0$,MSEA$=0$,CFI$=1$,TLI$=1$。进一步的路径分析发现,T1 亲子关系可以正向预测 T2 开放型沟通,负向预测问题型沟通,对 T2 自我表露与 T3 的 PTG 和 PTSD 预测作用不显著;T2 开放型沟通可以直接正向预测 T3 PTG,但对 T3 PTSD 的预测作用不显著;T2 自我表露也可以显著负向预测 T3 PTSD,但对 T3 PTG 的预测作用不显著;T2 问题型沟通可以直接正向预测 T3 的 PTG 和 PTSD,对 T2 自我表露具有显著的负向预测作用。

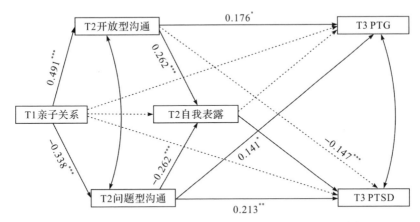

图 8-3　亲子关系对 PTSD 和 PTG 影响的多重中介效应分析

根据以上结果,本章对中介效应的显著性进行了 Bias-Corrected Bootstrap 检验,结果(见表 8-4)显示,T1 亲子关系可以通过 T2 开放型沟通经 T2 自我表露负向预测 T3 PTSD,可以通过 T2 问题型沟通经 T2 自我表露负向预测 T3 时的 PTSD,也可以直接通过问题型沟通负向预测 PTSD;T1 亲子关系通过 T2 开放型沟通可以正向预测 T3 PTG,也可以通过问题型沟通显著预测 PTG。

表 8-4　中介效应检验

亲子关系与 PTSD 之间的中介效应		效应值	S.E.	p	95％CI
亲子关系与 PTSD 之间的中介效应	T1 亲子关系→T2 自我表露→T2 PTSD	−0.001	0.009	0.879	−0.015—0.022
	T1 亲子关系→T2 开放型沟通→T3 PTSD	−0.014	0.035	0.694	−0.092—0.048
	T1 亲子关系→T2 问题型沟通→T3 PTSD	−0.072	0.024	0.003	−0.125——0.028
	T1 亲子关系→T2 开放型沟通→T2 自我表露→T3 PTSD	−0.019	0.010	0.050	−0.041——0.003
	T1 亲子关系→T2 问题型沟通→T2 自我表露→T3 PTSD	−0.010	0.005	0.055	−0.023——0.002

续表

亲子关系与PTSD之间的中介效应		效应值	S.E.	p	95％CI
亲子关系与PTG之间的中介效应	T1 亲子关系→T2 自我表露→T3 PTG	−0.001	0.005	0.917	−0.014—0.007
	T1 亲子关系→T2 开放型沟通→T3 PTG	0.087	0.040	0.030	0.014—0.171
	T1 亲子关系→T2 问题型沟通→T3 PTG	−0.048	0.024	0.050	−0.101——0.005
	T1 亲子关系→T2 开放型沟通→T2 自我表露→T3 PTG	0.007	0.008	0.364	−0.007—0.024
	T1 亲子关系→T2 问题型沟通→T2 自我表露→T3 PTG	0.004	0.004	0.361	−0.003—0.014

二、分析与讨论

本节从纵向追踪的角度探讨了亲子关系、亲子沟通、自我表露对PTSD和PTG的影响，发现亲子关系对青少年PTG和PTSD的直接预测作用不显著，这与已有的研究结论不一致（Herbers et al.，2014；Li et al.，2018）。可能是因为本章引入了亲子沟通和青少年自我表露等中介变量，使得亲子关系对青少年PTSD和PTG的影响更多地通过这些中介因素来实现。

具体而言，研究发现亲子关系可以通过开放型亲子沟通经由自我表露的多重中介作用来负向预测PTSD。在抑制理论看来，在经历重大创伤之后，抑制个体的自我表露，可能会导致负面情绪的积累，使个体对心理问题更易感（Pennebaker et al.，1985；Pennebaker et al.，1986），因此更容易出现PTSD。不过，良好的亲子关系使得青少年和父母之间的沟通更具开放性，亲子之间的信任感增强，青少年的自我表露更加充分（Smetana et al.，2006），这可以减少青少年的负面情绪，从而缓解个体的PTSD（McLean et al.，2017）。

本节发现，亲子关系可以通过开放型沟通直接正向预测PTG，而且这一过程无须经过自我表露来实现。这表明青少年PTG的出现和PTSD症状的减轻在机制上存在一定的差异，即抑制理论不完全适用于PTG症状，这可能和青少年的自我表露方式和内容有关系。有研究发现，青少年在与父母进行自我表露时是有所保留的（Kerr et al.，2000；Stattin et al.，2000；Smetana et al.，2006），因而青少年在灾后可能会回避谈论创伤相关的话题，形成了社交限制型表露(Lepore et al. ,2007)。社交限制型表露反过来会影响信息和观点的交流,不利于 PTG 的实现(Nenova et al. ,2013)。

研究还发现,问题型沟通会加剧 PTSD 症状,但良好的亲子关系可以减少问题型沟通,进而缓解青少年的 PTSD 症状。这可能是由于问题型沟通本身即是在沟通中有保留的回避性沟通方式(Barnes et al. ,1982;王树青等,2007)。反映在地震后的青少年群体身上,他们可能会避免与自己的父母提及创伤经历和感受,引发 PTSD 回避性症状的出现。不过,积极的亲子沟通也是良好亲子关系的重要指标(Barnes et al. ,1985)。良好的亲子关系能够给青少年提供家庭的慰藉,增进亲子间感情的联结,提升亲子沟通的质量(Mulyadi et al. ,2016),因而可以通过减少亲子问题型沟通缓解青少年的 PTSD 症状。不仅如此,本节认为,亲子关系还可以通过减少问题型沟通来促进青少年的自我表露,从而间接地缓解 PTSD 症状。单就亲子问题型沟通而言,问题型沟通使青少年无法和父母进行有效自我表露,在面对父母的时候更多地选择抑制自己的情绪,因此容易出现心理问题(Pennebaker et al. ,1986)。

此外,我们的研究发现,亲子关系可以通过减少个体的问题型沟通来降低 PTG,一个最直接的原因在于问题型沟通对 PTG 发挥了直接的正向预测作用。尽管这与本书的假设不一致,不过也说明了问题型亲子沟通具有"双刃剑"作用。这也可能体现了青春期心理的矛盾性,即青少年在获得父母的关爱并与之保持沟通的同时,又想独立于父母(Sullivan et al. ,1980;McElhaney et al. ,2004)。实际上,随着青少年保持独立性和自主性意愿的不断增强(房超等,2003;Branje et al. ,2009;Dietvorst et al. ,2018),在与父母的沟通上,他们会有保留地(Finkenauer et al. ,2002)、选择性地分享信息和感受(Chan et al. ,2015;Dietvorst et al. ,2018),即亲子间问题型沟通(王树青等,2007)。问题型沟通的出现,可能反映了青少年独立性和自主性的增强,意味着青少年个体的成长(Cohen,2016),因而问题型沟通可以预测青少年的 PTG。尽管我们发现亲子关系可以通过问题型沟通来降低 PTG,不过整合亲子关系经开放型沟通影响 PTG 的效应量,我们发现亲子关系依旧对 PTG 发挥着正向的促进或提升作用($\beta=0.087, p<0.05$,CI 介于 0.014—0.171 之间)。

总之,通过本节,可以说明良好的亲子关系可以提升亲子开放型沟通,进而提升青少年的 PTG,同时亲子关系还可以通过增进亲子之间的开放型沟通和减少问题型沟通，提升青少年的自我表露，以至实现对青少年 PTSD 的缓解。研究也发现，在地震之后，亲子之间的问题型沟通具有"双刃剑"作用，既可以直接提升 PTG，也可以加剧 PTSD。这些结果从家庭互动的层面说明了灾后 PTSD 和 PTG 发生、发展的机制，拓展了以往的研究范畴，为后续的研究提供了崭新的视角。此外，研究的结果也给临床实践提供了一定的启发意义，即在创伤后的家庭治疗中，需要从亲子关系入手，帮助亲子之间形成良好的、开放的沟通氛围，从而增加青少年自我表露的意愿和行为，最终缓解其 PTSD，实现创伤后的积极适应和成长。

第九章　父母创伤对孩子创伤心理的影响机制:创伤代际传递的机制

家庭在经历重大灾难事件后,不仅青少年容易出现创伤心理问题,其父母也是创伤者,也可能报告创伤心理问题。父母的创伤心理也可能在与孩子的互动中影响孩子,加剧孩子已有的创伤心理,甚至是直接诱发孩子的创伤心理反应。在学术界,一般将父母创伤心理对孩子心理的影响视为创伤代际传递,在这一过程中父母是创伤者,孩子可能并未直接经历创伤事件,但因父母创伤心理的存在,致使这些孩子产生与父母类似的创伤心理反应。不过,我们认为即便父母和孩子同时经历了创伤事件,一旦父母的创伤心理加剧了孩子的创伤心理,也可以将其视为创伤代际传递的一种表现形式。基于此,在这一章中,我们将父母创伤心理对青少年创伤心理的影响看作创伤代际传递的一种形式,综述了创伤代际传递的形式,并从实证数据的角度分析创伤代际传递的症状学特征、心理机制及其性别匹配问题。

第一节　调查样本与工具信息

一、调查样本信息

(一)小学生被试及其父母信息

台风"利奇马"3个月后,我们于2019年11月对浙江省温岭地区的3所小学进行了问卷调查,共选取866对学生及家长作为被试,共发放问卷866份,剔除无效问卷后共回收有效问卷852份,问卷有效率98.4%。在儿童被试中,男生467人(占54.8%),女生385人(占45.2%),30人未报告年龄;年龄范围为7—12岁,平均年龄为10.48±1.05岁。在父母被试中,父亲198人(占23.2%),母亲654人(占76.8%),142人未报告年龄;年龄范围在28岁至63岁之间,平均年龄为37.96±4.92岁。

(二)中学生被试及其父母信息

在台风"利奇马"3个月后,我们于2019年11月对浙江省温岭地区的2所中学进行了问卷调查,共选取1218对学生及家长作为被试。在青少年被试中,女生628人(占51.60%),27人未报告年龄;年龄范围为11—18岁,平均年龄为14.05±1.55岁。在父母被试中,父亲356人(占29.22%),母亲862人(占70.77%);年龄范围为31—56岁,平均年龄为41.26±4.90岁。15个月后,我们对中学生及其家长进行了再次施测,由于被试的流失率较多,仅有487对父/母子参与了调查。剔除单亲家庭的数据,共得到447对父/母子的有效数据。

二、调查工具信息

父母和中小学生创伤暴露、PTSD的测查问卷见第七章第一节中的调查工具信息;对孩子安全感进行测量的问卷见第五章第一节的调查工具信息。本章中所用的父母教养方式问卷和孩子自我表露问卷和灾难化量表的信息如下。

(一)教养方式

研究使用改编自蒋奖等(2010)修订的短期EMBU量表来评估父母的教养方式,该量表适用于评估孩子感知的父母教养方式。量表共包含21个题项,包括三种类型的教养方式:拒绝(6个题项)、情感温暖(7个题项)和过度保护(8个题项)。每个题目都采用李克特四点量表进行评分,1代表"从不",4代表"总是"。在该研究中,我们修改了文本以适用于父母作答。例如,将原问卷中的条目"我的父母表扬我"修改后为"我表扬了我的孩子"。

(二)孩子的自我暴露

研究使用Zhen等(2018)修订的Kahn等(2001)编制的压力暴露指数评估孩子的自我表露。该指数包含12个题项(例如,我愿意谈论我的痛苦),采用李克特五点量表评分,0代表"非常不同意",4代表"非常同意"。该量表在以前的研究中具有良好的重测信度(0.80)和会聚效度(rs>0.16)(Kahn et al.,2012)。

(三)孩子的灾难化

研究采用认知情绪调节量表的中文修订版(朱熊兆等,2007)来评估孩子的灾难化。该量表由36个题项组成,分自责、接受、反刍(沉思)、积极重新关注、计划、积极重评、向下比较、灾难化和责怪他人等维度。问卷采用五点计分,0 代表"绝对不符合",4 代表"完全符合"。根据需要,本章仅选择灾难化这一分维度进行研究。

第二节 创伤代际传递的形式

生态系统理论认为我们处于多重生态系统中,受到他人和环境的交互影响,家庭作为个体的微系统更易受到家庭成员的影响。因此,家庭某一成员经历创伤并出现 PTSD 也可能会影响家庭其他成员,导致其他成员出现替代创伤、二次创伤等。其中,父母创伤心理对孩子创伤心理的代际影响可以看作创伤代际传递的一种表现。所谓创伤代际传递,主要反映了创伤的影响在亲属关系中自上而下地传递,包括亲子之间的直接传递以及多代之间的隔代传递(施琪嘉等,2013)。

创伤的代际传递主要包括心理和生理两个层面。在心理层面,PTSD 的父母在日常相处中,通过相互交流或教养方式影响孩子的认知图示、防御机制等,甚至是重塑孩子的人格特质,导致其出现心理问题;在生理层面,患有 PTSD 的父母通过人际互动来影响孩子的自主神经系统以及激素神经传递模式,导致其在生理、心理上产生痛苦,进而引发孩子的 PTSD。本节内容将对创伤代际传递类型和方式进行探索,并对未来的研究提出可能的展望。

一、心理层面的创伤代际传递

研究已经发现,父母患有 PTSD 的子女对心理痛苦更易感,表现出更多的心理健康问题,包括 PTSD、抑郁、焦虑甚至行为问题(Smith et al.,2001;Feldman et al.,2011;Leen-Feldner et al.,2011)。例如,大多数研究发现,父母 PTSD 与孩子 PTSD 之间呈显著正相关(Ostrowski et al.,2007;Kassam-Adams et al.,2009)。即便控制住了创伤心理反应,这种相关依然成立(Thabet et al.,2008;Li et al.,2010;Polusny et al.,2011)。类似地,Leen-Feldner 等(2013)通过元分析发现,绝大多数父母及其子女在共同经历非医疗创伤事件后,其子女独立报告的 PTSD 与父母的 PTSD 存在显著的正相关。研究表明,父母的 PTSD 可以显著地增加孩子的 PTSD。

不过,需要注意的是,父母的 PTSD 在代际传递过程中,其结果存在差异。大多数研究发现,相较于父亲,当母亲患有 PTSD 时,其子女更有可能出现 PTSD(Stuber et al.,1996;Boyer et al.,2000;Kazak et al.,2004;Li et al.,2010)。这一结果很可能与父母在家庭中的角色不同有关。与父亲相比,母亲在养育孩子中会投入更多的时间和精力,与孩子的关系更加紧密。例如,Sack 等(1995)在研究柬埔寨难民的 PTSD 时发现,对母亲患有 PTSD 的子女而言,他们患 PTSD 的概率是母亲未患 PTSD 的子女的 4 倍;在父亲身上则没有这一差异。不过,这一影响遵从剂量效应的假设,即相比父母一方患 PTSD 的子女,双亲都患 PTSD 的子女更可能出现心理问题。

在创伤代际传递过程中,父母的 PTSD 也会诱发子女出现抑郁、焦虑及行为调节问题(Laror et al.,1997;Feldman et al.,2011;Leen-Feldner et al.,2011)。例如,Leen-Feldner 等(2011)研究发现,父母患 PTSD 的子女出现焦虑、抑郁症状的概率是父母未患 PTSD 子女的 2 倍。此外,相较于母亲未患 PTSD 的儿童,母亲患有 PTSD 的儿童更容易出现睡眠、焦虑、情绪和行为调节问题(Lieberman et al.,2005;Enlow et al.,2011)。

总的来说,无论子女是否亲身经历创伤事件,父母的 PTSD 与子女的临床症状有着显著的正向关系,包括子女的 PTSD 以及其他非 PTSD 症状。这些发现说明,父母暴露于创伤事件后,不仅自身会出现创伤后应激症状,还会通过自身的教养行为对子女的心理、行为产生负面影响。其中,相较于父亲而言,母亲的 PTSD 对子女的影响更大。

二、生理层面的创伤代际传递

对创伤暴露后的父母及其子女的研究发现,父母的 PTSD 严重,不仅会加剧其子女的心理、行为问题,也会影响子女的自主神经系统以及激素神经传递模式,主要表现为下丘脑—垂体—肾上腺(HPA)轴及基因的改变(Yehuda et al.,2002)。HPA 轴受早期生活事件的影响,父母的创伤经历及其 PTSD 可以被视为一种早期的负性生活事件,长期遭遇这些事件,其子女的 HPA 轴必然会发生改变,表现为皮质醇或糖皮质激素水平的降低(Yehuda et al.,2000;Yehuda et al.,2001)。例如,有研究对大屠杀受难者子女与非大屠杀受难者子女的神经生物学功能进行了比较,发现大屠杀受难者子女的皮质醇水平更低(Yehuda et al.,2000;Yehuda et al.,2001),并伴随较高的皮质醇抑制水平(Yehuda et al.,2007)。实际上,皮质醇水平的降低会抑制压力情境下的生物反应,导致后期的生理和心理痛苦,进一步导致 PTSD 的产生(Leen-Feldner et al.,2013)。

与心理、行为问题类似，研究显示孩子的低皮质醇水平也与母亲的PTSD水平有密切的联系(Yehuda et al.，2007；Brand et al.，2010)，甚至有研究发现当只有父亲患有 PTSD 时，其子女的皮质醇水平与父亲未患 PTSD 的子女的水平没有显著差异(Yehuda et al.，2007；Yehuda et al.，2008)。对婴儿的研究进一步证实了创伤影响的生理易感性，母亲孕期的情绪及生理指标影响着婴儿的发育和生理指标。不过，有研究认为，父亲的 PTSD 对子女皮质醇水平并非完全没有影响，它的作用同样遵循着"剂量效应"(Yehuda et al.，2001；2002)。总的来说，父亲的 PTSD 对子女的心理、行为问题以及皮质醇水平的影响还有待进一步验证。

此外，除 HPA 轴的改变外，创伤的代际传递还可能是基因方面的，即父母通过基因的传递来增加子女暴露于创伤事件的可能性(Leen-Feldner et al.，2013)。生物模型认为创伤通过基因传递了 PTSD 的易感性(Yehuda et al.，2002)，这可能是因为人格特质的影响，基因传递塑造了个体的性格特征，即父母易感 PTSD 的基因传递给子女，使得子女在经历创伤事件时更易产生 PTSD(Van Os et al.，1999)；不过，基因—环境交互作用进一步加剧了这一影响，如个体对环境的选择在一定程度上受到遗传因素的影响(Kendler，2001；Jang et al.，2003)。

综上所述，父母 PTSD 的代际传递主要是增加子女的 PTSD 易感性，既可能表现在子女的心理、行为问题上，也可能表现在皮质醇、基因等生理因素上。

三、创伤代际传递的方式

父母创伤暴露对子女心理、行为及生理指标的影响，一方面是通过基因实现传递，另一方面则是通过教养方式来增加其创伤易感性。由于基因层面难以进行心理干预，因此为了实施有针对性的心理、行为干预，我们主要聚焦于心理层面的传递。实际上，研究发现父母在经历创伤出现 PTSD 后，大多会出现养育困难和教养压力(Blow et al.，2013；Mustillo et al.，2014；Tomassetti-Long et al.，2015；Yablonsky et al.，2016)，这可能会将创伤传递给孩子。

Creech 等(2017)将 PTSD 的认知—行为人际理论应用于父母教养孩子的困境中，认为父母的 PTSD 症状主要通过人际功能、认知层面和情感层面三个方面来增加其教养困难，进而加剧子女的心理、行为问题。例如，在人际功能上,父母的回避行为会促使整个家庭系统都使用回避行为来应对父母的回避,家庭中相互回避的相处模式会延伸至子女与他人的相处中,导致其子女形成人际交往上的回避,甚至是情感表达上的回避。在认知层面上,父母暴露于创伤事件后,其积极的世界假设被打破,会出现世界充满危险的认知偏差,并会不断确认自身是否安全。一方面,父母对世界的消极和危险认知会直接传递给孩子;另一方面,父母在教养过程中可能会过于注意孩子的安全,甚至夸大其行为方式的不安全性,进一步增加孩子对世界和他人的恐惧感。在情感层面上,PTSD 父母的情绪障碍,如情感麻木、烦躁不安、高警觉等,在教养过程中会传递给孩子,导致孩子的烦躁、睡眠障碍甚至出现攻击行为,这些教养行为均会增加孩子出现 PTSD 的风险。

四、创伤代际传递的研究展望

(一)扩展研究的创伤类型

目前的创伤代际传递研究主要以退伍老兵、大屠杀受难者、儿童疾病患者为研究对象,重点探讨人为创伤情境下创伤的代际传递,较少关注自然灾害的受灾人群。自然灾害和人为灾难的创伤程度及波及人群存在差异。在战争、大屠杀等人为灾难中,个体 PTSD 症状会更加严重,更可能对家庭系统产生不利影响(Lambert et al.,2012;Kritikos et al.,2019)。不过,人为灾难的受难者大多为某位家庭成员,而自然灾害则经常直接波及整个家庭,所有家庭成员均暴露于自然灾害下,共同经历可能会增加成员间的共情和相互理解,进而缓冲父母 PTSD 对子女的影响。虽然自然灾害的影响可能不像大屠杀或者战争一样严重,但也存在代际的传递。因此,在未来研究中需要在不同创伤背景下进一步探讨创伤的代际传递,并比较不同创伤背景下的差异。

(二)深入研究创伤后应激症状的代际传递

现有研究多将 PTSD 作为整体探讨其代际影响,缺乏对 PTSD 不同症状的代际传递问题进行深入探讨。PTSD 不同症状的心理、行为表现形式有较大差异,可能会对孩子的心理、行为问题产生不同的影响。因此,未来研究可以将 PTSD 症状进行细化,探究不同症状的作用。

(三)多样化的方法考察创伤代际传递的积极内容

梳理现有研究发现,研究形式主要以质性研究、问卷采集以及生理指标收集为主，而质性研究以及问卷主观报告的方式可能会存在报告偏差等，可能会影响结果的可靠性。因此，未来研究中可以使用多样化研究设计以进一步验证创伤的代际传递。此外，目前研究将关注点放在创伤暴露后PTSD/抑郁等的代际传递上，未涉及创伤后的积极改变（如 PTG）。存在意义理论学者则将目光朝向未来，指向意义的追寻，更多地重视创伤代际传递有可能的积极作用。因此，未来研究可探讨创伤后积极改变的代际影响。

第三节　创伤代际传递的症状

PTSD 代际传递相关研究已经表明，与父母没有 PTSD 的孩子相比，父母有 PTSD 的孩子更容易出现 PTSD(Yehuda et al.，2001；Yehuda et al.，2008)。进一步而言，许多研究也对这一议题进行了深入的研究，发现父母的 PTSD 是导致孩子 PTSD 的主要危险因素之一(Lambert et al.，2014)，能够显著地预测其孩子的 PTSD 情况(Zhou et al.，2017e)。对此，有几个可能的解释。一个解释就是父母一旦出现 PTSD，他们可能会将其创伤经历的细节过度地暴露给其孩子，导致孩子间接地经历父母的创伤遭遇，致使孩子也出现了 PTSD 症状(Ancharoff et al.，1998；Rosenheck et al.，1998)。另一些研究者提出，有些父母一旦出现 PTSD，就对其创伤的经历保持沉默，不愿与孩子交流，使得孩子对父母的遭遇保持很高的警惕性，但又不能有效地对此进行加工，从而导致孩子出现了与其父母类似的 PTSD 症状(Ancharoff et al.，1998；Danieli，1998)。此外，还有一些研究者提出，父母的 PTSD 会引发问题型教养方式，对亲子关系造成严重的损害(Samper et al.，2004；Bryant et al.，2018)，可能会进一步加剧孩子 PTSD 的严重性(Cross et al.，2018)。

目前，尽管有大量的实证和理论研究探讨了 PTSD 的代际传递问题，不过这些研究也存在两个比较明显的局限。

第一个局限是这些研究倾向于将 PTSD 作为一个潜在的障碍，主要检验了这一独立体的代际影响机制。这些研究都基于一个常识性的假设，即障碍被视为是潜在的结构，能够诱发一系列的症状(Armour et al.，2017；Borsboom et al.，2013)，障碍自身就与潜在的行为功能和结果存在关系(Kendler et al.，2011)。相反，心理病理学的网络方法建议，心理障碍是一个系统而非离散的独立体(Borsboom et al.，2013)，这一系统是被相互关联的症状所激活(Borsboom et al.，2013；Fried et al.，2017)。在症状的网络结构中,激活一个症状能够影响相邻的其他症状。当一群症状相互激活产生可以自我反馈的心理病理症状簇的时候,障碍就可以产生了(Borsboom,2017)。因此,症状本身就是离散的独立体,它与另一些症状和潜在的结构都存在相关(Choi et al.,2017)。也就是说,症状本身就具有独立的意义。

由于不同的症状能够独立地影响其障碍的功能,那么个体的症状就应该被高度重视(Choi et al.,2017)。关于 PTSD 代际影响的研究发现,父母的情绪麻木症状能够显著地预测父母对孩子的不良教养态度和行为(Duranceau et al.,2015)。相应地,孩子可能会对父母的这些不良教养态度和行为感到气愤(Sherman et al.,2016)。此外,父母在唤醒方面的变化,特别是出现的愤怒情绪,更可能会增加父母的教养压力、不幸福感、易激惹和侵犯行为(Pidgeon et al.,2009),容易引发孩子的担心和退缩等心理、行为反应(Sherman et al.,2016)。实际上,孩子的愤怒、担心和退缩等都是 PTSD 的具体症状。因此,PTSD 的代际传递可以从具体的症状角度予以阐释,甚至可以说,父母 PTSD 的不同症状可能对孩子 PTSD 不同症状发挥不同的作用。不过,当前还没有研究从症状的角度考虑 PTSD 的代际传递问题,PTSD 具体症状的代际传递还不清楚。

第二个局限在于 PTSD 代际传递的研究主要侧重 PTSD 的发生率和严重性方面(Banneyer et al.,2017;Lambert et al.,2014)。在网络分析的视角看来,PTSD 可以被视为一个包括了症状及其症状之间关系的网络(Armour et al.,2017)。在这个网络里,高中心化的症状与较强的网络联结有关系,能够激活症状之间的因果交互(Hofmann et al.,2016;McNally,2016),这些症状可以激活自我维系的反馈系统(Borsboom,2017)。因此,中心化症状和症状的联结强度在维系这个障碍的发展中是至关重要的(Borsboom,2013;Borsboom et al.,2017)。由于 PTSD 代际传递可以在亲子之间发生,那么理论上它也涉及 PTSD 的中心症状及其症状的联结。不过,目前还没有研究考察中心化症状及其症状联结在 PTSD 代际传递中的作用。实际上,采用网络分析的方法可以解决这一问题,深入考察 PTSD 的症状代际传递问题。

基于 PTSD 的代际传递理论和网络分析视角(Hofmann et al.,2016;McNally,2016),我们预期父母的 PTSD 会在具体症状上对孩子的 PTSD 发挥作用。尽管目前的网络分析检验了 PTSD 及其共病的障碍,关于 PTSD 具体症状对其后续的心理与行为结果的影响主要还是集中于对其他障碍的影响上(Afzali et al.,2017;Choi et al.,2017;Vanzhula et al.,2019),那么

PTSD 具体症状的代际传递情况如何,还尚不清晰。为此,我们将以台风"利奇马"3 个月后的受灾中学生及其父母为被试,从网络分析的视角,采用有向无环图来探究父母 PTSD 对其孩子 PTSD 的影响,以明晰 PTSD 症状网络的代际传递问题。

一、研究结果

图 9-1 呈现了有向无环图分析的结果。从结果中可以发现,PTSD 症状可以在父母与孩子之间传递。在父母的 PTSD 症状网络中,创伤相关的消极情绪是主要的症状,能够影响其他症状,其中鲁莽行为、过度警觉反应、易激惹、重复性的噩梦、闪回、生理反应、解离和注意力无法集中等是重要的中介因素;消极的信念、失忆、责备等是因变量。在儿童青少年的 PTSD 症状网络中,过度警觉反应是最重要的自变量,重复性的噩梦、睡眠困难、注意力无法集中、易激惹、鲁莽行为、有限情绪、消极情绪和侵入性思维是中介因素;失忆和责备是因变量。

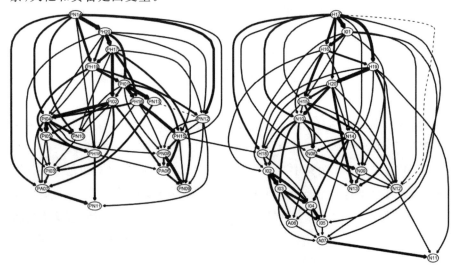

图 9-1　PTSD 代际传递的有向无环图分析

注:I01:重复性的噩梦;I02:侵入性思维;I03:情绪反应;I04:闪回;I05:生理反应;A06:线索回避;A07:认知回避;N08:兴趣丧失;N09:消极信念;N10:有限情绪;N11:失忆;N12:解离;N13:责备;N14:消极情绪;H15:注意力无法集中;H16:睡眠困难;H17:过度警觉反应;H18:高警觉;H19:易激惹;H20:鲁莽行为;开头为有 P 的为父母,无 P 的为孩子。

进一步分析发现,孩子 PTSD 的症状网络对父母 PTSD 的症状网络没有显著的预测作用,但父母 PTSD 症状网络中的注意力无法集中能够显著地正向预测孩子 PTSD 症状网络中的高警觉症状。鉴于每个 PTSD 网络结构中的症状之间存在因果关系,因此父母 PTSD 网络中的注意力无法集中和孩子 PTSD 网络中的高警觉症状是 PTSD 代际传递的桥接症状。因此,父母 PTSD 网络结构中的消极情绪、鲁莽行为、过度警觉反应、易激惹、重复性的噩梦、解离、责备和睡眠问题都可以通过父母 PTSD 网络中的注意力无法集中经孩子 PTSD 网络中的过度警觉反应导致孩子 PTSD 网络中的侵入性思维、情绪反应、闪回、生理反应、回避症状和失忆等问题。

二、分析与讨论

本节研究结果表明,PTSD 的代际传递确实可以在症状水平层面发生,即父母的 PTSD 可以显著地引发孩子的 PTSD,主要表现在父母 PTSD 的注意力问题导致孩子 PTSD 的高警觉问题。客观地说,本研究是对以往将 PTSD 作为一个独立体来考察其代际传递的研究(Lambert et al.,2014;Zhou et al.,2017e)的弥补,说明在家庭中,PTSD 的代际传递主要反映在父母 PTSD 对孩子 PTSD 的影响上,反之则不成立。这一发现,不仅具有重要的理论价值,而且具有显著的实践价值,对阻断 PTSD 的家庭传递提供了启发。

借助有向无环图分析,我们检验了父母 PTSD 网络对孩子 PTSD 网络的影响,发现父母 PTSD 症状对孩子 PTSD 症状的影响主要表现在父母 PTSD 中的注意力无法集中对孩子 PTSD 中的高警觉的影响,也就是说这两种症状是父母 PTSD 和孩子 PTSD 之间关系的桥接症状。对此,我们给予了一定的解释。第一,经历创伤之后,父母的注意力问题可能会使孩子认为是父母的心理问题所致,这会导致孩子过度地担心父母的创伤经历和心理状况。因此,孩子可能会对外部的刺激表现出高警觉,避免自己的行为和言语刺激到父母,增加父母的心理问题。第二,模糊丧失理论(Boss et al.,2002)提供了另一种可能的解释,即身体虽然在家,但因自身的创伤及 PTSD,导致父母不能承担自己的角色任务,在教养孩子的过程中表现出注意力问题,影响亲子之间的关系。在这种环境氛围下,孩子可能对其亲子关系持有消极的态度,甚至感觉不到来自父母的呵护,感受不到安全感(Cummings et al.,2010;Coric et al.,2016),这可能会增加孩子创伤后的恐惧,引发他们对创伤和刺激的过度警觉反应。

　　进一步而言，我们也发现父母 PTSD 中的创伤相关消极情绪可能会通过激活鲁莽行为、过度警觉反应、易激惹、重复性的噩梦、睡眠问题再激活注意力问题来间接地影响孩子 PTSD 的高警觉反应。一方面，这些发现与 Bartels 等（2019）的研究有类似之处，说明消极情绪是 PTSD 的核心症状（Armour et al.，2017；Mitchell et al.，2017），它能够诱发其他的症状；另一方面，这些结果也说明了父母创伤后的消极情绪能够引发鲁莽行为，进而影响他们后续的高唤醒性症状，并由此影响孩子的高警觉症状。这也就是说，鲁莽行为可能是消极情绪与高唤醒症状之间的中介因素。情绪失调理论认为，一旦个体出现了消极的情绪，他们很可能会致力于鲁莽的行为来缓解这些消极情绪（Armour et al.，2020；Weiss et al.，2013）。因此，鲁莽行为的本身就意味着个体对自身情绪和冲动性控制的失效，这可能会诱发个体的高唤醒状态（Teten et al.，2010），增加父母的注意力问题，诱发孩子的高警觉症状。

　　作为桥接症状，孩子 PTSD 的高警觉症状会被父母 PTSD 的注意力问题所激活，随后可能导致一系列症状被激活，即孩子的高警觉症状→侵入性思维→情绪反应→闪回→回避症状→失忆。这个发现与以往利用结构方程模型的研究结果类似（Schell et al.，2004；Marshall et al.，2006；Doronlamarca et al.，2015），说明高警觉症状可以影响后续的侵入性症状、回避性症状和消极情绪症状等。对此，我们认为高警觉反应可能与个体对创伤线索的恐惧条件化有关（Bryant et al.，2003），这可能会使个体将注意力聚焦于危险事件上（Fani et al.，2012）。总是沉浸在创伤或危险事件上，必然会使得创伤相关线索侵入个体的认知世界。在这种情况下，人们的第一反应是逃避。例如，个体可能对这些创伤相关线索进行思维压抑，以回避创伤相关的思维、图像和记忆（Brewin et al.，2003；Yoshizumi et al.，2007），从而诱发歪曲的记忆（Kuyken 11，1995），扰乱记忆中的事件序列（Wenzlaff et al.，2000），最终导致失忆。

第四节　创伤代际传递的机制

　　在家庭环境中，PTSD 可以从父母身上传递到孩子身上。本节主要考察父母 PTSD 通过其自身及其孩子因素影响孩子 PTSD 的过程机制（Zhou et al.,2022b)。那么,具体的机制是什么呢?对此,PTSD的认知—行为人际关系理论强调父母的教养方式是一个重要的机制(Creech et al.,2017)。例如,PTSD的行为回避症状可能会有损亲子互动参与度;情绪麻木症状可能会导致父母对孩子的行为和情绪反应没有那么敏感,限制父母在教养过程中对孩子的情绪表达和投入(Sherman et al.,2016;Creech et al.,2017);父母的易激惹和敌意等高唤醒症状可能导致不良的教养方式(Davies et al.,2008;Chemtob et al.,2013;Bryant et al.,2018),引发孩子出现内外化问题(Schwerdtfeger et al.,2013;Bryant et al.,2018),加剧孩子的心理应激。基于此,我们假设父母的教养方式在父母PTSD对孩子PTSD的影响过程中发挥中介作用。

除了父母的教养方式之外,孩子的安全感也是父母PTSD影响孩子PTSD的一个中介机制。家庭相关理论认为,在PTSD患者的家庭之中,家庭功能存在问题,引发孩子出现身心问题(Rosenheck et al.,1998)。正如前文所述,患有PTSD的父母在亲密关系和沟通能力方面都存在问题(Sherman et al.,2015;Fredman et al.,2017),容易发生侵犯行为(Byrne et al.,1996;Taft et al.,2007),导致婚姻冲突(Brown et al.,2012;Miller et al.,2013)。生活在这样的家庭氛围中,孩子的安全感会大受影响,使其对待威胁信息过于敏感。这些可能诱发孩子在生理、情绪和认知方面的慢性高唤醒反应,从而激活了个体的侵入性思维和回避性思维(Doron-LaMarca et al.,2015),最终导致PTSD。因此,我们假设父母的PTSD也可能会通过降低孩子的安全感导致孩子的PTSD。

此外,自我表露也是PTSD代际传递的一种重要机制性变量。所谓自我表露是指个体与他人分享自己的思维和情感的倾向和过程。通过与他人聊天,个体可以明晰自己的心理状态,能够从不同的视角来看待事件,增加对事件的了解程度。更重要的是,自我表露也是逐渐适应创伤事件及其之后心理反应的过程(Zhen et al.,2018),这有助于我们构建对创伤事件的理解,最终降低消极情绪,缓解个体的PTSD。不过,在父母有PTSD的家庭中,孩子可能不愿意表达他们的思维和情绪。一方面,父母的消极心理反应可能会削弱孩子揭露创伤经历的意愿,不愿再增加他们的压力(Cummings,2011)。另一方面,有PTSD的父母可能会对孩子施加更多的暴力行为(Davies et al.,2008;Chemtob et al.,2013;Bryant et al.,2018),引发亲子间的问题型沟通,阻止孩子向父母表达想法与情绪。基于此,我们假设父母的

PTSD 可能会通过降低孩子的自我表露导致孩子的 PTSD。

父母的教养方式、孩子的安全感和自我表露可能均与 PTSD 的代际传递有关。然而,由于以往的研究只是独立地考察了这些因素的作用,并没有阐明这些因素的联合作用,因此父母 PTSD 对孩子 PTSD 的影响机制尚不明确。因此,把不同的理论及因素整合进一个更大的理论框架之中,考察这些因素的作用将会有助于明晰这一问题,缓解孩子的 PTSD。

理论上,父母的行为反应是影响青少年倾诉意愿的重要因素(Tilton-Weaver,2014),其中父母的教养方式就可能与孩子的自我表露相关(Soenens et al.,2006;Vieno et al.,2009;Ihemedu,2018)。大量研究已经表明,温暖和接纳的教养方式可以促进孩子的表露(Smetana et al.,2006;Blodgett et al.,2009),因为这种教养方式能营造出一种安全舒适的氛围,青少年可以轻松自在地表达自己的问题(Smetana et al.,2006)。同时这种家庭环境也有利于形成良好的亲子关系,让青少年感受到父母的支持,提高孩子的安全感,这符合 Feeney 等(2015)的关系促进发展模型。安全感的提升意味着个体会更少担心与他人分享的负面后果(Zhen et al.,2018),更渴望与父母和他人分享他们的感受。相比之下,以敌意和攻击性为特征的教养方式不仅直接造成了过度控制的家庭氛围(Davies et al.,2008;Chemtob et al.,2013;Bryant et al.,2018),也降低了孩子表露的意愿(Soenens et al.,2006),威胁儿童的安全感,增加他们对表达的担忧,使他们不愿自我表露。也就是说,教养方式可能直接影响孩子的自我表露,也可能通过孩子的安全感间接影响孩子的自我表露。

上述文献表明,父母的 PTSD 可以通过教养方式、孩子的安全感和自我表露对孩子的 PTSD 产生作用。然而,这些中介因素的组合作用还未被考察。特别是在中国,父母对孩子的爱、支持和温暖通常是通过干涉来表达的,例如对孩子的过分关心、控制和管理,而不是赞美等口头或身体表达(Xia et al.,2015)。在某种程度上,这可能被视为过度保护的教养方式。因此,教养方式在中国文化中可能具有不同的作用。此外,在当前有关受战争影响的家庭研究中(Yehuda et al.,2008;Wittekind et al.,2010;Lambert et al.,2014;Zhou et al.,2017e),揭示了 PTSD 在亲子之间的代际效应。尽管作为自然灾害直接受难者的孩子在灾害后会表现出 PTSD(Cohen et al.,2016b;Zhang et al.,2015),但对战争后家庭的研究是否也适用于受自然灾害影响的家庭,目前尚不清楚。此外,我们的整合干预模型表明,尽管有政府机构、社会团体/个人为青少年提供灾后心理服务,但由于缺乏从家庭角度干预青少年心理困扰的研究和心理服务,青少年的心理压力在自然灾害后可能会持续较长的时间。

基于以上论述,我们以台风"利奇马"3个月后的受灾小学生及其父母为被试,提出父母的PTSD可能通过教养方式、孩子的安全感和自我表露对孩子的PTSD产生影响(Zhou et al.,2022b),具体的假设模型见图9-2。

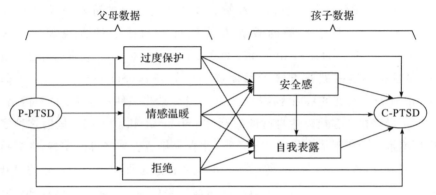

图 9-2　多重间接效应假设模型

注:P-PTSD=父母的 PTSD,C-PTSD=孩子的 PTSD。

一、研究结果

描述性统计结果和主要变量之间的相关性结果(见表 9-1)显示,父母的创伤暴露与父母的 PTSD、父母的拒绝、父母的过度保护、孩子的安全感之间存在显著相关,孩子的创伤暴露与孩子的安全感、自我表露和 PTSD 显著相关。因此,我们将父母和孩子的创伤暴露作为协变量,在下面的分析中对其进行控制。此外,父母的 PTSD 与其他变量均显著相关:父母的拒绝与孩子的安全感和自我表露呈显著负相关,父母情感温暖与孩子的安全感、自我表露和 PTSD 呈显著相关,父母的过度保护与孩子的变量之间没有显著关系;孩子的安全感与其自我表露呈显著正相关,与其 PTSD 呈显著负相关;孩子的自我表露与其 PTSD 呈显著负相关。基于 DSM-5 的标准,31 分被认为是判定儿童青少年出现 PTSD 症状的临界分(Foa et al.,2018),34 分被认为是判定成年人出现 PTSD 症状的临界分(Yang et al.,2020)。基于此,我们的调查结果显示,有 159 个孩子(占 13.1%)患有 PTSD,238 名家长(占 19.5%)患有 PTSD。

表 9-1　主要变量相关分析

变量	M(SD)	1	2	3	4	5	6	7	8
父母的创伤暴露	1.66(1.62)	1							
孩子的创伤暴露	1.42(1.59)	0.12***	1						
父母的 PTSD	16.05(14.49)	0.28***	0.08*	1					
父母的拒绝	8.36(2.03)	0.12***	0.05	0.26***	1				
父母的情感温暖	20.30(4.10)	0.01	-0.03	-0.22***	-0.28***	1			
父母的过度保护	15.58(3.02)	0.12***	0.03	0.08*	0.39***	0.21***	1		
孩子的安全感	39.99(7.87)	-0.09*	-0.22***	-0.16***	-0.11**	0.16***	-0.02	1	
孩子的自我表露	28.16(9.89)	-0.05	-0.11**	-0.10**	-0.10**	0.14***	-0.01	0.43***	1
孩子的 PTSD	12.60(14.72)	0.02	0.39***	0.10**	0.06	-0.10**	0.06	-0.37***	-0.36***

注：*、**、***分别表示在 10%,5%,1% 的水平上显著。

在控制父母和孩子的创伤暴露后,我们首先建立了父母 PTSD 对孩子 PTSD 的直接效应模型,该模型显示出良好的拟合指数,$\chi^2(33) = 215.956$,CFI = 0.967,TLI = 0.956,RMSEA(90% CI) = 0.080(0.070—0.090),SRMR = 0.072。路径分析结果表明,父母的 PTSD 对儿童的 PTSD 具有正向预测作用($\beta = 0.11, p < 0.01$)。接下来,我们建立了多重间接效应模型(如图 9-2 所示),模型拟合数据良好,$\chi^2(63) = 287.234$,CFI = 0.965,TLI = 0.942,RMSEA(90% CI) = 0.064(0.057—0.072),SRMR = 0.053。结果表明,在控制了父母和孩子的创伤暴露后,父母 PTSD 对其自身的情感温暖和过度保护的教养方式,以及对孩子的安全感都具有显著的预测作用,父母的情感温暖对孩子的安全感和自我表露都具有显著的预测作用,孩子的安全感对其自身的自我表露和 PTSD 具有显著作用,孩子的自我表露对其自身的 PTSD 具有显著预测作用,其余的预测路径均不显著。

为了获得多重间接效应的简约模型,我们将不显著路径限制为 0 后,重新运行了模型。最终的简约模型(见图 9-3)具有良好的拟合指数[$\chi^2(71) = 294.376$,CFI = 0.965,TLI = 0.949,RMSEA(90% CI) = 0.060(介于 0.053—0.068 之间),SRMR = 0.059]。结果表明,在控制了父母和孩子的创伤暴露后,父母的 PTSD 可以通过降低孩子的安全感或通过降低儿童的安全感经自我表露间接正向预测孩子的 PTSD;父母的 PTSD 也可以通过减少父母的情感温暖降低儿童的安全感或自我表露间接地正向预测孩子的 PTSD,还可以通过减少父母的情感温暖的教养方式降低儿童安全感,进而减少自我表露,从而间接正向预测孩子的 PTSD。

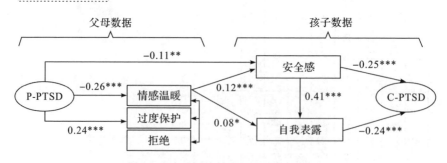

图 9-3　多重间接效应的最终简约模型

注:P-PTSD=父母的 PTSD,C-PTSD=孩子的 PTSD。

接下来，为了检验上述这些间接路径的显著性，本书使用了 Bootstrap 检验程序。如果路径系数的 95％CI 不包括 0，则认为间接路径是显著的。基于此标准和分析结果（见表 9-2），我们发现简约模型中父母 PTSD 到儿童 PTSD 的间接路径都不包括 0，进一步证实了上述路径的显著性。

表 9-2　中介效应的 Bootstrap 检验

父母 PTSD—孩子 PTSD 的间接路径	95％CI	β
孩子的安全感	0.008—0.050	0.029**
孩子的安全感—孩子的自我表露	0.003—0.020	0.011**
父母的情感温暖—孩子的安全感	0.003—0.014	0.008**
父母的情感温暖—孩子的自我表露	0.000—0.009	0.005*
父母的情感温暖—孩子的安全感—自我表露	0.001—0.005	0.003**

注：不包含 0 的路径系数的 95％置信区间代表间接效应显著；*、**分别表示在10％、5％的水平上显著。

二、分析与讨论

在控制了父母和孩子的创伤暴露后，未纳入中介变量之前，我们发现父母的 PTSD 对孩子的 PTSD 具有直接的正向作用。这一结果与之前关于战争影响的研究一致（Lambert et al.，2014；Wittekind et al.，2010；Yehuda et al.，2008），表明 PTSD 在亲子之间的代际效应是跨创伤类型普遍存在的。在直接效应模型中纳入了父母教养方式、孩子的安全感和自我暴露后，父母的 PTSD 可以通过这些中介变量对孩子的 PTSD 发挥作用，但原来的直接作用不再显著。这一发现表明，父母的教养方式、孩子的安全感和自我表露是 PTSD 代际传递的重要机制。这些结果说明了，从父母教养方式入手，提供相应的干预可以阻断 PTSD 的代际传递。

具体来说，父母的 PTSD 可以通过降低孩子的安全感或通过降低孩子的安全感经自我表露间接正向预测孩子的 PTSD。正如模糊丧失理论所描述的，PTSD 父母难以承担照顾家庭的责任，例如无法有效地照顾孩子等。在这种背景下，儿童的安全感将受到挑战，增加儿童对创伤相关线索的过度唤醒，进而导致一系列 PTSD 症状（Doron-LaMarca et al.，2015）。此外，安全感的降低可能会导致孩子担心分享或表露带来的负面结果，使他们不愿意与父母分享，甚至对父母保密（Finkenauer et al.，2002）。这样一来，父母不了解孩子的情绪状态，孩子也无法获得父母的支持，最终也会导致孩子出

187

现更多的负面情绪(Ihemedu,2018),加重其 PTSD。

研究结果还表明,父母的 PTSD 会减少父母使用情感温暖的教养方式,进而降低孩子的安全感,最终导致孩子的 PTSD。父母的情感温暖教养方式表现为父母对孩子的鼓励、表扬、爱和情感支持等(Arrindell et al.,2005;蒋奖等,2010)。对患有 PTSD 的父母,侵入和回避症状会引发迟钝的教养方式(Van Ee et al.,2016a),减少父母为孩子提供情感温暖,这可能会降低孩子的安全感,增加对自我和世界的恐惧和消极认知(Quan,Zhen,Yao,& Zhou,2020),导致儿童 PTSD 的发生。此外,安全感降低的孩子可能不想与父母分享他们的感受或想法,进而可能表现出更多的 PTSD。这与当前研究的另一个结果一致,即父母 PTSD 可以通过情感温暖的教养方式经孩子的安全感由孩子的自我表露的多重中介作用来正向预测孩子的PTSD。

实际上,由于父母的 PTSD 症状,父母难以提供情感温暖的、支持的家庭环境,也无法有效地对孩子的行为和情感给予积极温暖的反馈(Finkenauer et al.,2002;Tilton-Weaver et al.,2010),这就会限制孩子在家庭中的表达。我们团队之前的研究发现,通过与他人分享,个体可以明确他们的心理状态,接受创伤事件,并对创伤事件进行认知重建(Quan et al.,2020),最终可以缓解 PTSD。反之,自我隐匿则可能会增加 PTSD 的严重程度。

不过,我们的研究也发现父母 PTSD 对其自身的过度保护型教养方式具有正向预测作用,不过过度保护对孩子的安全感、自我表露和 PTSD 没有显著的影响。理论上,PTSD 的一个核心表现就是个体在安全条件下抑制恐惧的能力降低(Jovanovic et al.,2010;Norrholm et al.,2011),也就是说PTSD 的个体难以抑制对威胁相关线索的恐惧。在这种条件下,一旦父母出现 PTSD,他们可能会担心孩子在经历创伤后的安全问题,加强了他们对孩子行为和日常生活的控制,以保护他们免受伤害,因此会导致对孩子的过度保护。当父母过度保护孩子时,他们可能会向孩子传达世界是危险的信念,这反过来会阻止孩子学习如何应对压力的能力(Gere et al.,2012),限制了孩子的学习和使用行动导向应对策略的机会(Cheron et al.,2009;Nolen-hoeksema et al.,1995)。这些都会使儿童难以体验到安全感,不愿自我表露,甚至难以应对创伤事件。特别是对中国儿童而言,家长的控制会被理解为爱和关怀的表达(Xia et al.,2015)。因此,即便身处过度保护的家庭环境中,孩子们可能也并没有感受到灾后安全感和自我表露的变化。

当前的研究将父母的教养方式、孩子的安全感和自我表露整合进一个更大的框架模型中,拓展了对 PTSD 代际传递的理解。此外,目前的研究表明,如果父母的 PTSD 没有得到及时解决,它可能会通过改变教养方式、孩子的安全感、自我表露,将创伤传递给孩子。在这种情况下,尽管学校为儿童提供了大量支持,但他们仍会出现持续的 PTSD。从临床角度来看,这些发现说明,一方面,缓解父母的 PTSD 对缓解儿童的 PTSD 具有重要意义(Zhou,2020),临床工作者可以使用现有的干预措施直接缓解父母的 PTSD;另一方面,对 PTSD 代际传递的路径进行干预也是十分必要的,包括为孩子提供情感温暖的教养方式、创造一个安全的环境来增加孩子的安全感,以及鼓励孩子与父母分享他们的感受和想法等。

第五节　创伤代际传递机制的性别匹配效应

在考察 PTSD 的代际传递过程中,父亲和母亲 PTSD 的代际影响可能存在性别差异。本节主要考察 PTSD 代际传递的性别匹配效应(Huang et al.,2024b)。目前,有的研究发现,母亲 PTSD 的代际影响强于父亲(Lehrner et al.,2014);一些研究发现父亲的 PTSD 对孩子的 PTSD 并不存在影响作用(Zerach et al.,2017),有的研究则认为父亲的 PTSD 会增加孩子出现 PTSD 的风险(O'Toole et al.,2017)。性别匹配效应模型认为父母对同性别孩子的发展有更大的影响(Zou et al.,2020)。比如,研究发现童年遭遇过性虐待的母亲会对女儿表现出更多的情感麻木和疏远(Cross et al.,2016),这种不良的教养方式会引发女儿的内外化问题(Bryant et al.,2018)。也就是说,在 PTSD 的代际传递中,母亲的 PTSD 会对女儿的 PTSD 产生更大的影响,父亲的 PTSD 则对儿子的 PTSD 有更强烈的影响。基于上述性别差异,我们假设亲子间 PTSD 症状的代际传递存在性别差异。

为了阐明父母 PTSD 症状对儿童 PTSD 症状的影响机制,有研究提出了潜在的影响因素。其中一个因素是儿童的安全感,这在我们上一节的研究中已经给出了答案。父母 PTSD 症状会影响他们与孩子之间的互动(Jensen et al.,2021;Monn et al.,2018)。出现情感麻木或回避症状的父母对孩子的情感投入和表达较少(Sherman et al.,2016);出现负性认知和情绪改变(NCEA)症状的父母会对这个世界产生消极的认知(邓明昱,2016),这会在日常生活中无意识地传递给孩子;出现高警觉症状的父母会对孩子的行为产生过度反应或对孩子进行言语或行为攻击(Sherman et al.,2016;Taft et al.,2007),这会造成不安全的家庭氛围以及对世界或他人的不信任,影响孩子的安全感,使孩子感到周围环境不安全,导致归属感降低。低安全感可能会触发孩子之前的创伤记忆,增加他们的消极信念、回避创伤相关的刺激或过度紧张个人的安全(Quan et al.,2020),进一步导致孩子PTSD症状的出现。因此,父母的PTSD症状可能通过降低孩子的安全感对孩子的PTSD症状产生影响。

另一个潜在因素是灾难化,它是指对过往经历的威胁或压力事件的灾难性想法,是一种消极的认知情绪调节策略(Garnefski et al.,2006)。倾向于使用灾难化策略的人会夸大他们对创伤性事件的消极看法和认知。根据破碎世界假说,经历创伤事件后,原有稳定的信念系统会被打破,对自己的价值、他人以及世界产生消极假设(Janoff-Bulman,2010)。对创伤性事件的侵入性记忆以及负性认知的症状可能会让父母不断出现消极想法,思考灾难有多么严重(邓明昱,2016);对周围环境反应过度的父母可能会担心失去认知控制(Kwon et al.,2021),引发对周围环境的消极评价。父母对创伤事件的消极思考和认知评价可能会在亲子互动中被孩子接受并内化,引起孩子的灾难化想法(Neville et al.,2018)。根据PTSD的认知模型,对创伤事件或相关症状的消极评价会使人产生一种持续的威胁感,并进一步导致侵入性想法、警觉和强烈的情绪反应(Ehlers et al.,2000)。尤其是像"糟糕的事情总是发生在我身上"的想法会让孩子回避创伤相关的场景,并且这些想法作为线索可能让孩子回忆起创伤事件,导致PTSD的侵入性症状(Ehlers et al.,2000);"哪里都不安全"或"经历灾难是件特别可怕的事"的想法可能会增强孩子对周围环境的警惕性,从而加剧高警觉症状;灾难化想法会导致孩子高估危险发生的可能性,增加消极信念(Gellatly et al.,2016),导致消极认知和情绪症状。基于此,我们假设父母的PTSD症状可能通过增加孩子的灾难化想法对孩子的PTSD症状产生影响。

理论上,孩子的安全感和灾难化可能是PTSD症状代际影响的潜在机制,但它们的多重中介作用尚未得到研究。为了建立更广泛的理论框架,我们关注安全感和灾难化的共同作用。安全感高的个体在遇到困境时更可能会向他人寻求帮助,拥有更多的勇气和精力来应对现有的消极想法,这有助于个体与他人讨论并获得新的见解，重建评估内容(Zhen et al.，2018)，减少灾难化想法。反之，低安全感可能会加剧灾难化想法。

通过文献分析，我们发现父母和孩子之间存在 PTSD 的代际影响，但目前的研究存在一定的局限性。首先，这些研究主要针对 PTSD 的总分(Shi et al.，2018；Zhou et al.，2022a)，这会影响干预的精准度(Bartoszek et al.，2017)。其次，相关研究主要侧重于经历过大屠杀或战争的家庭(O'Toole，2022)，结果是否可以推至遭遇自然灾害的家庭还有待进一步地考察(Marshall et al.，2017)。另外，不同 PTSD 症状的代际影响在父母—孩子成对关系中(即父亲—儿子、父亲—女儿、母亲—儿子和母亲—女儿)的性别差异还有待研究。此外，虽然研究表明安全感和灾难化在 PTSD 代际影响中起着多重中介作用，但它们在 PTSD 具体症状代际影响中的作用也有待进一步考察。

基于此，本书拟使用纵向研究设计，考察台风"利奇马"后 PTSD 不同症状代际影响的性别差异以及孩子安全感、灾难化的多重中介作用(Huang et al.，2024b)。基于以上的理论，我们假设：①PTSD 症状代际传递出现在同性别的父母—孩子成对关系(父亲—儿子和母亲—女儿)中；②父母的 PTSD 症状会直接预测孩子的 PTSD 症状，也会通过孩子安全感到灾难化的路径间接地预测孩子的 PTSD 症状。

一、研究结果

(一)父母 PTSD 症状对孩子 PTSD 症状的直接作用

我们首先根据不同父母—孩子成对关系(即父亲—儿子、父亲—女儿、母亲—儿子和母亲—女儿)，建立父母 PTSD 症状对孩子 PTSD 症状的直接影响模型。路径分析发现，PTSD 症状代际传递路径系数在父亲—儿子、父亲—女儿和母亲—儿子成对关系中均不显著(具体结果见图 9-4—图 9-6)，只有母亲 PTSD 症状能够显著预测女儿 PTSD 症状(见图 9-7)。具体来说，母亲侵入症状正向预测女儿的侵入和回避症状($\beta=0.383, p=0.012；\beta=0.396, p=0.016$)；母亲回避症状正向预测女儿的回避症状($\beta=0.274, p=0.015$)；母亲高警觉症状负向预测女儿的高警觉症状($\beta=-0.340, p=0.042$)。因此，接下来我们只检验 PTSD 症状代际传递在母亲—女儿成对关系中的潜在机制。

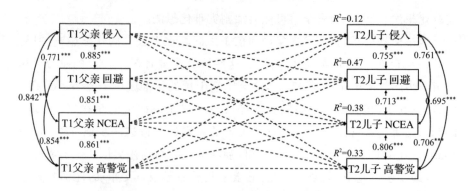

图 9-4　父亲—儿子的直接效应模型

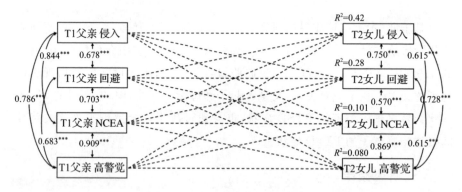

图 9-5　父亲—女儿的直接效应模型

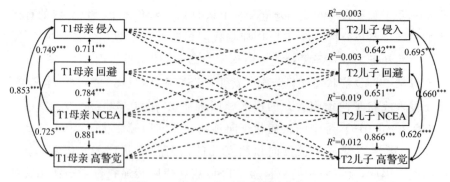

图 9-6　母亲—儿子的直接效应模型

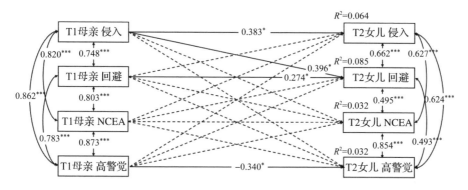

图 9-7　母亲—女儿的直接效应模型

（二）主要研究变量在母亲—女儿成对关系中的相关分析

母亲 T1 的 PTSD 症状以及女儿 T2 的 PTSD 症状、安全感和灾难化的描述性统计和相关分析结果见表 9-3。由表 9-3 可知，母亲 T1 的侵入和回避症状与女儿 T2 的侵入和回避症状呈显著正相关；女儿 T2 的安全感与自身 T2 的侵入、回避、NCEA、高警觉症状以及灾难化呈显著负相关；女儿 T2 的灾难化与自身 T2 的侵入、回避、NCEA 和高警觉症状呈显著正相关；母亲 T1 与女儿 T2 自身的 PTSD 四个症状之间均呈显著正相关。根据 DSM-5 中 PTSD 的诊断标准，儿童 PTSD 总分≥31 分（Foa et al.，2018），成年人 PTSD 总分≥34 分（Yang et al.，2020）可以认为患有 PTSD。母亲 T1 和女儿 T2 的 PTSD 发生率分别为 10.2%（$n=20$）和 12.9%（$n=24$）。

（三）母亲 PTSD 症状对女儿 PTSD 症状的间接作用

在母亲—女儿 PTSD 代际影响直接效应的基础上，我们加入女儿 T2 的安全感和灾难化作为中介因素建立间接效应模型（见图 9-8），模型拟合良好 [$\chi^2(15)=56.428$，CFI$=0.935$，TLI$=0.755$，RMSEA（90%CI）$=0.124$（介于 0.090—0.159 之间），SRMR$=0.066$]。路径分析的结果发现，在控制了女儿 T1 的 PTSD 症状、安全感和灾难化的影响后，母亲 T1 的侵入症状能够显著地直接正向预测女儿 T2 的回避症状，也能够通过女儿 T2 的安全感显著地正向预测女儿 T2 的 NCEA 和高警觉症状，还能够通过女儿 T2 的安全感经灾难化显著地正向预测女儿 T2 的四个 PTSD 症状。母亲 T1 的回避症状能够显著地直接正向预测女儿 T2 的回避症状。母亲 T1 的高警觉症状能够显著地直接负向预测女儿 T2 的回避症状，也能够通过女儿 T2 的安全感显著地负向预测女儿 T2 的 NCEA 和高警觉症状，还能够通过女儿 T2 的安全感经灾难化显著地负向预测女儿 T2 的四个 PTSD 症状。

表 9-3　母亲和女儿主要变量的相关关系表

变量	M	SD	1	2	3	4	5	6	7	8	9
T1M 侵入	5.89	4.77	1								
T1M 回避	2.02	1.74	0.75***	1							
T1M NCEA	6.63	5.11	0.82***	0.80***	1						
T1M 高警觉	6.13	5.23	0.86***	0.78***	0.87***	1					
T2D 侵入	2.24	2.90	0.20**	0.17*	0.11	0.11	1				
T2D 回避	0.89	1.38	0.21**	0.21**	0.12	0.12	0.69***	1			
T2D NCEA	5.17	5.10	0.14	0.10	0.08	0.07	0.64***	0.52***	1		
T2D 高警觉	5.30	5.64	0.07	0.06	0.01	−0.02	0.63***	0.51***	0.86***	1	
T2D 安全感	40.38	6.80	0.14	−0.09	−0.09	−0.06	−0.37***	−0.27***	−0.38***	−0.35***	1
T2D 灾难化	2.12	3.27	0.05	0.08	0.01	0.03	0.37***	0.31***	0.35***	0.30***	−0.38***

注：NCEA＝负性认知和情绪改变；T1M＝T1 母亲，T2D＝T2 女儿；*、**、***分别表示在 10%、5%、1% 的水平上显著。

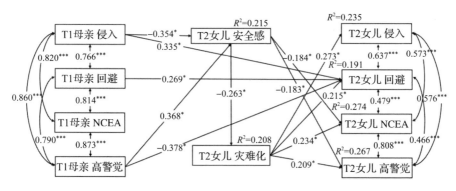

图 9-8 母亲—女儿的中介效应模型

接下来，我们利用 Bias-Corrected Bootstrap 对上述中介路径进行检验，如果中介效应 95% 的置信区间没有包括 0，表明中介效应显著。检验的结果（见表 9-4）显示，女儿的安全感和灾难化想法在母亲侵入和高警觉症状对女儿 PTSD 症状的预测作用起着多重中介作用。此外，母亲侵入和高警觉症状的影响作用相反。

表 9-4　母亲—女儿中介效应显著性的 Bootstrap 检验

预测路径	95%CI	β(SE)
T1M 侵入→T2D 安全感→T2D 侵入	[−0.001,0.149]	0.045(0.033)
T1M 侵入→T2D 安全感→T2D 回避	[−0.004,0.126]	0.036(0.030)
T1M 侵入→T2D 安全感→T2D NCEA	[0.005,0.182]	0.065(0.043)
T1M 侵入→T2D 安全感→T2D 高警觉	[0.010,0.172]	0.065(0.038)
T1M 回避→T2D 安全感→T2D 侵入	[−0.009,0.103]	0.019(0.024)
T1M 回避→T2D 安全感→T2D 回避	[−0.009,0.082]	0.015(0.021)
T1M 回避→T2D 安全感→T2D NCEA	[−0.014,0.119]	0.027(0.032)
T1M 回避→T2D 安全感→T2D 高警觉	[−0.015,0.120]	0.027(0.032)
T1M NCEA→T2D 安全感→T2D 侵入	[−0.082,0.022]	−0.006(0.023)
T1M NCEA→T2D 安全感→T2D 回避	[−0.070,0.019]	−0.005(0.019)
T1M NCEA→T2D 安全感→T2D NCEA	[−0.100,0.036]	−.009(0.031)
T1M NCEA→T2D 安全感→T2D 高警觉	[−0.091,0.039]	−0.009(0.030)
T1M 高警觉→T2D 安全感→T2D 侵入	[−0.150,0.001]	−0.046(0.035)
T1M 高警觉→T2D 安全感→T2D 回避	[−0.132,0.004]	−0.038(0.032)
T1M 高警觉→T2D 安全感→T2D NCEA	[−0.190,−0.006]	−0.068(0.043)
T1M 高警觉→T2D 安全感→T2D 高警觉	[−0.190,−0.007]	−0.067(0.044)
T1M 侵入→T2D 灾难化→T2D 侵入	[−0.103,0.123]	0.007(0.055)
T1M 侵入→T2D 灾难化→T2D 回避	[−0.081,0.108]	0.006(0.045)

续表

预测路径	95%CI	β(SE)
T1M 侵入→T2D 灾难化→T2D NCEA	[−0.084,0.109]	0.006(0.048)
T1M 侵入→T2D 灾难化→T2D 高警觉	[−0.073,0.103]	0.006(0.043)
T1M 回避→T2D 灾难化→T2D 侵入	[−0.066,0.123]	0.016(0.046)
T1M 回避→T2D 灾难化→T2D 回避	[−0.048,0.117]	0.013(0.038)
T1M 回避→T2D 灾难化→T2DNCEA	[−0.058,0.102]	0.014(0.040)
T1M 回避→T2D 灾难化→T2D 高警觉	[−0.053,0.093]	0.013(0.035)
T1M NCEA→T2D 灾难化→T2D 侵入	[−0.131,0.069]	−0.015(0.048)
T1M NCEA→T2D 灾难化→T2D 回避	[−0.124,0.050]	−0.012(0.041)
T1M NCEA→T2D 灾难化→T2D NCEA	[−0. et al. ,0.060]	−0.013(0.042)
T1M NCEA→T2D 灾难化→T2D 高警觉	[−0.100,0.053]	−0.011(0.037)
T1M 高警觉→T2D 灾难化→T2D 侵入	[−0.151,0.082]	−0.020(0.057)
T1M 高警觉→T2D 灾难化→T2D 回避	[−0.128,0.063]	−0.016(0.047)
T1M 高警觉→T2D 灾难化→T2D NCEA	[−0.132,0.067]	−0.018(0.050)
T1M 高警觉→T2D 灾难化→T2D 高警觉	[−0.123,0.058]	−0.016(0.045)
T1M 侵入→T2D 安全感→ T2D 灾难化→T2D 侵入	[0.005,0.077]	0.025(0.017)
T1M 侵入→T2D 安全感→ T2D 灾难化→T2D 回避	[0.002,0.069]	0.020(0.016)
T1M 侵入→T2D 安全感→ T2D 灾难化→T2D NCEA	[0.003,070]	0.022(0.016)
T1M 侵入→T2D 安全感→ T2D 灾难化→T2D 高警觉	[0.003,0.063]	0.019(0.014)
T1M 回避→T2D 安全感→ T2D 灾难化→T2D 侵入	[−0.008,0.050]	0.011(0.014)
T1M 回避→T2D 安全感→ T2D 灾难化→T2D 回避	[−0.005,0.046]	0.008(0.012)
T1M 回避→T2D 安全感→ T2D 灾难化→T2D NCEA	[−0.007,0.048]	0.009(0.013)
T1M 回避→T2D 安全感→ T2D 灾难化→T2D 高警觉	[−0.005,0.041]	0.008(0.011)
T1M NCEA→T2D 安全感→ T2D 灾难化→T2D 侵入	[−0.036,0.018]	−0.004(0.013)
T1M NCEA→T2D 安全感→ T2D 灾难化→T2D 回避	[−0.035,0.014]	−0.003(0.011)
T1M NCEA→T2D 安全感→ T2D 灾难化→T2D NCEA	[−0.034,0.017]	−0.003(0.012)

预测路径	95%CI	β(SE)
T1M NCEA→T2D 安全感→ T2D 灾难化→T2D 高警觉	$[-0.030, 0.014]$	$-0.003(0.010)$
T1M 高警觉→T2D 安全感→ T2D 灾难化→T2D 侵入	$[-0.085, -0.002]$	$-0.026(0.020)$
T1M 高警觉→T2D 安全感→ T2D 灾难化→T2D 回避	$[-0.077, -0.001]$	$-0.021(0.018)$
T1M 高警觉→T2D 安全感→ T2D 灾难化→T2D NCEA	$[-0.082, -0.002]$	$-0.023(0.019)$
T1M 高警觉→T2D 安全感→ T2D 灾难化→T2D 高警觉	$[-0.069, -0.002]$	$-0.020(0.016)$

二、分析与讨论

本章使用纵向研究设计,考察了台风"利奇马"后父母 PTSD 症状对孩子 PTSD 症状代际影响的性别匹配效应(Huang et al.,2023)。研究结果发现,只有母亲 T1 的 PTSD 症状能显著预测女儿 T2 的 PTSD 症状,这种长期代际影响在父亲—儿子、父亲—女儿和母亲—儿子成对关系中均不显著。我们还发现,PTSD 代际影响存在特定症状转移的现象,即母亲侵入、回避和高警觉症状会影响女儿相同的症状。这表明,PTSD 症状代际影响的同性别匹配效应仅存在于母女之间。此外,母亲高警觉症状的负向代际影响反映了中国文化特点。我们还发现母亲侵入和高警觉症状可以通过女儿的安全感和灾难化想法预测女儿的 PTSD 症状。

具体而言,我们发现只有在母亲—女儿成对关系中存在特定 PTSD 症状的长期代际影响,这支持了亲子关系的同性别匹配效应模型(Zou et al.,2020),并将这一效应扩展至 PTSD 症状的代际影响中。该结果可能与 PTSD 症状的性别差异以及父母的家庭角色有关。有研究发现,女生比男生更可能报告 PTSD 症状,即使他们经历了同样的创伤事件(Tolin et al.,2006),因此,相对儿子而言,母亲的 PTSD 症状更可能对女儿的 PTSD 症状产生影响。研究还发现,母亲的 PTSD 症状与孩子的 PTSD 症状的关系强于父亲与孩子的关系(Morris et al.,2012)。因为相对母亲而言,父亲更可能隐藏自己情绪(Brown et al.,2015),不在孩子面前暴露因 PTSD 症状引发的痛苦。此外,在中国存在"严母慈父"的教养分工(Xu et al.,2018),这会导致父亲为了保持"慈父"的形象而不出现过激或冲突行为。因此,尽管女儿容易出现 PTSD 症状,但父亲的 PTSD 症状也不会对女儿产生影响。

我们还发现,侵入和回避症状在母亲对女儿的代际影响是一一对应的。PTSD 的认知—行为人际理论认为有回避症状的母亲在讨论与创伤相关的事件时会感到痛苦,女儿则可能会采取回避讨论创伤相关内容的行为来避免母亲的痛苦,这反过来会引起女儿的回避症状(Creech et al.,2017)。经常出现闪回和重新体验创伤症状的母亲可能会与女儿讨论她们的痛苦,这些信息可能会留存在女儿的活动记忆中,成为侵入性记忆(Joseph et al.,2005a),加剧女儿的侵入症状。与此同时,母亲和女儿对创伤相关信息和痛苦情绪的交流可能会激活女儿的刺激—反应联结,引起女儿的回避症状。

与假设不同的是,母亲的高警觉症状越明显,女儿的高警觉症状越不明显;母亲的 NCEA 症状对女儿的 NCEA 症状没有影响,这可能与中国母亲的家庭角色分配和养育模式有关。在中国,父母控制被视为一种关心的表达(Xia et al.,2015),会给孩子提供更多的安全感。因此,母亲因高警觉症状表现出的过度保护可能反而会让女儿在灾后感到安全,降低女儿的高警觉反应。此外,在中国,母亲普遍比父亲承担更多照顾孩子的责任(Bastiaansen et al.,2021),需要为孩子提供实际或情感支持,即使她们出现情感麻木或社会疏离的创伤症状。NCEA 中负性认知症状的代际影响不显著可能是因为儿童认知发展得不成熟,导致即使母亲与女儿讨论自己的破碎信念,女儿可能也很难理解和吸收。因此,母亲的 NCEA 症状不会影响女儿的NCEA 症状。

在纳入女儿的安全感和灾难化想法后,我们发现母亲的侵入和回避症状可以通过女儿的安全感和灾难化想法间接地预测女儿的 PTSD 症状。具体而言,母亲的侵入症状可以通过降低女儿的安全感来直接加剧女儿的NCEA 和高警觉症状,还可以通过降低女儿的安全感来增加灾难化想法,进而加剧女儿 PTSD 的四个症状。这可能是因为侵入症状导致母亲不断回想起创伤事件,痛苦加剧,影响她们帮助女儿应对创伤相关问题的能力,进而降低女儿的安全感。安全感缺失可能会增加孩子对周围环境的恐慌和警惕,在接触创伤相关场景时表现出高度警觉(Zhou et al.,2022b);安全感的降低还可能会增加她们对外界环境的恐惧,导致社会疏离,加剧 NCEA 症状。此外,安全感降低意味着控制感和归属感降低,她们可能会认为世界是不安全的,这加强了她们对创伤的消极评价和灾难化想法。根据 PTSD 的认知模型(Ehlers et al.,2000)，对创伤的消极评价和想法会唤起对创伤相关线索的回忆，对周围环境产生警觉，过高预估未来风险，进而加剧 NCEA、侵入、回避和高警觉症状。

此外，我们也发现母亲高警觉症状会通过增加女儿的安全感直接降低女儿的 NCEA 和高警觉症状，还能通过增加女儿的安全感来降低灾难化想法，进而降低女儿的 PTSD。高警觉症状导致母亲会因为过度警惕而过度保护女儿，在中国家庭中会被女儿视为关心的一种表达(Xia et al.,2015)，增加女儿的安全感。这降低了女儿因灾难而对周围环境和世界产生的害怕、恐惧和过度警觉，从而降低她们的 NCEA 和高警觉症状。当女儿安全感增加时，会更勇敢地表达自己的感受和想法，有助于她们与他人进行讨论并获得新的见解(Zhen et al.,2018)，减少灾难化想法。反过来，这削弱了创伤相关的线索与反应(如恐惧、闪回和过度反应)之间的联系，降低侵入、回避和高警觉症状，也减少了对灾难的消极认知，降低了 NCEA 症状。

第四篇

灾难后青少年创伤心理家庭干预模式的构建

前文从理论上探讨了创伤心理发生—发展的机制,考察了灾难对家庭的影响、灾后家庭对青少年创伤心理的影响,明确了灾后家庭的变化情况,以及家庭系统对青少年创伤心理的影响机制等问题,这些都为创伤心理的家庭干预提供了实证数据支持。基于前面章节提到的理论和实证研究,本篇主要聚焦于青少年创伤心理家庭干预模式的构建。首先,根据以往的研究发现,结合新冠疫情下青少年心理危机干预的现状,从政策层面和具体对策层面给出了相应的建议;其次,针对灾难后青少年创伤心理问题,着重介绍了已有成熟的、有针对性的家庭干预疗法;再次,针对灾难后青少年创伤心理的家庭干预,主要从团体辅导的视角开发了心理辅导活动方案;最后,在理论、实证和干预方案开发的基础上,构建了以家庭为核心的青少年创伤心理干预生态系统模式。

第十章 灾难后青少年创伤心理家庭干预的建议与对策

通过对重大灾难后青少年创伤心理反应的现状及其趋势进行调查,可以发现即便是在同一受灾群体之中,由于个体之间存在特征、感知、家庭状况等方面的差异,灾后的心理问题也会表现出不同的变化趋势。整体而言,大部分青少年的灾后心理问题会随着灾后重建工作的开展和时间的推移而得到改善,不过也会有相当一部分青少年的灾后心理问题一直处于高水平状态,甚至有些青少年的心理问题出现不断恶化的态势。这就需要对其施加灾后心理干预,一方面应该区分不同的个体,实施有针对性的干预;另一方面要对青少年开展长期持续的心理服务(周宵等,2023)。实际上,重大灾难发生后,我国政府部门、社会组织和学校系统都会积极地对青少年开展心理干预。既然如此,为什么青少年灾后心理问题还持久地存在呢?究其原因在于青少年最终要回归家庭,而其父母往往也是灾难的受害者,也会出现心理创伤,家庭创伤没有得到解决时势必会对孩子产生持久的消极影响。为有效地缓解重大灾难后青少年的心理问题,不仅要从社会和学校层面开展心理干预,更要从家庭系统的角度对青少年创伤后的心理问题进行干预(周宵等,2023)。

第一节 灾难后青少年家庭心理健康教育工作的政策性建议

重大灾难严重影响了人们的生产生活,造成人们心理上的恐慌、紧张等情绪。特别是对新冠疫情下的中小学生而言,学校封校、居家隔离、社交活动受阻会进一步加剧以上问题,使部分学生出现严重的抑郁、焦虑和失眠问题。这些急性应激期的心理与行为问题如果没有得到及时、有效的处理,将会演化成严重的心理和精神疾病。因此,为降低中小学生心理问题的发生率,避免严重危机事件的发生,要迅速行动起来,依托家庭,面向灾后全体中小学生,积极开展心理健康教育工作,着力转化灾后中小学生出现的各种心理与行为问题,提高他们面对灾难和挫折的心理复原力,帮助他们深刻认识生命意义和价值,促进人格在灾难中升华,增强爱国主义集体主义情感,培育自尊自信、理性平和、积极向上的社会心态。

不过,当前灾后青少年心理危机干预主要场所集中在学校,对青少年家庭的关注度较少。重大灾难,特别是新冠疫情以来,居家隔离使家庭成为中小学生日常生活的主要场所,教育部门和学校不能及时有效地了解学生出现的心理问题,无法直接对学生进行心理服务。家庭心理健康教育工作具有直接性、长期性、稳定性的优势,在疫情居家隔离期间,中小学生心理服务应该多部门协作,依托家庭,由父母开展。实际上,在灾后的家庭教育中,一方面父母自身也因灾难出现了诸多情绪方面的问题,直接加剧孩子的心理问题;另一方面,父母对孩子心理问题的重视程度不够,大多不具备相应的心理健康教育知识和技能,不能对孩子开展有效的心理帮助。为此,有必要从家庭的角度出发,对灾后青少年开展心理健康教育或危机干预工作。

一、建立推动家庭心理健康教育的工作机制

成立多部门参与的领导小组,加强组织管理与部门协调。由教育、卫健委、民政部门总体协调,各地要建立健全部门协作机制,教育部门在出台相关家庭教育文件时、卫健委在出台疫情相关文件时,要突出强调孩子心理关爱方面的内容;各级政府在指导落实《中华人民共和国家庭教育促进法》和相关部门文件中关于学生心理健康方面的任务时,要有明确的目标任务、主要内容、具体方法和形式途径等。卫生健康委、民政等部门要把疫情下家庭心理健康教育工作纳入社会心理服务体系建设之中,建立卫生健康、教育、社区以及专业机构等相关部门协同协调机制,打造医疗机构—社区—家庭信息交流、资源共享平台。健全学校、家庭、社区心理健康教育协同机制,协同父母开展家庭心理健康教育工作,切实促进中小学生心理健康和成长成才。

二、建立提升灾后父母心理健康的工作模式

我们的研究表明,灾后创伤心理存在代际传递的现象,提升灾后父母的心理健康对缓解孩子的问题有至关重要的作用。充分发挥基层政府主导作用,卫生健康、民政、人社、公安、共青团、妇联等部门和组织,要依托城乡社区综合服务设施、社区综治中心、社区教育机构和家长学校等活动阵地,通

过线上方式对家长开展科学、有序、持续的心理疏导。要不断完善灾后心理疏导工作的运行机制，制定并实施家长心理疏导工作实施指导意见，按照全面推进、分类干预、精准施策的工作方针，明确灾后家长心理疏导的目标任务、主要内容、具体方法、时间安排、形式途径，结合灾区的实际情况，形成具体的指导方案和实施细则。完善卫生健康相关部门—社区—家庭多方协同运行模式，积极利用网络和信息技术平台实现家长心理疏导工作与个人需求的精准对接，切实做到分层分类、供需匹配、精准供给。

三、加大对父母开展家庭心理健康教育工作的指导

省市级教育、卫生健康、民政、妇联等部门可以组织家庭心理咨询领域的专家，通过线上线下的方式对灾后父母开展心理健康知识技能的教育培训，帮助父母在日常生活之中对孩子开展心理健康教育工作。县区级卫生健康、民政、妇联、社区街道办等部门要相互协调，借助心理服务专业机构的力量，开展中小学生心理健康知识和技能的宣讲活动，科学地选择心理健康相关的书籍、推文、视频等，通过网络推送给父母，提升父母初步识别和处理孩子心理问题的能力；教育局、卫生健康委、公安等部门也应该及时告知父母有关心理服务资源的求助方式、服务对象和内容，使其在对孩子心理问题束手无措时，及时、有针对性地求助专业人员。此外，创伤心理学的研究也发现，良好的家庭氛围、父母关系、亲子关系和沟通、教养方式等都可以缓冲灾难事件对孩子心理的冲击。为此，妇联和社区街道办要借助社会力量，邀请家庭教育方面的专家，通过网络平台对灾后家庭开展夫妻关系、亲子关系、亲子沟通、教养活动等主题的系列培训活动课，帮助父母和谐相处，掌握良好的教养技能，形成开放的沟通环境，营造良好的家庭氛围。

四、加强中小学生心理健康教育的宣传

新闻出版、广播电视、网信等各类媒体要积极宣传心理健康知识，指导父母形成科学的心理健康理念，掌握维护青少年心理健康的技能与方法，帮助青少年以积极的社会心态面对灾难带来的消极影响。卫生健康、教育和宣传部门要编写家庭心理健康教育读本，依托家庭积极开展心理健康教育、灾难教育、挫折教育、亲情教育、生命教育、爱国主义集体主义教育，培养中小学生珍视生命、热爱家人、爱国爱民的意识，增强爱国主义集体主义情感。控制灾后家庭消极行为事件的新闻报道，防止过度宣传消极行为事件以免

引发家庭矛盾,加剧中小学生的心理问题。加强舆论引导和价值引领,培育父母和孩子自尊自信、理性平和、积极向上的社会心态,帮助家人积极平稳的度过疫后心理恢复适应期。

五、加大中小学生家庭心理健康教育的科学研究工作

灾难事件容易对中小学生的心理产生了重大影响和危害,特别是创伤后应激障碍(Zhen et al.,2022)。由于缺少家庭心理健康服务,即便社会和学校对中小学生开展大量的心理服务,其效果仍旧不能持久稳定。政府要加大经费投入,依托精神卫生医疗机构、高等学校和科研院所等开展家庭心理健康的基础研究和应用研究。要针对灾难事件引发家庭心理创伤和家庭成员心理应激反应的长期影响、有效应对与干预方式,以及家庭心理健康教育的理论和实践等设立科研专项应急项目。要将灾难事件下家庭心理健康教育的科学研究和人才培养纳入政府的中长期发展规划中,特别是加强对因灾致残、致贫、特殊困难等家庭中青少年学生心理健康的研究工作。

第二节　灾难后青少年创伤心理家庭干预的对策探索

重大灾难之后,家庭的问题没有得到解决,孩子已被疏解的创伤心理容易反弹,甚至加剧。因此,中小学生心理服务应该多部门协作,依托家庭进行创伤心理干预,本节主要对灾难后青少年创伤心理的家庭干预策略进行探索(周宵等,2023)。

一、当前灾后青少年创伤心理疏导存在的问题

(一)心理干预力量分散,系统协同性有待提升

历次灾难事件之后,心理学、精神医学、社会工作等领域的工作者都会积极投入灾后的救援工作之中,社会专业心理机构、高校心理中心、医院相关工作者等也都在第一时间参与灾后的心理救援,卫健委、教育部门、团委、妇联等部门和机构也都会积极组织相应的专业人士开展灾后的心理援助工作。实际上,对灾后心理救援工作的热情,反映了专业人士、相关机构和政府部门对灾后青少年心理的热切关注,这是一种积极的现象。不过,我们也

发现,在开展具体的心理疏导工作时,人员、组织和机构之间缺少协调和系统性,同一个受灾青少年可能会接受不同机构和专业人士的轮番咨询轰炸,不仅导致资源浪费,还会对青少年带来困惑、心理冲突,甚至二次伤害等。例如,新冠疫情暴发之后的一段时间内,许多地方设置了多个网络心理服务平台和危机干预热线,还有很多心理工作者以"推文"形式推广心理危机干预策略。不过,由于缺少系统性和组织性,热线设置过多可能会造成资源浪费;大量的"推文"在内容上也存在重复甚至矛盾的地方,造成学生的选择困境,不利于及时地缓解他们的心理问题。

(二)心理干预周期时间短,持续性的心理疏导有待加强

创伤心理学的研究表明,创伤心理症状从时间的角度可以划分为急性应激症状(acute stress symptoms,ASS)和创伤后应激症状(PTSS),其中ASS是在灾后3—30天出现的心理问题,PTSS是灾后30天以后出现的心理问题。尽管两者在诊断的标准上存在差异,不过前者对后者具有很强的预测作用(Zhou et al.,2016b),也就是说存在ASS的个体有很大的可能发展为PTSS。在当前的灾后心理服务中,心理疏导主要聚焦在灾后青少年的ASS,这一定程度上可以遏制一些青少年PTSS的发生。不过,研究也已经发现,有相当比例的青少年,经历灾难事件之后,其心理问题会长期处于较高的水平,甚至还有青少年的心理问题随时间的变化愈加严重(Fan et al.,2015)。这就要求灾后心理服务不能仅仅关注ASS,而应该从长远的视角对其心理进行维护。现实是,灾后短时间内大量的心理服务力量进入灾区为青少年提供心理服务,不过随着灾后重建的完成这些力量会逐渐退出灾区,这不仅不利于对青少年创伤心理的长期维护,而且还会使得灾区青少年与其建立的情感联结断裂,引发"二次创伤"。因此,这就需要将心理疏导或服务由社会力量转交给长期陪伴在青少年身边的重要他人,其中家人就是一个重要的选择。

(三)心理危机干预视角片面,家庭参与度亟须强化

目前,灾后青少年的心理干预工作主要从政府部门、社会组织力量(如民间社团组织)和受灾中小学校三个层面开展,其中,学校层面的心理干预是主阵地。在政府层面,主要建立危机干预的立法保障,对心理应急干预进行组织与协调,提供政策支持与社会动员(张侃,2008);在社会组织层面,一方面,直接为青少年提供社会支持,提升其安全感;另一方面,组织心理危机

干预专家对受灾青少年进行危机干预,并培训志愿者以指导和帮助受灾青少年应对灾难(张侃,2008)。在学校层面,受灾学校的心理教师通过个体咨询和团体辅导进行心理干预,主要采用认知—行为疗法、暴露疗法、系统脱敏、深呼吸调整、冥想放松、表达性艺术治疗等治疗方法。诚然,政府部门、社会组织和中小学校的心理服务都可以缓解青少年的心理问题,不过青少年最终要回归家庭,缺少家庭的参与会使得心理干预效果大打折扣,甚至会使本已缓解的问题反弹。因此,家庭在其心理健康发展中发挥着重要作用。近年来,已有研究认识到在青少年创伤心理干预中应该纳入其父母(林崇德,2014),不过对其父母乃至家庭危机干预的重要性依然没有引起足够的重视,在具体的干预中,依旧很少将父母纳入进来,也没有专门的灾难后家庭干预策略,这势必难以保障青少年心理干预的效果。

二、家庭系统视角下青少年创伤心理干预的策略探索

(一)加强对父母心理疏导,提升其心理健康素养

创伤心理学的研究发现,父母的心理问题会传递给孩子,导致孩子出现与父母相类似的心理问题,也即所谓的"创伤心理传递"(Yehuda et al.,2018)。实际上,对重大的自然灾害、突发公共卫生事件等创伤事件而言,不仅青少年是创伤人群,其父母也是创伤受害者,也可能因此出现诸多的创伤心理反应。为避免出现创伤的代际传递,首先要缓解父母的心理问题,提升父母的心理健康水平,使其积极地面对灾难事件带来的影响,实现灾后的适应和发展。具体可以通过以下几种方式开展:①借助社区心理社工的力量,对有一般情绪问题的家长采用团体辅导、心理健康教育课的方式进行情绪疏导,对有一般心理问题的家长实施个别咨询服务,对严重心理问题的家长转介至医院心理科或精神科进行治疗;②教育部门需要编制心理健康宣传册、科学筛选"心理健康科普推文"、制作心理健康视频等推送给家长,助其了解灾后常见的心理问题、掌握相应的心理服务技能;③卫生健康部门可以告知家长具体的心理服务资源和求助渠道,以便其在自我调适无效后积极求助专业力量。通过这些措施,一方面可以缓解家长的心理问题,提升其心理健康水平;另一方面也可以提升其心理健康素养,使其在日后的生活中识别、处理自己的心理问题,实现自助和求助有机结合。

(二)改善夫妻之间的关系,营造良好的家庭氛围

家庭是由夫妻子系统、亲子系统等不同子系统相互作用构成的大系统,

其中每个子系统也可以通过系统来影响个体。因此,研究者认为,家庭系统氛围和夫妻子系统都可以影响青少年的创伤心理反应(Green et al.,1991;Bachem et al.,2018)。其中,良好的夫妻关系和家庭氛围可以缓冲创伤事件对孩子心理造成的冲击(Zhou et al.,2017e;Bachem et al.,2018),提升孩子面对灾难的韧性,有助于孩子的心理适应和发展。鉴于此,改善灾难后的夫妻关系,营造良好的家庭氛围,是维护青少年心理健康的家庭心理疏导策略。赵芳(2011)在总结前人研究的基础上发现,身体接触、性接触、自我表露、分享、无条件支持、合作、公平感、承诺等是影响夫妻关系的核心要素。据此,我们可以通过以下几种方式来改善夫妻关系:①夫妻之间需要给予彼此无条件的支持,在情感上给予亲密的陪伴,相互合作、共同面对灾难带来的影响。②模糊丧失理论认为,创伤者虽然身在家庭,但因创伤而不能履行自己角色任务,这种"人在心不在"的状态会加剧家庭创伤(Boss et al.,2002)。为此,在灾后家庭重建、家务劳动、教养孩子等方面,夫妻需要认真履行自己角色任务,积极投入、协同开展,能在家务过程中能够看到并感受到对方的存在。③创伤心理学发现,表达和分享有助于灾难经历者发泄自己的情绪,重新建构对灾难事件的理解(Zhen et al.,2018)。因此,建议父母之间分享自己的灾难经历甚至日常生活中的经历,将困惑和消极情绪表露出来。④为了建立良好的夫妻关系,夫妻之间也可以在日常生活中多一些身体上的接触,例如拥抱,甚至也可以适当增加夫妻生活频率。

（三）改善父母的教养方式,构建积极的亲子相处模式

亲子系统是家庭系统中的重要组成部分,良好的亲子关系可以作为一种有效的外部支持资源,提升青少年面对和解决问题的信心,避免其过度沉浸在压力事件导致的消极情绪之中(肖雪等,2017),从而达到缓解压力事件对青少年心理问题消极影响的目的(周宗奎等,2021)。实际上,创伤心理学的研究也发现,情感温暖的教养方式可以增进亲子之间的关系,也能增强给孩子的安全感,增加孩子表达的意愿,有助于缓解孩子创伤后的心理问题(Zhou et al.,2022a)。因此,灾后需要改善父母的教养方式,构建积极的亲子相处模式,以缓解灾难事件对孩子心理造成的创伤。具体可以通过以下措施来改善父母的教养方式:①增加对孩子的无条件的积极关注和陪伴时间,关注对孩子的情感陪伴(周宗奎等,2021);②学会对孩子的积极行为或非消极行为给予表扬和积极反馈,让孩子知道父母是重要的支持力量;③善于运用"忽视"的策略来应对孩子的消极行为不是危险行为,学会对孩子的

消极行为说"不";④学会尊重孩子,提升孩子的自尊心,增强他们的自我价值感;⑤构建基于事实的灾难事件沟通模式。相关研究发现,父母刻意隐藏自己的经历和情绪,会导致孩子对父母的创伤经历产生严重的误判,甚至出现类似父母的创伤心理反应(Zhou et al. ,2020a);不过,夸张和恐吓的表达也会导致孩子出现严重的心理问题(Ren et al. ,2021)。因此,父母需要客观讲述所经历的灾难事件,既不隐瞒事实的真相,也不使用夸张、恐吓的措辞,并对如何有效应对提供一些意见和建议。

(四)提升父母的知识技能,开展长期的心理呵护

利用父母对孩子开展家庭心理疏导,关键在于帮助父母掌握心理健康教育或心理疏导有关的知识和技能,深谙专业求助渠道,使其能够独立地疏解孩子心理问题,对孩子的心理进行长期呵护。对此,可以从以下几个方面着手:①父母可以利用业余时间,通过上网课、培训、家长学校等方式,学习中小学生心理辅导或健康教育相关知识技能,特别是关于青少年创伤心理辅导、灾难教育、生命教育、挫折教育等方面的知识技能,帮助孩子缓解灾后心理问题;②父母要采用共情陪伴、无条件支持等方式,积极倾听孩子的经历及其情绪,让孩子有效地发泄情绪问题;从孩子的角度来思考问题,给予孩子支持和帮助,提供可能的应对策略等;③父母要了解灾难事件可能引发的心理反应情况,以客观的口吻告知孩子灾难事件的起因、发生率、易感人群、受灾群众人数、受灾群众常见的心理、行为反应、此类灾难事件的预防措施、灾后心理反应的应对措施等,让孩子了解灾难事件的背景信息和应对措施,明确自己在灾难面前不是孤独的,懂得自己的心理反应是非正常情况下的正常反应,帮助孩子建立应对灾难的信心和对未来的希望;④要学会一些简单的放松训练法,如渐进式肌肉放松法、鼻腔呼吸放松训练法、音乐放松法、舞动放松法等,能够在灾后短时间内帮助孩子缓解紧张、焦虑、恐惧等情绪;⑤对创伤经历及其情绪的自我表露也可以缓解创伤后的心理问题(Zhen et al. ,2018)。因此,父母要提供安全和支持的家庭氛围,给予孩子积极反馈和回应,激发孩子的表达意愿,帮助孩子积极表达自己的经历和情绪。对不愿用口头语言表达的孩子,可以引导其通过日记、绘画、音乐、体育运动、舞蹈等方式来表达;⑥要适时做一些有仪式感的活动,例如悼念活动,帮助孩子学会与自己的创伤经历告别;⑦掌握专业求助渠道,例如未成年人心理健康全国辅导中心的心理服务热线、北京心理危机研究与干预中心的心理援助热线等,尤其是熟悉孩子所在学校心理健康中心、所在市区专业心理服务

机构的联系方式和服务平台,父母在面对孩子创伤心理问题束手无策时帮助他们及时寻求专业人员的指导。

(五)加强与社会、学校和医院的协作,提升家庭协同干预能力

灾后心理疏导并非单打独斗,并不能仅仅依靠某一方的力量来完成对孩子心理的长久呵护,这需要多方力量同时发力、协作开展。对此,在进行灾后青少年家庭心理疏导的过程中,家庭需要协同社会、学校和医院一起开展,提升灾后青少年家庭心理疏导的有效性和长久性。在社会层面,各级人民政府要贯彻落实《中华人民共和国家庭教育促进法》的精神,"统筹协调社会资源,协同推进覆盖城乡的家庭教育指导服务体系建设",在灾后家庭教育中突出心理健康教育,制定明确的目标任务、主要内容、具体方法和形式途径等;各类媒体、社区街道办要向家长积极宣传心理健康知识,指导父母形成科学的心理健康理念;心理或精神卫生健康专业机构、高校心理健康服务组织等需要直接给予父母和孩子创伤心理辅导、帮助解决家庭创伤心理问题,同时也需要科学地选择有针对性的创伤心理疏解相关"推文"、视频等直接推送给家长,或者推送给中小学校并由其转推给家长。在学校层面,学校要对孩子开展心理健康教育的同时,也要组织家长学校,提升父母识别和处理孩子心理问题的能力;学校要对孩子的心理发挥动态监控作用,将学生的问题反馈给家长,争取家长的支持和帮助,形成家庭—学校协同的心理疏导模式。在医院层面,要通过各种手段向父母宣传创伤心理疏导的相关知识,时刻准备接受因严重创伤心理问题而转介的家长和孩子,在家长心理问题疏解、家长辅导孩子心理问题等方面给予指导、支持和帮助。家庭在社会、学校和医院的帮助下,加强与这三方的协作,方可提升并维持青少年心理疏导的效果,给予青少年长久的呵护和支持,促进其灾后的心理适应和成长。

总之,家庭在青少年心理健康成长中发挥着不可忽视的作用,不过现有的创伤心理干预常常忽略家庭的作用,致使青少年创伤心理疏导的效果大打折扣。更重要的是,当前的创伤心理干预力量相对分散,力量之间的协同性不足;注重短期应激性心理反应的疏导,忽略长期的创伤心理疏导。家庭作为青少年重要的支持力量,在与其他力量协同的条件下,能够长期地为青少年提供心理呵护,有助于维系学校或其他机构对青少年创伤心理干预的效果。为此,需要从家庭的视角对青少年开展创伤心理疏导,强化家庭与社会、学校和医院心理援助力量的协作,提升家庭协同疏解青少年创伤心理的

能力；缓解家庭成员，特别是缓解父母的创伤心理问题，提升父母的心理健康素养，避免创伤心理的代际传递；改善夫妻之间的关系，培育温暖的教养方式，加强夫妻之间的亲密度、改善亲子之间的关系，为孩子创伤心理的缓解营造良好的家庭氛围；提升父母创伤心理相关的知识和技能，助其独立开展孩子的创伤心理疏导，并在手足无措时能够及时求助专业人员的支持和帮助。通过这些举措，可以帮助家庭有效地缓解青少年创伤心理问题，提升和维系心理疏导效果，促进青少年创伤后的适应和成长（周宵等，2023）。

第十一章　灾难后青少年创伤心理 家庭干预的方法

目前,对灾难后青少年心理问题进行家庭干预的方法比较多,如结构派家庭治疗、策略派家庭治疗、经验派家庭治疗等。不过,这些方法主要聚焦于一般性的心理问题。当然,我们并不否认这些方法对青少年创伤后心理问题的疏解效果,但是它们不是针对创伤或灾难事件开发的方法。实际上,我们认为有针对性的家庭干预可能效果更佳。近来,已有研究者和实务工作者注意到这一问题,他们聚焦于灾难事件后青少年创伤心理问题,或对现有方法进行了改良,或者重新创建了一套方法。其中比较突出的是基于依恋的创伤干预方法和聚焦创伤的认知行为疗法,前者侧重从父母依恋的角度对青少年创伤心理问题进行干预,后者侧重从家庭系统的角度对青少年创伤心理问题进行干预。本章将着重介绍基于依恋的创伤干预方法及聚焦创伤的认知行为疗法,并根据研究内容开发了家庭干预的团体辅导方案,期望能够为广大社会心理服务工作者提供有益的帮助,从家庭的视角,缓解青少年创伤心理问题,促进其积极健康地成长。

第一节　基于父母依恋的创伤干预方法

Bowlby(1969)的依恋理论认为个体与依恋对象之间的交往模式会影响个体与依恋者之间的相处过程,个体的早期依恋模式会在之后个体与其他人的相处中表现出来。同样地,与早期依恋对象的交互作用也会影响其有关人际互动的内在工作模式。也就是说,个体的早期依恋经验对其日后成长与关系的发展起着举足轻重的作用。基于"依恋"的概念,Bretherton(1992)指出,孩子会在频繁地与复杂变化的外界交往互动中建立一个内在工作模式,它是内化了孩子与依恋对象及彼此关系的一种表征。在这个工作模式的影响下,孩子会形成应对不同情境的反应模式,且这些反应模式一经形成就有着较强的稳定性。

在 Bowlby(1973)关于"依恋"的主要研究中,他将母亲作为孩子的第一依恋对象。从孩子的出生到成长阶段,母亲作为不可取代的主要抚育者与孩子之间会产生频繁的亲密互动。这一过程中,母亲与孩子之间累积的快乐经验会促进孩子形成对世界的信任与安全感,将母亲视作自己的安全基地。相反,如若在生命的早期,孩子在与母亲的相处中未曾感受到足够的安全与温暖,就会形成恐惧、紧张等负性经验,那么这种不良的依恋关系可能会引发孩子对外部世界产生同样的恐惧与紧张。可以说,与父母的依恋关系将会影响青少年对外在世界的感知,也会影响其对创伤后世界的认知加工,因此从依恋的视角进行心理干预也是青少年创伤心理家庭干预的一种典型方式。

一、基于依恋的创伤干预思想

早期与依恋对象之间形成的工作模式会影响孩子的个性及其与他人相处时的反应方式。但是如果在生命最开始的阶段,孩子接触到的是带有创伤的依恋关系,感受到被忽视甚至遭遇虐待,将会严重阻碍其健康成长。与主要抚养者之间日复一日相处所形成的不安全依恋,会深深地根植在孩子的脑海中,造成对外界、对人际关系的消极认知,不但影响了与他人的健康交往,甚至会迁移到与自己子女的相处中,将这种不良的依恋模式传递下去。然而幸运的是,近几年来的很多研究已经发现,依恋类型是可以改变的,即使是对那些经历了依恋创伤的个体,也可以通过后天的学习和干预培养出健康安全的依恋类型(Rutter et al.,2004)。

大多数个体在儿童时期进入发展信任、建立依恋、形成自我概念与世界观的重要时期,随着年龄的增长,他们会继续将自己的依恋对象作为安全基地,勇敢地探索未知的世界,走向独立。当孩子走进心理咨询室时,他们也会与专业的咨询师逐渐建立起信任关系,并在这段可靠的咨访关系中获得成长与进步。因此,在咨询过程中,除与孩子建立起安全的联系外,也需要帮助他搭建起健康亲密的亲子关系,也就是基于"依恋"进行心理干预。在咨询工作中处理孩子的依恋关系时,我们不仅建立或修复了孩子与抚育者之间健康的依恋关系,也启发了父母应该如何在亲子关系中帮助孩子应对创伤经历。这种安全的依恋模式会提升孩子感知安全与温暖的能力,孩子也可以将与父母间的依恋关系作为一种支持性的资源,帮助自己变得更加强大,积极地看待自己与他人,应对生活中的创伤与挑战。即使在心理干预工作结束后，即便咨询师的离开，孩子也仍能够在生活中找到令自己信任安全的成年人。

二、基于依恋的创伤干预疗法内容

（一）基于依恋的创伤干预疗法概述

基于"依恋"的心理干预疗法即在与来访者工作的过程中，发觉来访者的依恋创伤以及不良的依恋模式对其生活和人际造成的消极后果，并修复这些依恋模式，进而使来访者发展出健康安全的依恋类型（Schwartz et al.，2004），也就是在咨询师的带领与陪伴下，基于依恋的心理治疗使来访者依次经历探索、改变与发展的过程（Hughes，2007）。与传统的家庭治疗不同，基于依恋的心理治疗是通过"二元"互动来完成的，并不是依托于整个家庭来工作。Hughes（2004）提出的双向发展心理疗法旨在解决孩子情绪、行为和适应不良的问题，这种疗法的理论基础就是在孩子与抚育者之间形成安全、熟悉的依恋关系，并利用这种关系帮助孩子应对挑战，管理自己的情绪与行为，形成更加稳定的自我概念。

一个人只有在与他人的关系中感觉到持续的安全时才会产生健康的依恋关系（Sun et al.，2020）。创伤的经历会给个体带来恐惧与不确定感，剥夺一个人感受到安全的能力，突发的危机事件会让曾经安全的环境变得充满恐惧，会使曾经信任的对象变得难以依赖。特别是在生命早期依恋类型形成的关键期，创伤事件的发生会导致不安全依恋的发生（Wiltgen et al.，2015；Huang et al.，2017），迫使孩子去怀疑母亲的安全性与可靠性，加剧他对外部世界的怀疑与担忧。心理发育与认知尚不成熟的孩子会将这种对母亲的不安全依恋、对他人关系的不信任以及对外界的恐惧感根植于心。创伤经历远不只是危机事件那么简单，创伤会使孩子形成对整个世界和他人的负性认知框架，更加难以从与他人的交往中获得帮助与安全，甚至造成严重的心理障碍（Peng et al.，2021）。因此，能够识别并承认创伤对依恋关系的影响也是心理干预的重要一步。

（二）基于依恋的创伤干预中咨—访关系的建立及初始阶段

实际上，创伤干预工作的第一阶段就是搭建起治疗工作的框架，建立基于依恋的咨访关系。帮助孩子和父母开始意识到并接受咨询师对他们生活的介入，通过咨询师的真诚与接纳，营造出安全、可信的咨询氛围。特别是对有创伤经历的孩子而言,心理咨询工作的介入是具有挑战性的。他们会认为咨询工作并不是一种"帮助",而是当作"控制",想要真正的进入心理干预中,这些孩子需要经历一些不同的事情,他们会开始被倾听、被注意,开始与他人建立起信任的联结(Herman,2012)。在建立咨询关系的同时,咨询师要对危机事件中的孩子与家长进行评估,了解他们之间的内在冲突。当然,也要做好不会被告知全部实情的准备,对他们的主诉要做好评估与判断。

在咨询的最初阶段保持透明化,适当地向来访者解释自己为什么要询问这样的问题。对需要依恋创伤干预的个体来说,他们的经历使得他们倾向于保护自己,而不是与他人联系。向他们解释自己的问题,能够避免孩子的很多怀疑,有利于营造安全的咨询氛围。特别在第一次咨询中,我们首先需要让孩子和父母共同参与进来,不能撇下任何一方,其次我们也要给予他们咨询的希望,通过大家共同的配合与努力一定可以创造积极的改变。在接下来的咨询中分别对孩子、父母以及亲子的解离症状作出评估,除咨询谈话外,也可以用一些量表工具辅助完成评估(Armstrong et al. ,1997;Dell,2006;Silberg,2021)。对从未体验过安全依恋的孩子来说,要在孩子与抚育者之间创造安全、和谐、共情与愉悦。不仅在咨询中,也要在家庭和学校生活中让孩子与父母更多地创造这种积极体验。在完成这些准备工作之后,则可以进入处理创伤的阶段。创伤治疗强调干预中处理与整合创伤经历的重要性(Chu,2011;Struik,2014),孩子在探索创伤经历的过程中非常依赖成年抚育者的支持。要促进孩子和父母创造出足够的稳定性,不再使其再一次淹没在创伤的悲痛记忆中(Gil,2006)。在此之后,治疗的重心应侧重于让孩子找到自我,将咨询过程中的改变逐渐迁移到日常的生活中(Gomez-Perales,2015)。

(三)基于依恋的青少年创伤干预内容

正如依恋理论所提到的,父母与孩子的关系是孩子日后与他人交往的基础,一旦父母与孩子的健康互动遭到破坏就会形成依恋创伤。有很多因素会造成这种基本依恋关系的破裂,比如父母的身体疾病、精神状态、家庭变动等(Fraley et al. ,2013;van Ee et al. ,2016b),可能会使得父母与孩子之间难以达成健康的沟通模式以及保持合适的相处距离。当发觉到父母难以满足自己情感与生理上的需要时,有的孩子会表现出"亲职化"(Byng-Hall,2002),他们不信任父母可以照顾自己,开始自己照顾自己甚至承担起照顾父母的责任。由于孩子尚没有能力与充足的准备承担这样的责任,这种颠倒式的亲子关系很可能是危险的。为增强这一阶段孩子与父母之间的依恋关系,在心理干预的过程中可以加入一些额外的小活动(Reese,2018)。一是绘画。通过绘画的方式帮助建立父母与孩子之间的联系与互动。绘画过程中,由一方掌控节奏,另一方跟着进行创作。通过绘画可以看到孩子内心的表达,特别是对家庭的描绘可以反映出孩子对家庭关系和功能的态度,比起语言表达,这种方式会有助于更好地理解孩子的心理活动。二是游戏。痛苦的创伤经历会导致孩子对他人与外部世界的不信任感,在游戏中父母与孩子之间的互动会创造出新的幸福记忆,这些愉快的互动记忆会掩盖掉部分痛苦的回忆,游戏中父母要用温暖、关爱的方式与孩子互动,积极回应孩子的情感与表达,增加孩子头脑中的积极记忆。三是信任重建。有着依恋创伤的孩子会失去对父母的信任,不相信父母可以照顾或保护好自己,这种情况下父母需要重新建立起孩子对他们的信任。除父母之外,有着依恋创伤的孩子也很难信任生活中的其他成年人或权威人物(例如老师等)。因此,在健康依恋关系的建立过程中,父母应该重新给予孩子更多的肯定、准许和帮助。在孩子提出请求时,合理地给予回应,而不是直接否决;在孩子处于不安的情绪状态时,能够耐心地在孩子身边给予陪伴与安抚。

当孩子成长到青春期时,由懵懂走向成熟的他们正在寻求独立,此时家长与孩子之间的依恋模式很容易受到挑战(Li et al.,2020),父母既要给予孩子足够的空间自我探索,也需要在恰当的时机施加一些限制。如果限制过多,可能会令孩子感到被禁锢,使亲子之间的依恋关系难以维持。为此,在基于依恋的创伤干预中,可以通过几方面的工作,增加孩子与父母之间的依恋关系。

首先,引导父母适当地赋予孩子做决定的权利。比起在孩子成人后突然放手,在孩子的成长过程中循序渐进地增加孩子的自主权,成为孩子做决定前的咨询对象,会更有利于孩子的独立与健康依恋关系的维系。当孩子逐步获取一些自主权后,他们会更好地了解和支配自己的生活,也会愿意与父母商讨生活中的重要决定,父母也可以在这个过程中逐渐接受孩子即将独立的事实(Reese,2018)。

其次,父母可以通过让孩子填写"责任—信任"表来评估孩子的权利与责任有哪些,以及自己是否值得信任。父母可以从孩子填写的答案中发现是否存在自己不同意的部分,孩子也可以从中发掘之后可以继续成长的方面(Reese,2018)。

最后,当孩子在发展探索的过程中做出了错误决定,父母要与孩子站在一起共同解决问题。对此,咨询师可以在心理干预之外,以家庭作业的形式要求父母与孩子共同剖析问题的本质并寻找解决的办法。一旦出现错误并造成不良后果,就将共同解决问题的时刻当作教导孩子的机会(Reese,2018)。

在基于依恋的创伤干预工作中,有一些问题是值得注意的。鼓励孩子向咨询师讲述创伤事件并不是干预工作的最终目标,能够叙述创伤的经过只是干预过程的一部分,通过自我表达经历能够帮助孩子实现整合,与信任的人谈论有助于孩子重新构建关于创伤的积极认知。干预的目标也并不是让孩子回到创伤前的样子,而是要帮助孩子平稳地度过危机,拥有掌控不断变化的生活的能力,用积极、健康的方式成长。同样,依恋干预并不是使孩子完全按照父母所期待的那样去表现,而是要让孩子感觉到更加安全、更多的自我控制,也要让父母与孩子之间形成更加紧密的关系,尽量减少冲突。更重要的是,干预的目的并不是让来访者日后的生活不再经历创伤,而是能够以更加积极的心态和依恋关系应对未知的挑战(Gomez-Perales,2015)。

总之,从依恋的视角理解并干预创伤问题为青少年的心理干预工作提供了极具价值的思路与方法。咨询师通过建立起健康的依恋关系或是修复不安全的依恋模式,影响孩子对外界安全与信任的感知以及对创伤后世界的认知加工,进而帮助孩子有效地应对创伤带来的挑战。

第二节 创伤聚焦的认知行为疗法

创伤聚焦的认知行为疗法(Trauma-Focused Cognitive Behavioral Therapy,TF-CBT)是 Deblinger、Mannarino 和 Cohen 创建的一种针对儿童青少年创伤后心理问题的干预疗法。该疗法被广泛地运用于治疗创伤后的儿童青少年 PTSD、抑郁和哀伤等。目前,大量的研究已经证明了该方法在创伤后儿童青少年中的有效性(Cohen et al.,2016a)。甚至有研究发现,与其他治疗方式相比,TF-CBT 疗效的持续性良好,能够在治疗后的 18 个月内依然有效(Jensen et al.,2017)。

该疗法是一个整合的创伤干预方法,它借鉴了家庭治疗、创伤干预、基于依恋的干预、认知行为疗法、人本主义心理咨询等多种方法的思想和手段于一体,尊重来访者的个体特性和家庭情况。在干预的方法运用上,强调灵活性,即在每一次的干预中,不拘泥于一种方法或特定的方法,而是根据来访者及其家庭当下的具体情况给出相应的方法。该方法特别强调家庭的作用,认为家庭中的父母是儿童青少年创伤心理康复的重要支持资源,在进行创伤心理的咨询与干预中,需将父母纳入进行亲子联合干预才能有效地缓解孩子的心理问题。其中,对父母的干预侧重在教养方式和亲子交流等方面的知识和技能提升,能够让灾后的父母切实地成为儿童成长的支持力量。最终,通过一系列的干预方法来提升创伤后青少年的自我效能和家庭应对自身问题、成员心理问题以及外部危机时的能力。所以 Cohen 等(2012)总结了 TF-CBT 的核心观点,认为可以用"CRARTS"来表示,具体为以治疗单元为基础(components based)、尊重文化价值观(respectful of cultural values)、适应及灵活(adaptable and flexible)、聚焦于家庭(family focused)、以治疗关系为中心(therapeutic relationship is central)、强调自我效能感(self-efficacy is emphasized)。

一、TF-CBT 解决的问题

正如前文所述,TF-CBT 主要针对儿童青少年创伤后的心理与行为问题进行干预。那么,该方法到底聚焦哪些具体的问题呢? Cohen 等(2012)用"CRAFTS"来总结治疗师在使用 TF-CBT 时应该关注的内容,具体来说主要是:①认知问题(cognitive problem),即儿童青少年在创伤后对自我、他人和世界的不恰当的认知模式。例如,对创伤事件、自我、他人和世界持有扭曲、不正确的想法。②关系问题(relationship problem),即儿童青少年创伤后与重要他人互动中出现问题。例如,与同龄人之间相处困难,解决问题的能力或社交能力差,在人际交往中往往过度敏感、不懂得交往的技术、不信任他人等。③情绪问题(affective problem),即儿童青少年创伤后在情绪方面出现的问题。例如,持续不断的悲伤、焦虑、恐惧或愤怒等消极情绪,容忍或调节消极情绪状态的能力变差,难以进行自我宽慰。④家庭问题(family problem),即创伤后儿童青少年面临的家庭问题。例如,父母养育技能缺陷、亲子沟通不良、亲子关系紊乱,以及可能存在家庭虐待或暴力导致的家庭功能缺陷等。⑤创伤相关的行为问题(traumatic behavior problems),即儿童青少年在受创后出现的回避行为、攻击性行为、对抗性行为或不安全行为等。⑥躯体问题(somatic problem),即儿童青少年在创伤后,容易出现睡眠困难、生理上的过度紧张、对创伤线索的过度警惕、身体紧张及其他躯体症状等。

二、TF-CBT 实施的过程

在 TF-CBT 的治疗过程中，评估需要贯穿治疗全程。在开展治疗前，治疗师应采用访谈、半结构化的访谈或标准化的量表对遭受创伤的儿童青少年及其家长进行评估。治疗师需要充分评估创伤事件给儿童青少年及其家庭所带来的影响。特别值得注意的是，对儿童青少年行为问题的评估，除了从家长和学校老师处得来的信息之外，儿童青少年的自我报告也是十分重要的信息来源。需要评估的方面包括但不限于儿童的 PTSD 症状、是否有其他的共病症状、是否有自杀的想法、自杀计划等等。对那些存在严重的、长期的行为问题的儿童青少年，以及有过自杀未遂的儿童青少年，在进行 TF-CBT 之前，需要对其进行相应的心理咨询，以确保其情绪和行为的稳定性。

评估儿童青少年创伤前的积极应对方式、情绪调节的策略同样对治疗十分重要。在评估过程中，治疗师可以鼓励孩子分享更多的积极事件，以便评估其讲述积极事件的能力。此时处在治疗的早期阶段，无需注重过多的细节，允许儿童青少年自由阐述，对建立良好的治疗关系，以及后期的创伤叙事十分有帮助。

TF-CBT 是一种亲子联合的治疗方式，除了对儿童青少年的评估之外，还需对其父母进行评估。这对后续治疗过程中为儿童青少年提供心理资源十分重要。治疗师需要评估父母的适应能力、应对能力、创伤经历、在后续治疗中是否可以有效地辅助治疗，以及父母是否存在严重的精神疾病、药物滥用、自杀倾向等问题。

虽然在 TF-CBT 模型中，父母参与对治疗的效果更为显著。不过，如果父母确实无法参与治疗，那么可以由与孩子长期在一起的工作人员（如教师）、亲戚或者其他成年人参与，也能使孩子从中获益。而且，有研究表明，TF-CBT 对儿童青少年进行单独治疗亦有良好效果（Dorsey et al.，2014）。

评估结束后，在开始治疗前，治疗师应为父母和儿童青少年提供评估结果，以及后续治疗的计划，增强他们对治疗的信心。考虑到向儿童青少年呈现过多的信息可能使他们不知所措，所以在将结果告知其父母时，尽量避免孩子在场。此外，治疗师需要简单地跟儿童青少年讲述后续的治疗计划，听听孩子的想法，这对形成良好的治疗关系十分有帮助。

二、具体治疗过程中内容及步骤

Cohen 等(2012)归纳了 TF-CBT 每个治疗单元的首字母,组成缩写为
"PRACTICE"的单词来概括治疗的过程。TF-CBT 的治疗单元分别是心理
教育和教养技能(psychoeducation and parenting skills)、放松(relaxation)、
情绪表达与调控(affective expression and modulation)、认知应对及加工
(cognitive coping and processing)、创伤叙事(trauma narrative)、个体对创
伤线索的"身临其境"掌控(in vivo mastery of trauma reminders)、亲子共同
参与治疗(conjoint child-parent sessions)、促进未来的安全和发展(enhan-
cing future safety and development)。在 TF-CBT 治疗全过程中,每个治疗
单元都对应需要完成的目标,并且在某些治疗单元的技能学习时,还需要依
赖前面治疗单元的技能引入。所以 Cohen(2012)建议,在进行 TF-CBT 的
治疗时,步骤尽量按照顺序进行。

(一)心理教育和教养技能

创伤后的儿童青少年和他们的家长经常陷入痛苦或困惑的情绪中,因
此心理教育是治疗过程中不可缺少的一部分,常常贯穿整个过程。在最初
的治疗阶段里,更需要心理教育。在最初的阶段,除了信息科普之外,治疗
师需要帮助儿童青少年及其家长对创伤事件树立正确的认识。这不仅是为
了让儿童青少年及其家长明白自己遭受创伤后的反应是正常的,消除其耻
辱感(姜帆等,2014),还可以传达出治疗师对儿童青少年及其家长的理解与
尊重,形成良好的治疗联盟,增加儿童青少年及其家长的希望感。心理教育
的内容包括有关创伤事件的一般信息、创伤后的常见情绪和行为反应、如何
控制当前症状的策略、简单地介绍 CBT 等。如果儿童青少年的问题行为出
现在创伤前,必要时治疗师可以先将这些行为问题解决再进行创伤的治疗。
同样,在开始心理教育之前,如果该名青少年的症状严重,则需要渐进的、支
持性的治疗,确保他能够耐受症状引发的痛苦后再开始。此外,治疗师还需
尊重青少年及其家长的宗教、种族、文化背景。

在与父母的单独会谈里,需进行教养技能辅导,例如对孩子的行为进行
表扬、选择性注意、有效的暂停程序、应急强化计划等。这些技能需要家长
结合儿童青少年的情况,在日常生活中灵活地运用,以便强化并增加儿童青
少年的积极行为,中断或减少其消极行为。实际上,对父母的教养技能进行
相应的辅导,其目的在于帮助父母有效地教养孩子,给孩子提供一个温暖、

安全、有积极反馈的家庭环境,从而有助于缓解孩子的问题。

(二)放松训练

PTSD 的生理性反应会在创伤事件发生许久后依然保持高度唤醒的水平。此时,掌握放松技术对减少应激和 PTSD 的生理反应很有帮助。具体的放松技术包括有腹部呼吸放松训练、鼻腔呼吸放松训练、渐进式肌肉放松训练等技术。当然,这些放松训练不仅仅针对儿童青少年,也可以针对其父母开展。需要注意的是,放松训练可以在干预的任何阶段实施,其实施的依据主要根据来访者的具体情况而定。此外,有些儿童青少年及其父母如果不愿意进行放松训练,那么也可以播放音乐助其放松。当然,有些来访者可能不接受任何放松,那么此时咨询师需要告诉来访者,当来访者任何时候想要放松时,可以告诉咨询师,以便进行放松训练等。

(三)情绪表达与调控

暴露在创伤事件下的儿童青少年,大多数会出现情绪问题。对此,这一单元的治疗目标是让儿童青少年在不同情境下,准确地识别自己的情绪,自如地讨论自己的情绪,掌握一些情绪调控技能,例如识别负面情绪的诱发线索,管理自己的情绪。首先,治疗师可以通过与儿童青少年进行情绪识别的游戏,帮助儿童青少年意识到在一定情境下人们经常体验到不止一种情绪,并且在正常情况下这些情绪可能是对立的。其次,一旦儿童青少年具备情绪识别能力之后,鼓励儿童青少年尽可能地、自如且诚实地表达自己的情绪。在这一过程中,父母的作用尤为重要。此时治疗师需要对父母的情绪予以肯定,让家长练习自己的情绪识别能力,帮助其掌握情绪调控技术,提高他们对自己及孩子的情绪耐受力,积极倾听孩子情绪和想法等。最后,使用情绪调控技术帮助儿童青少年及其父母在其情绪被激活时,及时进行调节。情绪调控技术包括思维阻断与积极想象、强化儿童的安全感、提升其问题解决能力以及社交技能的培养等。

(四)认知应对及加工

这个单元的治疗分成两个部分,第一部分是儿童青少年及其父母的认知应对;第二部分是认知加工,即在进行创伤叙事之后,治疗师协助儿童青少年处理创伤体验。认知应对是指一些可以干预认知过程的方法。治疗师鼓励儿童青少年及其父母探索自己的思维和认知、识别并理解属于自己的"内部对话"、正确理解思维、情绪和行为三者之间的关系(姜帆等,2014)。

识别什么是有益的思维；识别情绪与思维的区别和联系；学习如何替换更准确的思维，产生不同的情绪，最后做出不同的行为；以及做出的行为与别人回应之间的关系。最终，儿童青少年及其父母在理解了认知三角的关系之后，能够挑战并更正那些不正确的认知，进而调节自己的情绪，做出更适合的行为。

认知加工，即处理创伤的体验。儿童青少年完成创伤叙事，并多次讲述了创伤事件之后，治疗师需要确认、探索和纠正儿童青少年关于创伤事件的错误认知。此外，在与儿童青少年会谈的同时，治疗师也会与父母讨论和分享儿童青少年的创伤叙事，一旦治疗师发现父母出现错误的认知时，治疗师需要对其进行纠正，以确保父母可以给孩子提供更好的支持。

（五）创伤叙事

创伤叙事，也被称为渐进式暴露，是让儿童青少年逐渐谈论创伤事件发生的过程。这个过程中，可以使儿童对创伤线索逐渐脱敏，减少其回避行为及过度唤醒。同样，也可以使儿童青少年将创伤事件彻底整合到自己的生命中去。当然，创伤叙事的关键不在于准确地描述创伤的客观事实，而是帮助儿童青少年描述、控制那些最强烈的负面情绪以及创伤的侵入性记忆。

创伤叙事的另一个要点是，咨询师需要与父母分享儿童的创伤叙事，这也是为了让父母向孩子提供更多的支持。值得注意的是，在与父母分享前，治疗师必须告知儿童青少年，获得孩子的允许。同时需要提醒父母，不要过于纠结与纠正创伤事件的细节，他们的任务是在解决自己的议题之外，提升儿童对创伤叙事内容的耐受力，保证儿童青少年自如地谈论创伤经历。

（六）对创伤线索的"身临其境"掌控

经历创伤的儿童青少年，可能会存在回避行为，并使这种行为泛化，使其对那些无害的创伤线索也会保持高度的唤醒。因此，这一单元的治疗是通过逐渐暴露的方式，逐步地让儿童青少年习惯于所害怕的环境，控制自己的情绪，解决其泛化的回避行为，让其重新获得自己的胜任力和控制感。当他们克服那些可怕的恐惧，就会获得自我效能感，最后重新回到正常的发展轨迹和社会环境中去。

（七）亲子联合治疗

当儿童青少年与其父母分别在其个人治疗阶段完成了对创伤体验的认知加工之后，就可以进入联合治疗阶段。一小时的联合治疗阶段应包括：儿童会谈 15 分钟、父母会谈 15 分钟、一起会谈 30 分钟。亲子联合参与治疗可以增进亲子之间的情感联结,促使父母为孩子提供良好的支持。

(八)促进未来的安全和发展

在治疗的最后,治疗师需要教给儿童青少年标准的安全保护防备技能,增强其安全感、提升其面对复杂情况时的自信。此外,教授安全技能的时机非常重要,最好在儿童青少年已经完成部分创伤叙事或者其他任务之后。因为如果教得过早,孩子可能会因为自己在遭遇创伤时没能使用这样的技能而产生内疚的情绪,也可能将其混入创伤叙事中,掩盖自己真正的经历。当然,对那些依旧处于高风险(如家暴)环境中的儿童青少年,则需要更早进行安全技能训练。

三、特殊人群使用创伤聚焦认知行为治疗的注意事项

(一)学龄前儿童

学龄前儿童正处于认知能力和语言能力的发展阶段,所以在对学龄前儿童进行治疗的时候,除了直接照顾者的参与外,治疗师在治疗的过程中还需注意使用应与学龄前儿童的认知和语言能力相匹配的材料。同时,在对学龄前儿童进行创伤相关问题治疗时,使用更多的行为技术,而不是认知技术。治疗师也可以在治疗过程中添加治疗性的游戏技术,但值得注意的是,在选择治疗性游戏技术的同时,需要保证 TF-CBT 模式结构完整性,而不是调整结构去适应游戏模式(McGuire et al. ,2021)。

(二)持续创伤的儿童青少年

对存在持续创伤的儿童青少年,他们需要不断地反思,并在危险到来时采取行动,所以他们必须学会区分真正的危险和过度泛化的创伤线索。对治疗师来说,保持治疗的同时需要格外注意安全问题。对此,有研究者提出了四种策略:①安全计划需要在早期就介入,治疗师需要反复确认儿童青少年对环境评估的准确性,并且与创伤儿童一起进行多次详细完整的计划演练。②提升成人的参与度,给予创伤儿童更大的支持。③通过创伤叙事来强化区分过度泛化的创伤线索和真正的危险的能力。④提供儿童青少年求助的途径和信息等(Murray et al. ,2013)。

第三节　青少年创伤心理家庭干预的团体方案

基于我们之前的研究发现和对策探讨的内容,在对灾后青少年创伤心理反应进行家庭干预时,除了直接对青少年进行心理危机干预之外,更重要的是改善其家庭功能,保障家庭功能良性运转;解决父母的心理问题,阻止创伤的代际传递;提升父母的心理健康素养,加强父母对孩子心理问题的识别与应对能力;改善父母的夫妻关系,为家庭营造和谐的环境;优化父母的教养方式,增加亲子之间的有效沟通等。为了实现上述目标,本章主要采取团体辅导的形式设置干预目标、设计干预内容、开展干预活动等。通过团体辅导,可以弥补现有个体咨询方法的不足,大规模地对灾后家庭进行相应的创伤干预和辅导,更加方便当地学校、社区街道办等机构人员操作开展。针对以上问题,开展团体活动,不仅可以直接为青少年创伤心理缓解提供良好的环境氛围,缓解青少年的创伤心理问题;也可以提升父母的心理健康教育能力,为青少年创伤心理持续干预提供了保障。

一、重大灾后家庭功能的改善方案

通过对以往的研究进行分析,我们发现即便家庭成员的创伤心理问题已得到缓解,如果家庭功能没有得到改善,青少年的创伤心理问题依旧会反弹,因此可以认为家庭功能对青少年创伤心理的影响更大。我们对家庭功能影响青少年创伤心理问题的研究开展了元分析(Ye et al. ,2022),根据家庭功能的环状模型、Beavers 的家庭功能系统模型、McMaster 的家庭功能模型、家庭功能的过程模型,结合以往的综述,将家庭功能分成家庭冲突、家庭凝聚力、家庭灵活性、家庭沟通、家庭规则和家庭情绪/情感等六个方面。因此,在改善灾后家庭功能方面,也需要从这六个方面入手(见表 11-1)。

表 11-1　家庭功能改善的方案设计

主题	目标	活动内容	材料
初识家庭规则	·团体的建立与初识 ·帮助成员更多地了解自己的家庭结构,包括家庭中不同成员的关系和家庭成员间的规则 ·对家庭规则进行反思	·松鼠与大树 ·我们的家谱图 ·我们家庭的规则 ·总结与分享	纸张、铅笔、尺子、橡皮、彩笔、黑笔、椅子、家谱图的样例

续表

主题	目标	活动内容	材料
家庭沟通	·识别家庭成员的沟通模式 ·体会不同沟通模式所带来的感受 ·选择合适的家庭沟通模式	·反着来 ·识别家庭沟通模式 ·角色扮演 ·你说我说	椅子
家庭凝聚力	·通过合作,拉近家庭成员间的距离 ·增进家庭成员间的信任 ·增强家庭凝聚力	·合力运气球 ·一起去旅行 ·障碍盲行 ·分享与总结	气球、篮子、彩笔、纸张、眼罩、桌子、椅子
家庭冲突	·帮助家庭成员更坦率地谈论家庭冲突 ·探索冲突的原因和解决方案 ·讨论如何帮助家庭变得更加平衡、和谐	·热身活动 ·火柴测试 ·OH卡 ·总结分享感受	四色彩色火柴、四色彩笔、白纸、笔、OH卡
家庭灵活性	·了解家庭成员各自的边界和追求 ·了解家庭成员各自的需要,以及对家庭其他成员的期待 ·讨论如何满足家庭成员的期待、如何处理那些没有被满足的期待	·同舟共济 ·价值拍卖 ·听听我们的期待 ·总结和分享感受	报纸、道具钱、白纸、笔、拍卖槌、椅子、桌子
家庭情绪/情感与告别	·识别和觉察自身情绪和家庭情绪 ·学习传递积极情感 ·总结活动的感受和收获,告别团体	·情绪脸谱 ·情绪温度计 ·家庭爱心卡 ·告别	情绪温度计记录表、A4纸、画笔、椅子

二、灾后父母心理问题的疏解方案

　　破碎世界假设认为,灾后心理问题的出现是由于个体原先形成的关于世界、他人和自我的稳定信念出现失衡导致的(Janoff-Bulman,1989)。这会使得个体在灾难后容易受到失控感带来的消极影响,在支持性的环境中,个体可以在相互的沟通中对创伤事件进行积极的思考,帮助个体重新获得控制感,应对压力,调节灾后消极情绪(王文超等,2018b;黄维健等,2022)。还有研究发现,获得掌控感以及有效的情绪调节和应对方式是缓解心理问题的重要因素(刘恋等,2012;陈锦惠,2021;胡晓晴,2022)。因此本节针对如何应对压力、获得支持和掌控感、调节情绪提供团体辅导方案,帮助父母疏解灾后心理问题,详见表11-2。

表 11-2　父母心理问题疏解的方案设计

主题	目标	活动内容	材料
破冰与自我探索	·建立团体契约,酝酿团体氛围 ·活跃团体气氛 ·互相认识,增进理解 ·建立团体凝聚力 ·分享入组动机,帮助团体成员设置合理的活动目标	·开场 ·无家可归 ·初识 ·四宫格 ·总结分享	暖场音乐、四宫格纸、彩笔
支持与沟通	·帮助团体成员了解和觉察人际沟通中的不良模式 ·促进成员间的相互了解,体会言语信息与非言语信息的异同 ·总结活动,营造支持性的团体氛围	·棒打薄情郎 ·身体雕塑 ·一人一笔 ·夸夸你我他	棒子、白纸、彩笔、爱心纸
压力应对	·将团体成员代入此时此地,烘托团体氛围 ·帮助团体成员觉察梳理压力来源 ·探索压力信号,提高压力管理能力 ·体验和学习减压的冥想	·压力的社会测量 ·生活的高帽 ·压力画像 ·正念冥想	表格纸、白纸、彩笔、冥想音频
控制感	·帮助团体成员觉察控制感的变化,探索应对方法 ·帮助来访者解构不确定感,挖掘应对资源	·解开千千结 ·控制感曲线 ·情绪涂鸦 ·相互赋能	坐标纸、白纸、油画棒、胶水
情绪调节	·识别他人情绪,理解和表达他人情绪产生的原因 ·正确认识并学会应对消极情绪 ·回忆并感知自己的情绪,梳理其发生的条件和频率 ·学会发现和分享积极情绪	·情绪猜猜猜 ·情绪分享会 ·情绪金字塔 ·快乐时刻	情绪卡片或视频、踢猫效应视频、卡纸、彩笔
告别	·总结主题内容 ·相互回应,相互支持 ·告别	·主题总结 ·你来我往 ·想对你说	信封、纸张、笔

三、父母心理健康素养的提升方案

　　近 20 年来,国民心理健康素养成为公共卫生和政府关注的重要议题,父母心理健康素养不仅关乎父母自身的心理健康水平,也对孩子心理发展起着至关重要的作用。根据江光荣等(2020)的界定,心理健康素养应包括促进自身及他人心理健康,应对自身及他人心理疾病方面所养成的知识、态度和行为习惯。因此,本节将在此定义的基础上,从父母识别心理疾病/障碍的知识、培养父母正确看待心理疾病的态度,以及父母如何促进孩子及自身心理健康的技能等目的出发,提供相关团体辅导活动方案。

225

表 11-3　父母心理健康素养提升的方案设计

主题	目标	活动内容	材料
团体启动	·澄清团体设置 ·促进小组成员相互认识,提高团体亲密度 ·初步了解心理健康,建立对心理健康的正确认知	·团体介绍 ·分组活动 ·认识你我 ·初识心理	A4纸、笔、卡纸、彩笔、心理教育小册子
心理课堂	·了解每一种常见的心理障碍并学会分辨	·心理课堂 ·讨论环节	课程材料、心理量表
伴你成长	·学习促进孩子心理健康的技巧 ·帮助成员了解自己与孩子的沟通模式 ·练习共情和倾听	·心理教育 ·听我说 ·与你一起 ·家庭作业	PPT、作业卡片
回到当下	·帮助成员认识到接触和感受当下对促进心理健康的重要性 ·帮助成员觉察情绪,学习与情绪相处,具象化表达情绪	·接触当下 ·觉察情绪 ·心理教育 ·家庭作业	PPT、作业卡片
关爱自己	·介绍自我关怀的要素,日常练习自我关怀可使用的小技巧 ·帮助成员认识到苦难的普遍性和共同性 ·感受自我关怀中的冥想和正念部分 ·练习自我关怀表述	·心理教育 ·我们都一样 ·正念练习 ·爱自己 ·家庭作业	PPT、纸、笔、作业卡片
离别时刻	·回顾和检验成员对心理疾病学习的情况 ·对团辅进行回顾,总结收获感受 ·处理分别情绪,互相告别	·快问快答 ·回顾历程 ·道别	PPT、A4纸、笔、卡片、自制积分卡、小礼物

四、重大灾后夫妻关系的改善方案

根据家庭系统理论,家庭是由夫妻子系统、亲子系统、代际子系统等不同子系统相互作用构成的有机体。家庭中的个体承担多样的家庭角色,每个家庭角色背后有其对应的家庭子系统,通过个体本身以及子系统内二元关系的相互作用进而对其他子系统产生影响(Krishnakumar et al.,2000)。家庭发展二元动力理论(Elder,1984)认为,伴侣各自的心理状态与个人发展不仅会决定他们在关系中的行为表现,也会调节伴侣的心理状态和个人发展。同时,研究者认为,夫妻子系统可以影响青少年的创伤心理反应(Green et al.,1991;Bachem et al.,2018),良好的夫妻关系可以缓冲创伤事件对孩子心理造成的冲击(Zhou et al.,2017;Bachem et al.,2018),提升孩子面对灾难的韧性,有助于孩子的心理适应和发展。鉴于此,改善灾难之后的夫妻关系,营造良好的家庭氛围是一种维护青少年心理健康的家庭心理疏导策略。

赵芳(2011)在总结前人研究的基础上发现,身体接触、性接触、自我表露、分享、无条件支持、合作、公平感、承诺等是影响夫妻关系的核心要素。同时,灾难将"死亡"等存在议题带入夫妻关系中,共同感受痛苦也是一种疗愈。通过系统外的危机给夫妻子系统带来再次深度联结与共同面对系统外危机的机会。因此,本方案主要通过大团体实践进行心理教育,建立系统外支持体系,改善个体心理状态,构建意义感,提供情绪涵容空间以及夫妻感受问题普遍性的机会;通过夫妻二人在团体中的"二人时光"修复各自的角色功能,改善夫妻子系统互动模式,增加夫妻关系中的亲密感和支持感。

涉及家庭的灾后心理干预要特别注意其中的文化适应性,每个家庭所在地区及其家庭系统本身都有其文化的独特性。因此,在团体干预的设计与实施过程中,要充分了解受灾家庭的情感与互动特点,从他们的视角出发,对方案进行相应的调整,详见表11-4。

表 11-4　夫妻关系改善的方案设计

主题	目标	活动内容	材料
相聚欢	·带领者和成员相互认识,澄清团体目的、设置、方式和意义等 ·进一步收集成员在团体中的期望,形成适合团体的工作方向	·心理教育:夫妻团体是什么 ·认识你我:其实这是我。我来这里希望获得什么 ·安全港湾:详谈团体设置 ·二人时光:二元对谈此时此地的感受 ·收尾:为何再见	事先拍摄的团体视频或者影视作品中的心理团体视频、玩偶、沙具、大白纸、彩笔
有幸再见	·从分离与重聚的体验中引入灾难对生活秩序的扰动这个主题,处理团体中第二次的任何变动 ·协助成员识别和处理个体与关系层面的灾后应激反应	·心理教育:我们遇到了什么 ·认识你我:我发现自己发生了这些 ·安全港湾:正常化反应并团体协商反应调节策略 ·二人时光:夫妻互助心理调适 ·收尾:有缘在此	相关资料、柔软的球或者抱枕
缘字诀	·团体基本稳定,强调在安全与稳定的联结中,心理状态可以得到修复 ·在团体中学会爱。引入有关亲密关系经营的主题内容	·心理教育:安全与爱的关系 ·认识你我:回忆夫妻关系中最让自己感觉安全有爱的时刻,并在团体中分享 ·安全港湾:从这些有爱的时刻中可以发现亲密关系经营的一些要点,引入依恋的四大维度 ·二人时光:感恩有缘,感恩有你 ·收尾:源源不断	灾后家庭互动的案例、抽签的小话题

续表

主题	目标	活动内容	材料
爱情密码	·通过案例视频解密亲密关系对话背后的表层情绪和深层情绪,学习识别非言语信息和问题外化叙事 ·了解夫妻关系中常见的互动模式	·心理教育:从"Ta 从来都不了解我"到"恐惧让我们无法真的了解彼此" ·认识你我:夫妻二人回忆总结二人沟通中最常出现的状况 ·安全港湾:从这些常见状况来学习夫妻关系互动的常见模式 ·二人时光:"原来你只是……" ·收尾:我们的关系密码	外化关系叙事材料、关系模式材料、计时器、气球、飞镖、纸条
转角遇爱	·结合依恋的视角,练习将灾后这些时间里,自己和夫妻关系中出现的一些反应进行重新理解与解读,形成新的主题关系叙事 ·正常化关系中的正负面沟通方式 ·化危为机,借助灾后生活规律中断的时间,化解关系中冰冻的地方,转冲突与抱怨等为爱的表达	·心理教育:"这才是我们" ·认识你我:夫妻二人总结二人沟通出现过的转危为机加深理解和爱的体验,并且倾听他人的故事 ·安全港湾:从化危为机的经验中总结夫妻关系转变的经验,引入伴侣沟通的良性对话 ·二人时光:以依恋和良性对话的视角开展一场二元对话 ·收尾:"原来这才是他"	黏土、计时器
学会分别	·学习夫妻关系深化的其他技巧 ·从团体分离中了解自己的分离焦虑,学会应对分离 ·带走对后续培养感情有益的要素 ·团队告别,互赠祝福	·心理教育:"去创造属于我们独特的完美爱情而不是挑剔完美与否" ·认识你我:"分别于我于你" ·安全港湾:宽恕、性爱、抚触、重聚如何助力有活力的夫妻关系 ·二人时光:"过去的就让它过去,从现在开始创造我们的未来" ·收尾:互赠祝福	彩笔和画纸、弹指操、祝福卡

五、重大灾后教养方式的优化方案

灾难发生之后,父母可以保护孩子免受创伤,或者缓冲创伤带来的心理伤害(Jobe-Shields et al.,2017;Yoder et al.,2020),影响孩子的创伤反应和心理复原(Williamson et al.,2017;Hiller et al.,2018)。亲子间的互动可能会影响儿童青少年灾后的身心反应(Pfefferbaum et al.,2015),其中父母教养和亲子沟通就是重要的亲子互动活动。

教养方式是指父母在养育子女的过程中表现出的一种相对稳定的行为

模式(张文新,1997)。积极的教养方式能够改善青少年的心理健康,消极的教养方式则会阻碍青少年的个人成长和心理健康(安伯欣,2004;Francis et al. ,2021)。Floyd(2006)提出的情感交换理论认为,父母给予孩子过多或过少的情感都是不合适的。如果父母给予孩子过多的爱,或者这种爱超过了孩子对爱的最佳容忍范围,孩子就很难体验到爱所带来的好处,甚至可能导致不健康的反应和行为(Floyd,2006)。拒绝型教养方式往往意味着冷漠、不赞同和低反应性(Maccoby,1992;Clark et al. ,2000)。在这种教养方式下,孩子对亲密关系和被保护的需求很少得到满足,他们会形成一种不安全的依恋关系,可能会采取消极的方式对待自己和他人(Koehn,2018)。同样,过度保护,即父母过度参与儿童的活动使其缺乏自主权,被认为会阻碍儿童自我效能的发展,降低他们对威胁的敏感性(Wood et al. ,2003)。研究发现,拒绝和过度保护的教养方式可能会促进个体的心理病理症状的发展,特别是 PTSD(Bailey et al. ,2012;Bokszczanin,2008),但这种消极的教养方式与个体的积极结果并不相关(Baumrind,1991)。此外,具有温暖、情感表达、给予自主权和支持的教养方式是重要的保护性因素,它们可以为孩子提供充分的安全感,增强个体克服消极生活事件和危机的能力(Zakeri et al. ,2010;Marsac et al. ,2013),防止儿童出现心理和行为问题(Reinherz et al. ,1989;Dadds et al. ,1992),并且通常与良好的心理调适和结果相关(Nelson et al. ,2015;Reed et al. ,2016)。

此外,亲子沟通也会影响青少年的心理健康。根据抑制与表露理论(theory of inhibition and disclosure),创伤经历很可能引发个体心理问题,但如果个体避免谈论该事件,可能会进一步增加心理疾病发生的风险(Pennebaker et al. ,1988)。相反,个体之间良好的自我表露可能有助于 PTG 的实现(Tedeschi et al. ,2004),这强调了沟通在个体创伤反应中的重要性。研究表明,积极的亲子沟通有利于青少年心理健康的发展,有问题的亲子沟通对青少年心理健康有负面影响(安伯欣,2004)。在创伤事件后,亲子沟通可以帮助个体消化和面对自己的经历,防止他们发展为 PTSD(McCarty et al. ,2003)。有问题的家庭沟通会增加患 PTSD 的概率(Acuna et al. ,2017;Bountress et al. ,2020)。

不同的教养方式会导致不同的灾后心理反应,这可能与亲子沟通方式有关。沟通被认为是家庭社会化中最重要的因素(Stafford,2004),家庭沟通模式会影响个体的认知、行为和心理结果(Koerner et al. ,2002)。因此,亲子沟通可能是青少年灾后心理健康的重要促进因素。亲子沟通可以分为开放型亲子沟通和问题型亲子沟通。开放型沟通的主要特征是反思性的倾听和支持性的陈述,它鼓励个人交流和分享彼此的需求和偏好(Olson,1993;Semeniuk et al.,2016)。问题型亲子沟通是指父母和孩子在沟通过程中都不能充分或真实地表达自己的想法或意见,或避免谈论一些问题(Barnes et al.,1985)。根据家庭功能的环形模型,在适应性和凝聚力方面相对平衡的家庭一般有更多积极的亲子沟通(Olson et al.,2003),然而,在适应性和凝聚力方面失衡的家庭中,有问题的亲子沟通更常见(Barnes et al.,1985)。这与"在一个温暖和支持的家庭环境中,父母和青少年可以对某一问题进行开放和耐心的讨论,较少出现冲突和分歧"的观点一致;反过来,在冷漠和缺乏支持的家庭环境中,父母和孩子在沟通中可能会更加回避,导致更多的问题和冲突(Rueter et al.,1995)。这意味着不同的教养方式可能导致不同的沟通方式。研究发现,重复的低质量亲子互动会阻碍个体良好沟通风格和技能的发展(Bartek et al.,2021),积极的养育方式有助于亲子沟通(刘强,2011)。具体来说,温暖、支持的教养方式对亲子沟通有积极的影响,相反,当父母表现出更多的惩罚、拒绝、过度保护和干涉等行为时,会对亲子沟通产生消极的影响(安伯欣,2004;刘强,2011;Segrin et al.,2012)。因此,要充分认识到父母教养方式的重要性,对方案进行相应的调整,见表11-5。

表 11-5 父母教养方式优化的方案设计

主题	目标	活动内容	材料
相见相识	团体成员彼此之间相互认识,相互熟悉	· 成员介绍 · 家庭海报 · 总结与分享	若干张动物图片、全开纸张以及若干盒彩色水笔
辨识教养方式	带领各个家庭了解和学习不同类型的教养方式相关知识,辨识自己家庭的教养方式,学习如何改善家庭的教养方式	· 评估阶段 · 心理教育阶段 · 讨论与分享	自陈式问卷、PPT
观察和感受教养方式	带领各个家庭在不同活动以及讨论的过程中更深入地观察和体验自己的亲子互动模式	· 热身活动——"大手指抓小手指" · 拼图游戏 · 叙事 · 评估与结束	若干个规格和尺寸相同的拼图

主题	目标	活动内容	材料
辨识不同亲子沟通风格	带领各个家庭了解和学习不同类型的亲子沟通风格,辨识亲子间的沟通风格,学习如何培养良好的亲子沟通风格	• 评估阶段 • 心理教育阶段 • 讨论与分享	自陈式问卷、PPT
观察和感受亲子沟通风格	带领各个家庭通过观看视频并对视频内容进行讨论的形式,更深入地体会消极亲子沟通所引发的不良反应,帮助各个家庭练习积极的沟通方法	• 热身活动——"亲子蹲" • 观看视频并讨论(以亲子沟通出现问题为例) • 非暴力沟通练习	PPT、自陈式问卷
拥抱与离别	举行最后的团体告别仪式	• 回顾与总结 • 集体大海报 • 拥抱家人	若干全开纸张以及若干盒彩色水笔

第十二章　以家庭为核心的青少年创伤心理干预生态系统模式

在重大灾难后青少年创伤心理干预过程中,我们认识到家庭的重要性,但并不否认社会和学校系统的作用,而是认为社会、学校和家庭相互协作才能确保青少年创伤心理干预的有效性。为此,我们在新冠疫情初期就提出了青少年创伤心理干预的社会—学校—家庭整合模式(Zhou,2020)。不过,该模式只是相对粗略地介绍了社会、学校和家庭在青少年心理问题缓解中的作用,并没有深入分析社会系统中不同组织的作用,也没有对家庭系统的作用进行细化。为此,基于我们提出的创伤心理反应的三阶段加工理论和实证研究结果,结合创伤心理家庭疏解方案,本章拓展了我们之前提出的青少年创伤心理干预整合模式,构建了一个以家庭为核心的、涵盖重点支持系统的青少年创伤心理干预模式,即以家庭为核心的青少年创伤心理干预生态系统模式。

第一节　青少年创伤心理干预的社会—学校—家庭整合模式

Bronfenbrenner(2005)的生态系统理论认为人生活在自然界中,其心理、行为发展必然受所处环境系统的影响。这些系统不仅包括宏观的文化系统,也包括诸如社区的外在系统以及家庭、学校等中观系统,还包括个体自身这一微观系统。在生态系统理论看来,个体的发展是不同系统整合的结果,同一系统内的组织会发生相互作用,上位系统的组织会影响下位系统的组织。在生态系统理论看来,对个体影响最为直接的外在环境因素应该是家庭和学校等中观系统,不过这种系统也会受到其外在系统或社会和文化等宏观系统的影响。

在这个理论基础上,我们认为对创伤后青少年心理的干预也应该是多元系统整合的。对青少年而言,家庭和学校是其重要的生活场所,对其影响最为直接。社会环境因素可以直接影响青少年,也可能通过学校和家庭来间接影响青少年,因此在青少年心理干预过程中,外在的社会系统也是需要考虑的关键因素。基于此,我们初步构建了整合社会—学校—家庭视角的心理干预模式(Zhou,2020),见图 12-1。

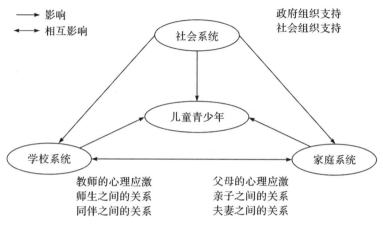

图 12-1 青少年创伤心理社会—学校—家庭整合的心理干预模式

在这个模式中,我们强调对灾后青少年创伤心理的干预不是某个组织或系统可以实现的,应该是多个系统发力、多元合作的结果。其中,最重要的系统主要包括社会、学校和家庭。接下来,我们将细述每个系统在青少年创伤心理疏解中的作用。

一、社会系统对青少年创伤心理疏解的作用

在社会系统层面,灾后对青少年进行直接干预或提供支持的组织主要是政府组织。例如,新冠疫情以来,教育部和卫健委多次出台了疫情下青少年心理危机干预的指导方案,对青少年创伤心理干预给予了政策性的支持,为心理危机干预指明了方向;教育部组织相关力量,先后在华中师范大学和华东师范大学开设了"教育部华中师范大学心理援助热线平台"和"教育部华东师范大学心理援助热线平台",针对青少年可能出现的创伤心理反应给予直接的心理援助;疫情发生地的政府部门也会组织力量为所在地青少年提供物质支持和心理帮助。

在社会系统层面,还有一股重要的、不可忽略的力量,那就是社会其他组织,包括高校、公益组织等。新冠疫情以来,各地高校纷纷组织各种心理

讲座,甚至派遣心理教师赴一线参加心理援助工作;此外,有些高校也组织教师针对青少年出现的心理问题撰写推文或编写书籍,这些无疑都会对青少年创伤心理的疏解发挥积极作用。

（一）社会系统对青少年的直接支持

重大灾难之后,社会系统在对青少年创伤心理疏解或干预中发挥着至关重要的作用,它不仅可以为青少年心理干预提供政策支持和物质保障,也可以直接对青少年实施干预。不过,需要注意的是,社会系统的力量在进行干预时,由于社会组织的多样性,在协同方面可能出现涣散的情况,容易导致不同的社会组织对某一群体或个体实施"轮番轰炸"式心理干预,造成资源严重浪费,导致受干预青少年选择困难,甚至加剧其原有的心理问题。因此,我们认为社会系统在对青少年进行干预时,一定要有系统性、协调性,以教育行政部门、卫健委、团委、公安部门等为主导,整合医院、高校、公益机构等其他社会组织对青少年提供有针对性的干预。

（二）社会系统对青少年的间接支持

随着灾后重建工作的完成,社会系统的力量必然要逐渐退出受灾地区。这不仅无法对青少年进行持久的干预,难以确保干预效果的持久性;也会造成其与青少年已建立的情感联结中断,容易引发青少年在情感上的"二次创伤",加剧已有的问题。因此,在这种情况下,社会系统的力量不仅要关注青少年本身,还要考虑与青少年关系密切且持久的人群作为干预的对象,通过向这些人群提供帮助,缓解这些人群的心理问题,对其进行心理健康知识和技能的培训,以便可以通过这些人来对青少年实施长期持久的心理疏解。现实生活中,与青少年关系比较密切的人群主要包括两类,即学校和家庭系统中的人群。因此,在我们的干预模式中,社会系统的另一个重要作用就是为学校和家庭系统提供支持。

社会系统力量在对学校系统提供支持时,需要从以下几个方面入手:①政策指导。出台或颁布相关创伤心理干预或疏解的法律法规或有关文件,指导中小学校合理、有序、高效地对全体青少年学生开展创伤后的心理健康教育工作,对有一般心理问题的学生开展团体辅导或个体咨询,对有严重心理问题的学生进行转介。②客观支持。社会力量应该在灾难来临时或之后为受灾群体提供应对灾难的相关必需品,如食物、药物、口罩、防护服等等,也要提供满足学校正常运转和学生正常生活所需的物品,如教学办公用具、毛巾、牙膏等等。提供这些物品,可以满足学校和学生的安全需要,增加其安全感和控制感。此外,加大学校心理健康教育的师资配置,增加相关编制,确保有足够的师资力量来对全体学生开展心理健康服务。③心理支持。实际上,灾难给受灾群众带来了巨大的心理冲击。不过,相对其他民众而言,灾难后的教师面临着更多的挑战,除了要面对灾难给自身带来的情绪问题,还要坚持教学任务,关心学生心理状况(侯志瑾等,2014)。因此,他们的心理问题可能更加严重,这不仅直接影响其教学,甚至可能对学生心理产生不良影响。为此,中小学教师的心理问题应该成为灾后心理疏导的一个重要议题。现实是,灾后中小学教师的心理问题却没有得到广泛的关注。例如,新冠疫情以来,中小学心理危机干预的主要对象是学生,例如针对学生,建立了心理服务热线、编制了心理自救手册等。不过,却相对忽略了对教师心理问题的干预。由于教师身份的特殊性,他们不仅可能出现疫情后创伤心理反应,而且还可能出现由教学引发的倦怠和适应问题,针对普通民众的心理干预即便可以缓解教师的创伤心理反应,不过并不能有效、彻底地缓解其倦怠和不适应等问题。因此,社会系统的力量应该为教师提供更好的支持。一方面,要对其出现的心理问题给予相应的疏解,确保教师以积极向上、理性平和的心理状态来面对工作和学生;另一方面,要对其加大心理健康知识技能的培训,让其掌握相应的知识技能,在灾后日常教学中能及早地发现、识别和处理学生的心理问题,甚至掌握专业求助的渠道,能够有效地求助专业人士的帮助等。社会力量通过对学校系统的支持,可以借助学校力量来实现对青少年的持久干预。

　　社会系统力量在对家庭系统提供支持时,可以从以下几个方面入手:①建议指导。帮助灾后家庭切实落实《中华人民共和国家庭教育促进法》,为家长选择或提供青少年心理健康读本和视频,指导家长开展家庭心理健康教育工作。②客观支持。政府部门和相关社会力量为相关家庭提供物质的支持,特别是生活必需品。尤其是在重大的突发公共卫生事件期间,要保障被隔离家庭的生活。为了实现这一点,应该发挥社区的作用,将社会救援物资有序地供应给相关家庭。③心理支持。实际上,如何在灾后对家庭进行心理援助,这一点我们已在前面的章节详细论述。对灾后家庭的支持,除了直接对孩子进行心理服务之外,更需要对父母进行心理帮扶,以避免创伤代际传递问题出现。另外,要对家庭关系进行相应的辅导,改善夫妻关系、亲子关系等,为青少年创伤心理疏解提供积极的、安全的家庭氛围。

二、学校系统对青少年创伤心理疏解的作用

在学校系统中，与青少年关系比较密切的人员主要是教师和同伴，因此学校对青少年进行心理问题干预时，除了直接对青少年学生进行心理干预之外，也可以通过改善师生关系和同伴关系来缓解青少年心理问题。此外，心理问题具有"传染性"，教师常与学生在一起，一旦教师在灾后出现了创伤心理，那么教师很可能会在与学生的互动中将这种心理"传染"给学生，加剧学生的心理问题。因此，提升教师的心理健康水平，帮助其掌握心理健康教育的相关知识和技能，也可以有效地缓解青少年学生的心理问题。

（一）改善师生关系，增加教师对学生的支持

现有研究表明，良好的师生关系充满了温暖、情感支持和彼此之间的信任（Maulana et al.，2014）。这一方面可以给学生提供更多的支持和帮助，帮助其解决问题；另一方面也可以为学生提供一个积极、安全的环境氛围，能够促使学生积极地寻求他人的帮助（Halladay et al.，2020），使其直面自己的遭遇，主动探究自己遭遇背后所蕴藏的意义，实现创伤后的适应。因此，大量的研究发现，良好的师生关系可以有效地缓解学生的心理问题（Krane et al.，2016；Huang et al.，2018）。当前，在我国的中小学校心理健康教育过程中，教师主要涵盖了专业的心理健康教育教师（以下简称"心理教师"）、学科任课教师、学校领导等三类。在关系促进成长模型看来，良好的关系主要体现在支持方面（Feeney et al.，2015），因此我们将分别论述心理教师、学科教师和学校领导对青少年学生的支持。

心理教师对青少年学生的支持主要体现在对心理健康教育和心理干预方面，其中心理健康教育主要通过学科课程传授心理健康方面的知识和相关技能，采用活动课程帮助学生养成新的知识技能或纠正不适当的认知和行为习惯，这种课程重点是面向全体学生。然而，灾后一些学生已经表现出明显的心理问题，但尚未达到药物治疗的标准，此时也可以通过心理干预的方式对其疏解。为此，心理教师可以利用通过个体咨询和团体辅导对其进行心理干预，可以采用认知—行为疗法、暴露疗法、系统脱敏、深呼吸调整、冥想放松、表达性艺术治疗等方法。不过，需要注意的是，灾后也有极少部分学生出现了严重的心理问题，甚至出现了精神障碍问题，此时学校心理教师要能够及时地识别并告知学校领导层，与学生家长一起，将学生转介到医院的心理科或精神专科医院进行就诊。

学科教师对青少年学生的支持主要体现在日常的教学活动中,具体体现为对学生学业情况和心理状态的识别与教育等。重大灾难之后,特别是灾后刚复课时,教师在关注学生学业的同时,应该邀请心理教师组织心理健康活动课,避免竞争性的学业评比,以免诱发或加剧有关学生的心理问题。学科教师还需要懂得如何营造积极的班级氛围,特别要营造一种安全的、互相支持的、鼓励自我探索的班级氛围,这样可以促进学生一起合作解决所面对的共同问题,有助于学生进行自我反思,最终可以帮助学生缓解自身的心理问题。此外,学科教师,特别是学生的班主任经常与学生在一起,能够在日常生活中观察到学生的心理和行为变化,这就需要教师能够识别哪些变化是积极的、哪些是消极的变化,并对学生的消极心理与行为给予疏解。对那些有心理问题的学生,且自己无法有效应对时,学科教师应该寻求专业人士的帮助,同时需要向校领导报备,通知家长有关学生的情况,争取家长的支持。

学校领导对青少年学生的支持主要体现在对学生的直接支持、对心理辅导活动的管理等方面。重大灾难后,学校领导特别是团委、分管思想政治教育和心理健康教育等方面工作的领导,可以直接联合家长一起对青少年学生进行直接的、初步的心理辅导,也可以协同心理健康教师一同对青少年学生进行心理健康教育。此外,学校领导需要给予学校心理健康教育工作大力的支持,在组织课程、安排心理健康教育活动、教师心理培训、心理教师师资引进、中小学生心理状况研究等方面给予重视和直接的支持,营造一个良好的学校心理健康氛围,也可以实现对中小学生进行长期的心理维护,提升学生的心理健康水平,促进其实现创伤后的成长。

(二)改善同伴关系,促进同伴之间的共同应对

在学校系统中,除了师生关系之外,另一个与其密切的关系在于同伴关系。现有的研究已经发现,在重大灾难之后的短时间内,良好的同伴支持有助于缓解其心理问题(Sokol et al.,2020),促进其积极地成长(Sun et al.,2022)。因此,从同伴关系入手,改善同伴关系的质量,也是缓解创伤后青少年心理问题,提升其心理健康水平的一个重要措施。现有的研究认为,青少年同伴关系的影响因素主要包括了学校、家庭和自身影响(刘翠花,2022),因此在对青少年同伴关系进行改善时,也应该从这几个方面来考虑。不过,本部分主要是从学校系统出发对其进行改善,其方法有如下几种(刘翠花,2022):

1.形成积极的同伴关系认知

对同伴关系的积极认知直接影响其后续的同伴关系行为,为了改善学生的同伴关系,首先要做的是帮助学生形成积极的同伴关系认知。为此,学科教师和心理健康教师可以在日常的教学活动中增加同伴关系相关方面的内容,在教学的过程中向学生输出关于同伴关系的积极内容。例如,学科教师可以举例来说明,同伴关系可以帮助学生有效地完成作业,提升学生学习的效果。心理健康教师可以专门开设相应的活动课程,让学生在体验活动的过程中,积极认识同伴关系的重要性,增加他们对同伴关系的积极认知。此外,学校要营造助人为乐、良性合作的校园环境,在这种环境下,青少年学生更容易相信同伴,更愿意与同伴合作,并在合作的过程实现对同伴关系的积极认知。

2.加强同伴交往的积极体验

学校可以提供给学生更多参与活动体验的任务,例如活动课、兴趣小组、课外活动、第二课堂等,让学生进行各种形式的同伴交往。在交往的过程中,增加其积极的心理体验,获得更多的心理愉悦感。这一定程度上可以提升其与他人交往的意愿,增加后续的交往行为,从而也有助于改善个体的同伴关系。

除此之外,在具体的策略方面,现有研究认为主要从口头教导、角色扮演和行为强化等方面入手(夏扉,2000;韩虹新,2006)。在口头教导方面,韩虹新(2006)和夏扉(2000)认为教师针对不受欢迎儿童交往中的行为,制定目标训练,告诉儿童在某一特定情境中该怎么做,让他们按照教师提供的交往策略,练习新的行为模式;在行为强化方面,可以通过正向强化、断续强化、负向强化、惩罚等行为主义的矫正技术,来帮助学生塑造良好的交往行为或者消除异常的交往行为;角色扮演主要是让学生在不同立场上,扮演不同的角色,从角色本身的角度出发来分析处理交往中出现的各种问题,从而来了解他人的需要和体验他人的感受,以便在后续的交往中能够表现出更多的同理心,增加对别人的帮助,最终实现改善同伴关系的目的。

(三)缓解教师问题,提升教师心理健康素养

在重大灾难之后的灾区,不仅作为学生的青少年经历了创伤,作为教师的成年人也同样遭受着灾难带来的创伤,也可能表现出消极的心理反应,如PTSD、抑郁等。如果教师心理问题没有得到有效的缓解,在教学过程中、师生互动中势必会将这些消极心理通过互动传递给学生,进一步加剧学生的

心理问题。因此,灾后学校心理干预也应该关注教师的心理问题,提升教师心理健康水平,避免教师心理问题的人际传递,也是对青少年创伤心理问题干预的一种重要方法。另一个重要的举措就是提升教师的心理健康素养,加大对教师心理健康教育方面的培训,帮助教师掌握心理健康教育方面的知识和技能,使教师能够在日常生活中识别学生的心理问题,并给予初步的干预,甚至协助学校和家庭对其进行转介等。

1.缓解教师的心理问题

对教师心理问题的缓解,可以从多个视角入手。

(1)学校应为教师提供良好的职业发展环境

有研究发现,尽管薪酬、绩效管理制度、管理制度等都与教师的心理问题相关,不过与其心理健康最密切的当属教师的职业幸福感(赵兴民,2011)。实际上,在重大灾难之后,由于教师需要参与灾难的救援工作、重建工作、教学工作等等,无疑都会大量消耗教师的心理社会资源,增加其倦怠感,降低其幸福感,最终加剧已有的心理问题,或者诱发其他心理问题。可以说,灾后教师的心理问题更是与其职业幸福感密不可分。因此,学校要为教师创造良好的机会和平台,使其在不同的阶段,通过教学体会自身和职业的价值,在自身和学生的发展中感受到乐趣(赵兴民,2011)。同时,学校要加大对教师的专业培训,提升其专业素养,提升教师的职业成就感等。

(2)开展教师心理健康教育

定期开展心理健康宣传,传播心理健康知识,指导教师及其家庭形成科学的心理健康理念、掌握维护心理健康的技能与方法,帮助他们增强维护心理健康的意识和能力。学校要编写教职工心理健康维护读本,组织开展心理健康教育、家庭教育、灾难教育、职业规划教育、希望教育,提升教师心理健康水平,培养形成教师热爱生活、爱岗敬业的人生态度,增强教师对未来的希望感。积极开展教师心理科普宣传,倡导教师科学运动、合理膳食、保证充足睡眠等,减少心理、行为问题和精神障碍的诱因,保持健康心理状态。可以邀请校内外心理健康教育方面的教师,采用专题讲座、研讨会等形式开展教师心理健康普及教育,丰富教师心理健康知识,提高其心理健康意识;同时加强舆论引导和价值引领,培育教师自尊自信、理性平和、积极向上的社会心态;可以通过开设家庭心理活动课、放松训练活动课、健康睡眠活动课等课程形式来改善心理问题;组织休闲活动、价值体验活动、合理提升福利待遇等多种方式也可以实现情绪缓解。

(3)建立多方位的支持系统

理论和实证的研究都已发现,社会支持是维系个体心理健康的重要外在因素,不仅可以直接提升个体的幸福感(Kong et al.,2021;Wu et al.,2020),而且还能缓冲负性经历对个体身心健康带来的消极影响(Jolly et al.,2021;Szkody et al.,2021)。因此,为教师建立多重的支持系统,可以有效地缓解其心理问题。实际上,对个体的支持系统可以分为宏观的政策性支持,中观的社区、学校和家庭支持,以及微观的班级学生家长支持等方面(赵兴民,2011)。在宏观的政策性支持方面,正如赵兴民(2011)所言,"我国已经开始注意到通过相应的政策干预来提高教师的社会地位、待遇,也大力提倡教师群体职业化的进程,关注教师职前、职后培训,引导社会形成尊师重教的风气"。在中观的学校层面支持,这已经在上一段内容中给予了充分的论述,在此不再赘述,这里我们主要探讨中观的社区支持和家庭支持。在社区支持系统方面,需要在社区宣传尊师重教的良好风气,提升教师的自豪感;可以对教师家庭给予一定的关注,积极协调其工作与家庭之间的冲突,并在教师节等相关的节假日组织丰富的娱乐活动;开展相关的社区心理健康教育活动,设计针对教师心理健康方面的课程等。在家庭支持系统方面,需要改善夫妻之间的关系,增加彼此的互动和交流,能够彼此互相宽恕与鼓励,形成家庭的共同应对;改善亲子关系,对孩子采取合理的教养方式,积极地陪伴孩子等。在微观层面,我们赞同赵兴民(2011)的观点:"学校要加强对学生家长的培训,让家长更多地了解学校生活与教师职责,建立和谐的"家校"系统,并给予教师支持"。因此,我们鼓励中小学校开设家长课堂,让家长充分了解教师和学生的校园行为等。

2.提升教师的心理健康素养

心理健康素养(mental health literacy)是一个舶来概念,周宵等(2011)较早地将其引入国内,并对其概念和内容做了全面的阐释。所谓心理健康素养主要是指帮助人们认识、处理和预防心理障碍的知识和信念,具体包括以下几方面:识别不同心理问题的能力;关于心理问题危险性和诱发原因的知识和信念;自助干预的知识和信念;专业帮助的知识和信念;促使认识和适当求助行为的态度;寻求心理健康的相关知识(Jorm,2000)。目前,研究发现,影响心理健康素养的因素不仅有个体的因素,还有社会环境的因素,这些因素之间相互作用、相互影响。在社会环境因素作用下,个体能够形成积极的自我,正确认识自我心理问题并积极求助,培养正确的心理健康信念。同时,社会环境因素通过为个体因素对个体的心理健康素养产生作用,因而说社会环境因素是影响心理健康素养的外部因素,个体因素是影响心理健康素养的内部因素。为此,提升教师的心理健康素养,可以从外在环境入手,也需要关注个体内在的基本心理需要。具体而言,学校不仅要重视心理健康知识的宣传,还应组织相应的培训,开展相关的知识技能比赛,帮助教师了解和掌握心理健康相关的知识和技能。同时,教师需要加强自身的知识技能学习,通过不断的学习来弥补自身关于心理健康知识和技能不足的局限。

(四)学校系统对家庭系统的支持

在我们的干预模式中,强调学校系统对家庭系统的支持作用。实际上,苏霍姆林斯基(1981)曾强调"只有学校教育而没有家庭教育,或只有家庭教育而没有学校教育,都不能完成培养人这个极为细致、复杂的任务。最完备的教育是学校教育和家庭教育的结合",这也就要求在教育学生的过程中,学校要与家庭联合在一起,即现在所谓的"家校合作"。目前,关于中小学教育中家校合作的研究比较多,不过这些研究少有明确指出学校应该如何支持家庭。在我们的模型中,尽管也非常注重家校联合实施心理健康教育或危机干预,但是我们更加强调学校对家庭的支持,认为学校系统对家庭系统的支持,主要覆盖了学校层面和教师层面对家长的支持。

学校层面,可以"营造基于网络信息平台、移动通信设备与面对面家校合作相结合的沟通机遇,线上线下无缝衔接、完全融合"(田友谊等,2022);定期开展家长学校,提高家长对中小学生心理健康维护的意识,帮助家长掌握识别孩子创伤心理问题的知识和技能,改善家长与孩子的沟通方式,促进其形成良好的家庭教养方式等;指导家庭切实落实《中华人民共和国家庭教育促进法》,协助家庭对学生开展家庭心理健康教育,对严重心理问题的学生,学校可以协助其进行转介;学校可以筛选出一些优质的心理健康教育资源,推送给父母等。教师层面,对家长参与家校合作保持真诚、开放、包容、鼓励的态度(田友谊等,2022);在心理健康教育和学科教育方面与家长保持长期的合作,对家长在教育孩子中出现的问题给予积极的反馈,强化教师与家长之间的合作和沟通,成为家长重要的支持资源。

三、家庭系统对青少年创伤心理疏解的作用

在我们的模型中,家庭系统是影响青少年心理问题的另一个重要因素。

在家庭系统理论看来,家庭系统包括亲子系统、夫妻子系统,每个子系统之间可以相互影响,且子系统内的个体之间也存在相互影响,甚至存在跨子系统的影响(Minuchin,1974)。因此,我们强调,家庭系统对孩子的影响主要体现在关系系统和个体层面,例如亲子关系、夫妻关系和父母自身的心理问题等。于是,改善关系系统,可以为青少年心理问题的缓解提供安全的、支持的环境;提升父母的心理健康水平,缓解其创伤后的心理问题,可以有效地阻断创伤的代际传递;提升父母识别和干预孩子心理问题的能力,使其可以有效地对孩子创伤心理进行持久的维护。通过这些措施,不仅可以长期缓解孩子的创伤心理问题,而且还可以为孩子的创伤心理提供长期的维护,促进其健康成长,实现PTG。

那么,如何改善关系系统、缓解父母心理问题、提升父母心理健康素养呢?也就是说,我们如何实施家庭心理健康教育呢?这一点我们在前面的章节中已进行了充分的表述,在此不再赘述。在本部分中,我们主要论述家庭如何与学校一同对青少年开展心理健康教育。

在我们的模型中,强调家庭系统对学校系统的支持,认为家庭对学校的支持,具体体现在父母对学校环境、教学活动和教师的支持上。父母对学校环境的支持重点体现在父母能够尊重学校特有的文化环境,遵守学校相关的制度和规定,积极参与学校组织的各种家庭活动,特别是家长学校等;家长对学校教学活动的支持,主要体现在能够有效地协助教师顺利地完成相关课程任务,特别是心理健康活动课,有时需要家长的参与,家长应该积极参与其中;家长对教师的支持,不仅体现在尊重教师的职业上,还应该将学生在家中的心理与行为表现,及时反馈给教师,能够协同教师对孩子开展相应的心理健康教育等。

在社会—学校—家庭整合模式中,强调社会、学校和家庭系统对青少年创伤心理问题的影响,明确了社会对家庭和学校的支持、家校之间应相互支持等系统间关系,最终形成了一套多元整合的干预模式,为重大灾难后青少年心理干预提供了理论依据。不过,需要注意的是,该干预模式也存在着一定的局限性。一方面,该模型没有明确不同系统在缓解青少年心理健康问题中的地位。例如,哪个系统才是缓解灾难青少年心理问题的核心,这一问题并不明确。另一方面,尽管该模型强调了社会系统的作用,认为社会组织和政府机构发挥了重要作用,却忽略了社会其他机构或个人的作用,特别是医疗卫生机构、社会公益组织和个人、社区组织等与青少年密切相关的社会系统要素。为此,在该模型的基础上,结合我们之前的理论和实证研究,以及其他研究者的理论和发现,我们又构建了"以家庭为核心的青少年创伤心理干预生态系统模式"。

第二节 以家庭系统为核心的青少年创伤心理干预生态系统模式

基于生态系统理论,青少年创伤心理受到其所处环境系统的影响,这些系统之间都存在千丝万缕的联系。在现实的创伤心理干预过程中,我们发现影响青少年创伤心理的社会环境主要包括了政府机构、中小学校、医疗机构、社区组织、公益组织或个人及其他的机构等。不过,正如前文所述,这些组织和机构给予灾后青少年支持和帮助之后,依旧有大量的青少年出现了抑郁和 PTSD 等问题。归根结底是因为青少年最终要回归家庭,家庭才是其获得身心安全的港湾。经历重大灾难后,家庭也易遭受创伤,表现为家庭功能方面紊乱、家庭人际关系恶化和家庭成员心理问题凸显等。在社会系统的支持下,只有将灾难之后的家庭创伤问题予以疏解,才有可能从根本上解决灾后青少年创伤心理问题。因此,我们构建了"以家庭系统为核心的青少年创伤心理干预生态系统模式"(见图12-2)。

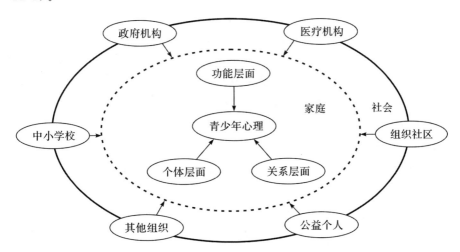

图 12-2 以家庭为核心的青少年创伤心理干预生态系统模式

该模式是在上一节提到的"青少年创伤心理社会—学校—家庭整合模式"基础上,重新建构的模式。"青少年创伤心理社会—学校—家庭整合模式"强调社会、学校和家庭三者是相互作用的,但三者的地位和作用是并列的。在建构了"青少年创伤心理社会—学校—家庭整合模式"后,根据之前的研究,我们建构了"以家庭系统为核心的青少年创伤心理干预生态系统模式",认为社会系统包括很多组织,其中学校也是社会系统的组成部分。这些社会组织和机构在对青少年进行心理服务时,发挥的作用是不同的。我们认为政府组织主要发挥了组织协调作用,学校主要发挥了主导作用,社区主要发挥了支撑作用,医院主要发挥了保障作用,其他组织和公益个人主要发挥了补充作用。不过,这些社会组织机构能否发挥效用以及效果的持久性如何,最关键、最核心的还是在于家庭,从家庭系统的视角对青少年进行干预,才是青少年心理问题疏解的核心内容。

一、政府机构的组织协调作用

社会需要一个集政治中心、价值系统中心、秩序中心及行动中心于一体的整合中心,作为社会系统的指挥系统。当代中国社会整合的实质就是国家控导下的高度统合,即在社会一体化过程中突出国家权力对整合全过程的策划、实施和监控的主体作用(张丰清,2015)。因此,在面对重大灾难时,政府需要充分发挥其组织功能,这一点在历次重大灾难之后都有显著的体现。例如,新冠疫情发生后,党中央统一领导、统一指挥、统一部署全国一盘棋的疫情防控战略。特别是大年初一中央召开会议进行再部署,党中央成立应对疫情工作领导小组。此后,各省都很快成立了疫情防控工作领导小组或疫情防控工作指挥部(孙彩红,2020)。组织动员相关企业加紧防疫物资生产、组织医护人员援助武汉、组织新闻发布和舆论引导等等。可以说,正是在政府机构的组织下,灾难救援工作才能够有条不紊地开展,为取得灾难救援的胜利提供了保障,也为灾后心理危机干预顺利实施提供了条件。例如,新冠疫情暴发后,卫健委颁发了多个心理危机干预方面的指导文件,教育部更是组织了国内心理咨询服务领域的专家学者组建了"教育部华中师范大学心理援助热线平台",各级政府部门也都组织有关专家对有关人员开展心理健康教育工作等等,这些也都体现了政府的组织功能。客观地说,政府有序的组织是打赢灾后心理防控战的重要举措。

面对重大灾难,政府不仅要发挥组织功能,还应该有效地发挥协调功能。实际上,在现代社会治理层面,尤其是在公共危机事件中,政府应急所需力量和资源不足时,要及时有序动员社会主体和组织参与进来,引导他们有序提供相应保障服务(孙彩红,2020)。在动员社会主体和组织参与的过程中,一定要重视政府的协调作用,使得不同组织之间能够系统、协同地开展灾难救援和社会心理服务。不过,由于灾难后的社会和心理救援情况比较复杂,相对组织功能而言,政府在某些时候很难充分地发挥其协调功能。例如,新冠疫情期间,大量的社会组织和个体都在贡献自己的力量,特别是在疫后心理服务这一块,精神卫生机构、高校组织、心理咨询机构、公益组织和个人等都在为人们提供心理服务。不过,就目前而言,这些机构和人员在开展心理健康服务时,没有系统,缺少协同,在心理服务的内容上存在大量重复甚至矛盾的地方;针对受灾群众的干预是一波未平一波又起,以至于某些心理受创群体被多次提供心理服务,轮番轰炸,造成资源浪费。如果心理服务的内容有不一致甚至矛盾的地方,这就更容易导致被服务人员出现严重心理问题。为了避免这一现象,有效的方式就是要发挥政府的协调作用。

实际上,在"青少年创伤心理社会—学校—家庭整合模式"中,我们强调社会系统,特别是政府部门的政策指导、客观支持和心理支持方面的作用也可以被视为政府组织功能的一部分。总之,我们强调政府的组织功能要能够有效地组织动员医疗、学校、社区、其他组织和个人参与灾难后的社会和心理救援工作,给受灾家庭提供更完善的支持,包括前文所说的政策指导、客观支持和心理支持等。

二、中小学校的主导作用

学校是家庭之外对中小学生影响最大的系统,对中小学生的短期和长期发展都有着重要的影响(张彩等,2022)。实际上,由于中小学生除了家庭生活外,基本上都在学校学习,学校成为其重要的活动场所,在学校中对中小学生开展心理健康教育或危机干预是非常重要的一个举措。目前,我国大部分地区的中小学校有心理健康教师,或专门从事思想政治工作的教师,或曾受过心理或思政相关培训的学科教师等,也有团委等可以开展心理疏导的相关校设机构,能够对中小学生开展相应的心理健康教育,所以学校应该成为灾后中小学生心理问题疏导的主要阵地,发挥主导作用。

重大灾难后,学校如何才能在中小学生心理健康工作中发挥主导作用呢?除了上一节所讲的内容之外,更应该对学生的心理健康问题进行直接教育或干预。在这里,我们强调应该从对象和时间两个维度对青少年开展"三级三阶"创伤心理干预。

(一)从服务对象的角度,采取三级干预模式

1.面向全体学生,开展心理健康教育

心理健康教育的内容主要涉及灾难本身的情况、灾难救援的情况、灾后心理反应的情况、灾后处理急性应激的知识和技能等。①灾难本身情况,主要包括灾难相关知识,如灾难的发生原因、灾难的严重性、灾难的影响(人员和财产损失情况等)、灾难的防护或逃生知识技能等;②灾难救援情况,主要包括灾难发生之后国家和地方的救援措施、学校的救援方案等;③灾后心理反应情况,主要是指灾后有多少人出现了应激反应、这些应激反应的具体特征和表现如何、确定灾后自己的反应是否正常等;④灾后处理应激反应的知识和技能,主要包括减少对灾难消极信息的暴露、掌握一些放松的技能(如鼻腔呼吸放松训练、腹部呼吸放松训练、音乐放松训练等)、增加与亲朋好友的联系、学会寻求他人的支持等。

2.针对部分学生,开展心理咨询

灾难之后,有部分青少年会出现抑郁、PTSD、焦虑等问题。例如,汶川地震后,受灾青少年中 PTSD 的发生率高达 78.3%(向莹君等,2010),抑郁的发生率高达 69.5%(林崇德等,2013),睡眠问题的发生率高达 30.18%(Geng et al.,2013);也有研究对九寨沟地震后青少年进行了调查,发现 PTSD 和抑郁的发生率分别高达 46.3%和 64.5%(Qi et al.,2020)。除了重大自然灾害之外,其他灾难事件后,PTSD、抑郁和睡眠问题在青少年群体中亦有较高的发生率。例如,有研究发现,新冠疫情期间,青少年的 PTSD、抑郁和睡眠问题的发生率分别为 48%、29%和 44%(Ma et al.,2021)。那么,对这部分青少年,仅仅依靠心理健康教育可能无法有效地缓解其心理问题。此时,有必要借助创伤心理干预的具体方法,如延长暴露疗法、认知行为疗法、正念练习、快速眼动脱敏与再加工等,对青少年进行个体咨询干预。也可以采用团体咨询的方式,对青少年进行团体咨询干预。

3.针对极少数学生,转介到专业医疗机构

实际上,尽管重大灾难后有部分学生会出现应激心理症状,需要注意的是,有些学生的心理问题并没有达到"障碍"的标准。也就是说,尽管有些人有了创伤心理的症状表现,但是并没有影响他们的日常生活和学习功能,他们依旧能够正常生活和学习。不过,也有个别学生会出现"障碍"问题,或者

心理问题非常严重，甚至出现了严重的精神问题，如精神分裂等。那么，针对这些学生的问题，中小学校一定要谨慎处理，切不可擅自进行临床诊断和治疗。一个通常的做法是，学校需要通知家长，与家长一起将该学生转介给医院的心理或精神科，或者直接转介至专业的精神卫生机构进行治疗。

（二）从心理变化的角度，采取三阶干预模式

针对灾难之后某一横断时间点上的青少年进行调查，不能反映这些心理结果的变化特征。于是，研究者开始利用纵向研究设计，追踪调查灾后青少年的 PTSD、抑郁和睡眠问题，不过不同的研究之间存在着矛盾的结果。于是，有研究采用潜在增长混合模型考察了 PTSD 在同一人群中的不同变化轨迹，发现在汶川地震后青少年群体中，PTSD 呈现出持续降低型（占20.0%）、持续增高型（占 4.2%）、稳定高型（占 7.2%）、稳定低型（占65.3%）和波浪型（占 3.3%）等五种变化趋势（Fan et al.，2015）。类似地，有研究者也对地震后的抑郁和睡眠问题做了潜在增长混合模型分析，结果发现青少年的抑郁呈现低稳定型（占 66.2%）和高稳定型（占 33.8%）两种变化趋势（Liang et al.，2021），睡眠问题存在持续降低型（占 8.7%）、持续增高型（占 8.7%）、稳定高型（占 10.8%）、稳定低型（占 68.0%）和 U 形变化（占3.8%）等五种类型（Zhou et al.，2019c）。这些结果说明了两个问题，一个问题是要根据对象进行心理干预，另一个问题是要根据时间的变化来进行心理干预。

在"创伤心理反应的三阶段加工模型"看来，包括 PTSD 和 PTG 在内的创伤心理反应需要经历三个阶段的变化过程，即应激阶段、应对阶段和反应阶段，每个阶段的认知和情绪加工不同、心理反应不同、社会支持的作用也不同。在应激阶段，创伤后的个体都会出现急性应激反应，如担心、害怕、紧张等，此刻主要的任务是帮助创伤的人进行放松训练，缓解其急性应激反应；在应对阶段，主要是个体对创伤事件进行认知和情绪加工的阶段，他们主要与创伤事件进行抗争，这一阶段主要的任务是提升个体的积极认知和情绪应对，遏制或转化消极应对方式等；在反应阶段，主要是个体出现了心理问题，这种心理问题可能是持久性的，因此需要对其进行持久的干预。基于这个理论，我们将学校心理干预的主要任务分成三阶段，即按照三阶段进行干预。

1.针对应激阶段，缓解急性期应激反应

重大灾难后的应激阶段一般是灾难发生之后的前三天，不过针对灾难的类型和严重性不同，以及个体之间的差异性特征，应激阶段的时间长短要有所区别。应激阶段的心理反应主要表现为混乱、不安、恐惧、紧张和惊慌

等情绪,出现退缩和逃避等行为,由此引起了一系列的生理、心理反应,同时往往伴随焦虑、烦躁不安、消沉和抑郁等现象(付芳等,2009;徐玖平等,2009)。对这一阶段的干预,首先要提供客观物质和主观情感支持,保障受灾学生的基本身体和情绪安全;其次,要教会学生合理宣泄情绪的方法,掌握一些情绪放松的训练方法,如渐进式肌肉放松训练等;最后,要明确心理服务的求助的渠道,让学生在自己无助时可以相对容易地获得专业人士的支持和帮助。

2.针对应对阶段,改善认知和情绪应对

这一阶段类似于以往研究提出灾害心理进程中的灾后初期阶段(徐玖平,刘雪梅,2009),时间应该为3天—3个月。不过,与他们的观点不同,我们认为应对阶段的时长大致在应激阶段结束后1个月以内。这一划分的主要依据在于DSM-5中PTSD的诊断标准,如果重大灾难1个月之后,其创伤心理应激依旧存在,这时的应激症状就应是PTSD症状了。在我们看来,应对阶段主要特征在于个体会动用自己的认知和情绪资源来应对创伤事件及其带来的消极影响。不过,这并不意味着个体此时没有创伤心理问题,而是心理问题与个体的斗争共存,且主要表现在个体的斗争方面。基于这一阶段的特点,我们认为干预的主要内容应包括两个方面:一方面,要识别和评估青少年的心理问题,明确哪些青少年还存在问题;另一方面,要借助具体的干预技术来帮助青少年改善创伤后的认知和情绪调节能力,如危机事件应激晤谈法、创伤聚焦的认知行为疗法、系统脱敏、想象、注意力转移等。在这一阶段,非常重要的一个内容就是建立支持性人际环境,使他们重新思考创伤后的信念系统,帮助他们重新建构对创伤经历的理解。

3.针对反应阶段,关注长期的心理维护

在我们的理论模型中,我们认为反应阶段也是出现消极心理结果的阶段,这一阶段的时间比较长,可以从重大灾难之后的一个月至数年、数十年,甚至是到生命的终结。对这一阶段的干预,除了上一阶段采用的具体技术之外,对PTSD等创伤问题持续时间较久的学生,还需要提供长期的心理服务。对此,可以借助美国的学生帮助计划模式开展学生心理服务(Veeser et al.,2006),即学校请独立的心理服务机构承担具体的心理服务(付芳等,2009),同时将社会资源整合在一起为学生提供持久的服务。

当然,尽管学校在对青少年进行创伤心理服务时发挥主导作用,不过这种作用也不能独立于青少年的家庭而存在。学校应该积极与家庭合作,对青少年实施长期的心理评估和干预,以便使学校心理健康教育的效果最大化。因此,在我们的模式中,也强调学校对家庭的影响,这一点与上一节所述的内容是一致的。

三、社区组织的支撑作用

社区从某种意义上来说可以看作一个社会的缩影,作为人们家庭生活的载体,为人们提供了一个相对完整的生活环境(徐玖平等,2009)。其稳定的社会网络,给予了成员安全感、文化、知识、精神和价值观的传承(罗观翠,2008;徐玖平等,2009)。因此,在灾后青少年创伤心理的干预过程中,社区充分发挥了联结家庭与社会的桥梁作用,能够将社会资源有效地配置给有需要的家庭,提升灾后家庭心理危机干预的效果,可以说它对灾后青少年创伤心理干预,尤其是灾后青少年家庭心理干预提供了支撑作用。社区可以通过以下措施来支撑灾后青少年心理危机干预。

(一)提供基本保障,满足家庭安全需要

重大灾难之后,社区也受到严重的影响。例如在重大自然灾害后,社区的组织结构也会受到冲击;再如,新冠疫情期间,社区可能需要实行封闭式管理等。不过,一旦社区系统在政府和社会力量的帮助下,能够运转之后,社区一定要关注居民的物质需要。可以和慈善团体联系,接受相关团体的捐赠,或者在本社区开展爱心捐赠活动,通过接受捐赠得到的财物,再转捐给本社区有需要的家庭,解决其具体的生活困难,也可以通过开展社区志愿者活动,开展广泛的服务项目,为居民解决生活难题(代艳丽等,2010)。通过解决其生活问题,满足基本物质需要,可以提升其家庭安全感。此外,构建灾后社区安全的环境氛围是提升其心理安全感的重要内容,这主要体现在帮助社区建立一个被支持的、有反馈的、重视人文关怀的文化环境。

(二)打造专业队伍,创建有序机制,保障心理服务的持久性

目前,尽管社区心理服务已经被关注,不过在专业人员建设方面还有很多的欠缺。为此,打造一支专业的队伍,可以保障社区心理服务长期开展。这需要从以下几个方面入手:①在高校开设社区心理专业,教授社区心理学、社区心理健康咨询、社区心理危机干预等系统的课程。在完成课程学业的学习之后,进行社区心理服务专业实训,即下沉到社区处理社区居民存在的心理问题,以便使其理论和实践相结合,在实践的锻炼中提升自己的理论

素养和技能技术等。②加大对社区工作者的培训,帮助其掌握心理健康相关的知识和技能,使其能够初步识别和处理居民常见的心理问题,了解专业心理服务的求助渠道等,以便在实施灾后社区心理服务的过程中能够与专业人士协同。③聘请心理咨询师或精神医生作为社区心理服务的顾问专家,为社会心理服务队伍提供技术支持,在面临重大事项的时候,主导社区心理服务的全面工作,以快速有效地应对需要(查山鹰,2021)。

此外,有了专业的人士还不足以保障心理服务的持久性,建立有序的心理服务机制是保障社区心理服务持久性的重要内容之一。对此,基于刘敏岚等(2018)的观点,可以在城市街道办事处建立心理服务中心,在社区居委会建立社区心理服务工作室,把心理服务活动延伸到社区所辖的学校、企事业单位,形成完善的区—街道—社区三个层级的社区心理服务。依托所在地的社区、社工、社会的心理服务中心(或机构)作为社区心理服务的主体,成立以心理学、精神病学、法学、社会学等专家组成的协会作为社区服务专家组织进行学术指导、专业协调和实践参与,政府进行人力、物力、财力、政策等方面的监管。

通过加强社区心理服务的专业人才建设,创建有序的心理服务机制,可以使社区心理服务人员对青少年及其家庭开展持久的心理健康服务,保障了社区心理健康服务的持久性。

(三)落实分级分阶干预思想,提升心理干预的针对性

这一点与在学校中实施三级三阶干预的理念类似,即针对所有的居民开展心理健康教育,针对少数居民开展心理咨询,针对极少数个体开展心理治疗或进行转介。不过,在具体的干预中,要根据创伤心理演化的特征,总结每位居民的创伤心理变化特征,以便有针对性地进行相应的干预。

(四)线上线下结合,落实社区心理服务"双元结构模式"

所谓双元结构模式,是通过社区心理线上服务和线下服务相结合,形成相互渗透的有机统一体,利用心理学的知识和技术,提升居民心理健康素养,开展心理健康教育,实施心理危机干预,提升社区居民心理健康(姜巧玲等,2021)。基于姜巧玲等(2021)的观点,我们可以从以下两个方面入手:①以线上为主,线下为辅,提升全体居民心理健康。具体可以建立线上心理服务平台,或善于利用网络资源,发布或推送一些心理健康方面的知识和技术,特别是关于青少年心理健康教育的知识和技术,给社区居民。此外,还借助线下的社区宣传栏、公告板、板报、报纸、手册等形式,科普青少年心理

健康方面的知识;不定期地组织青少年心理健康教育方面的讲座,向社区居民介绍简单的识别和处理青少年心理问题的技术。②线下为主,线上为辅,解决居民的心理危机。心理危机干预是一门专业性极高的工作,需要与当事人进行面对面的交流,了解更为全面的信息,掌握其身心动态特征,因此应该以线下为主,采用具体的危机干预措施进行干预。所谓线上为辅是指可以通过线上心理服务平台或热线对包括青少年在内的社区居民进行心理测试和评估,在发现有心理危机的个体之后,转而采用线下的方式进行心理服务。同时,也可以采用线上的方式帮助心理危机者进行倾诉,在一定程度上也可以缓解其紧张、焦虑的情绪(姜巧玲等,2021)。

总之,社区组织的支撑作用,主要体现在对青少年个体心理健康服务中的支撑,更加体现在对青少年家庭心理服务中的支撑,是重大灾后家庭心理危机干预的重要支持力量。不过,社区也不能独立于其他社会力量而存在,它需要在政府的监管下,协调中小学校、医疗机构和其他社会组织和个人的力量,为青少年家庭心理健康服务提供支持。社区要能够在青少年的家庭与社会资源衔接方面发挥支撑作用,动员和利用社会力量,将社会资源分配给有需要的家庭,实现配给最优化。

四、医疗机构的保障作用

医疗机构在历次重大灾难后的救援工作中都发挥了重要的作用,特别是新冠疫情暴发之后,医护人员不仅要担负疫情防控工作,而且还要照料被感染者的身体健康,甚至还要关注他们的心理状况。实际上,在重大灾难后,从国家到地方的卫健委积极出台相应的政策文件指导心理干预,组织相关专业的医护人员赴灾区开展心理干预等。此外,重大灾难后,相关组织和个人在处理心理问题时,一旦无效,或遇到严重心理或精神问题的病患时,寻求专业医疗机构的支持就成了其最重要的一个方案。医疗机构,特别是综合医院的心理卫生科或专业的精神医疗机构,也担负着接受社会组织和机构转介的心理障碍患者。由此可以说,医疗机构在灾后心理救援工作中,是心理障碍患者实现积极适应的最重要的一道防线,能够在短时间内,最大程度地保障了创伤心理干预的效果。

那么,医疗机构如何才能在创伤后青少年心理问题干预中发挥保障作用呢? 历来都是研究者所关注的议题。对此,我们认为可以通过以下几个方面发挥其保障作用。

（一）关注青少年的身体健康，为心理健康提供身体保障

重大的灾难不仅会导致心理问题，更关键的是可能对其身体带来严重伤害，导致脊髓损伤、截瘫、致残等重大身体问题，也会诱发一些皮肤、消化道、呼吸方面的疾病。例如，一项对汶川地震后救援人员的调查发现，皮肤疾病、呼吸系统疾病、消化系统疾病、神经系统疾病的发生率分别为50.35％、37.93％、29.14％和21.93％（顾克胜等，2010）。这些问题不仅仅表现在重大自然灾害之后的人群中，而且在一些人为创伤事件中，例如校园欺凌、家庭虐待、交通事故等，以及在战争和重大突发公共事件后的人群中，都会有典型的表现。实际上，因灾难导致的身体问题，不仅加剧其已有的创伤心理问题，还可能诱发新的心理问题，甚至会使这些问题持久地困扰人们。因此，在对其进行心理健康服务的时候，应该首先关注这些身体健康问题。由于青少年更加关注自己的身体，因此一旦灾后青少年出现了身体问题，对其的心理影响可能会更严重、更持久。可以说，保障青少年的身体健康，提升其身体机能是医疗机构在灾后面对的首要问题。也就是说要"先救人、后安心"。

（二）关注青少年的发展性，强调心理健康教育

重大灾难后，有一些青少年已经出现了严重的心理问题，甚至是精神问题，这些问题已经超出了学校心理健康教育或咨询所服务的范围，学校心理咨询教师也没有资格或能力去有效的应对这些问题。对这些青少年心理问题的处理，要求"转介"，即转介给有资历、有能力的专业医疗机构进行心理服务。此时此刻的医疗机构，特别是综合医院的心理科或者是专业的精神科医院就成了治疗这些青少年心理或精神问题的重要保障。那么，医院在对青少年进行心理治疗的过程中，一定要持有发展观，要明确青少年的认知和情绪都在不断地发展，将对青少年心理服务的医疗模式转化成教育模式，重视心理健康教育。即便是对有中度或重度心理障碍的青少年进行药物或者物理治疗时，也应开展相应的心理咨询服务或心理健康教育。

（三）搭建线上服务平台，远程心理干预

我国人口众多，但是专业的心理咨询人员或精神病医生相对较少，很难达到1∶4500的配置。因此，在进行心理服务的时候，想要实现心理健康服务普及化且精准化，是有很大难度的。为了弥补这一局限，通过搭建网上服务平台进行心理服务将是一个很好的办法。这就要求医疗机构，特别是综合医院的心理科或精神病医院可以建立网络的心理服务平台，对青少年进

行心理咨询和治疗。具体而言,采用线上的方式对青少年创伤心理问题进行直接心理干预;通过线上的方式对灾区的中小学校进行指导,协助其开展心理健康教育;利用在线会诊的方式,就青少年创伤心理问题、解决方案进行研讨,形成系统的解决方案并向灾区进行推广。

不过,需要注意的是,单纯依赖于医疗机构对创伤后青少年的心理问题进行干预,一方面会使干预效果大打折扣,另一方面也无法保证干预效果的持久性。因此,这就要求医疗机构要在政府的组织和协调下,会同学校、社区、其他组织和公益个人一道对青少年的创伤心理问题以及家庭创伤心理问题进行干预,通过缓解家庭成员的创伤心理来逐渐缓解青少年的问题。

五、其他组织与公益个人的补充作用

历次重大灾难事件发生后,除了政府、学校、社区和医疗机构之外,还有诸如高校、公益机构等组织和很多公益性质的个人都会积极地对青少年开展心理服务。例如,新冠疫情暴发时,诸多高校都组织了心理学专业的教师撰写心理服务方面的推文,或编写相关的书籍,或开展相应的讲座等对中小学生进行心理服务;一些专业的心理咨询人员也会在自己的"微信公众号"中发布心理疏导方面的文章,传播心理疏导方面的知识和技能等。不可否认的是,在一定程度上这确实可以疏解青少年灾后的心理问题,不过这些组织机构和个人之间没有协调性和组织性,其传播的内容有很大的重复性、不具有系统性,甚至还可能存在矛盾,这就会导致青少年及其家庭在选择上出现困难,对其心理调适的效果大打折扣。也正是因为如此,其他组织和公益性个人在对青少年及其家庭创伤心理问题进行干预时,不能成为主流,只能发挥补充作用。

具体而言,其他组织和公益性个人可以提供给青少年及其家庭相应的物质支持,提升灾后青少年及其家庭的安全感;可以在政府、社区和学校的协调下,进入学校直接对青少年进行相应的心理援助工作,也可以进入社区对家庭进行心理健康知识和技能的宣传,解决青少年的创伤心理和家庭关系问题、亲子教养问题、家庭创伤问题等;也可以在政府的组织和协调下,系统地宣传灾后心理服务相关的知识和技能,帮助青少年及其家庭应对创伤后心理问题。

六、家庭系统的关键核心作用

正如前面章节所述,家庭是青少年的避风港,也是其最重要的支持来

源。即便在政府组织协调和医疗机构的保障下,以中小学校为主导、以社区为支撑、以其他组织和公益性个人为补充,对青少年进行有计划有组织的干预,如果灾后家庭创伤问题没有被解决,青少年一旦回到家庭之中,不仅其被疏解的心理问题容易反弹,而且还会出现新的心理问题,最终会使心理问题长久地困扰青少年。因此,解决青少年创伤心理问题的关键核心在于解决家庭的创伤心理问题。

在以往的理论看来,家庭的问题无非体现在三个方面,即个体层面、关系层面和功能层面。灾难之后,个体层面主要表现在家庭成员个体出现创伤心理问题,例如 PTSD、抑郁等,这些家庭成员个体的创伤心理问题会通过家庭互动产生相互影响,其中最典型的表现在父母创伤心理对孩子创伤心理的影响,也就是前面章节提到的创伤代际传递问题。从家庭成员个体层面对青少年创伤心理进行干预。一方面,是对青少年创伤心理问题进行直接干预,提升青少年的心理健康素养水平,帮助其有效地应对灾难事件及其带来的消极影响;另一方面,主要是对父母的创伤心理问题进行干预,帮助缓解其心理问题,同时提升其心理健康教育方面的知识和技能,以便其在家庭之中能够对其孩子的心理问题进行识别和干预。这些内容,我们已经在前面的章节做了大量的讨论,并给出了具体的实施方案。

从家庭关系层面看,主要表现在夫妻关系和亲子关系,以及父母和孩子三方的关系。灾难可能会对家庭关系带来冲击,尤其是在灾难导致了家庭成员的丧失、致残、严重身体伤害或严重心理疾患等时,家庭关系都可能发生巨大的变化。例如,父母一方出现 PTSD 时,就可能导致其无法有效地履行其家庭义务,增加父母之间的冲突,诱发亲子之间的矛盾,使得父母之间的关系和亲子关系变得消极。在这种情况下,家庭环境氛围就变得更加消极,甚至出现冲突的家庭氛围。那么,青少年在这种家庭氛围中生活,不仅不利于解决其创伤心理问题,而且还可能加剧这些问题。所以灾难之后的家庭心理干预,也应该侧重家庭关系的干预。这一点我们在前面的章节中也给予了详细的论述,也开发了相应的心理干预活动方案。

尽管家庭成员和关系层面的问题都可能影响孩子的创伤心理问题,不过更为重要的是家庭功能层面的问题,这种问题既可以在灾难之后给孩子造成严重的消极影响,也可以独立于灾难事件对孩子发挥消极作用。有些时候家庭互动、沟通、规则等方式本身就会带来创伤(Deane et al. ,2018),甚至对一些家庭功能不良的家庭而言,缓解了父母的创伤心理问题,反而可能会加剧孩子的心理问题(Lambert et al.,2014)。例如,在原本就有家暴倾向的家庭中,父亲经常打骂孩子。经历了重大灾难,父亲有了创伤心理反应后可能变得对创伤线索比较敏感,产生回避行为。他们在与孩子进行交流的过程中,倾向于保护孩子,或者至少不再打骂孩子。然而,一旦他们的创伤心理被缓解之后,这些父亲又会"重操旧业",虐待孩子,给孩子造成创伤心理问题。因此,在周宵的团队看来(Ye et al.,2022),家庭功能才是家庭中影响孩子心理健康的关键核心因素。在对青少年进行家庭心理干预的时候,不仅要关注个体和关系层面,更应该侧重于家庭功能层面。

根据我们前面章节关于家庭功能与青少年 PTSD 之间关系的元分析发现,家庭凝聚力、家庭沟通、家庭灵活性等是缓解青少年 PTSD 的典型家庭功能。基于此,可以从以下几个方面来改善家庭功能:一方面可以采用团体辅导的方式,创造一种和谐、融洽、开放、民主的氛围,运用亲子游戏、角色扮演、案例分析等方式(王华,2013),对家庭沟通的方式进行指导,在问题解决中进行沟通,完成家庭成员共同面对的任务、解决家庭所遇到的困难,这不仅可以改善家庭成员内部的沟通模式,而且还可以提升家庭的凝聚力;另一方面,可以借助接纳承诺疗法,对家庭成员开展相应的训练,增加他们对灾难性事件的接纳、认知,对自我的观察和行动承诺等,提升他们的心理灵活性,进而增加家庭面对灾难事件时的灵活性。当然,还有一些家庭心理咨询和治疗方面的方法都可以用来改善家庭的功能。

总之,以家庭为核心的青少年创伤心理干预生态系统模式,强调了青少年创伤心理问题的疏解是一项系统工程,需要政府组织协调,社区支撑,学校主导,医疗机构保障,其他组织和公益性个人作为补充,最终通过家庭系统的作用来缓解青少年的创伤心理问题。可以说,该模式涵盖的心理服务力量都是青少年生活中比较重要的支持源。该模式明晰了这些支持力量之间的关系,为灾后青少年心理救援的具体工作开展,以及各支持力量扮演的角色及其关系提供了理论依据。当然,也正是因为此,我们在强调系统性的同时,也更重视家庭作用,认为家庭系统在青少年创伤心理疏解中发挥了关键的核心作用,家庭问题不解决,青少年的心理问题将持久地存在。然而,在解决家庭问题的时候,该模型更加强调家庭功能的改善,提升家庭功能不仅可以缓解家庭成员的创伤心理问题,而且也可以提升其关系质量,最终有助于缓解家庭中青少年的创伤心理问题,促进其积极健康的成长。

参考文献

【中文文献】

[1] 艾力,程锦,梁一鸣,等,2018.灾后儿童抑郁与创伤后应激障碍症状关系的两年追踪.科学通报,63(20),2071-2080.

[2] 安伯欣,2004.父母教养方式、亲子沟通与青少年社会适应的关系研究.西安:陕西师范大学硕士学位论文.

[3] 蔡玉清,董书阳,袁帅,等,2020.变量间的网络分析模型及其应用.心理科学进展,28(1),178-190.

[4] 曹佾,王力,曹成琦,等,2015.创伤后应激障碍临床症状表型模型研究.北京师范大学学报(社会科学版)(6),87-99.

[5] 陈超然,2012.青春期艾滋病孤儿污名应对与创伤后成长研究.上海:华东师范大学博士学位论文.

[6] 陈琛,王力,曹成琦,等,2021.心理病理学网络理论、方法与挑战.心理科学进展,29(10),1724-1739.

[7] 陈杰灵,伍新春,曾盼盼,等,2014.PTSD与PTG的关系:来自教师群体的追踪研究证据.心理发展与教育,30(1),75-81.

[8] 陈锦惠,2021.中学生情绪调节自我效能感、情绪调节策略与社会适应的关系及干预研究.福州:福建师范大学硕士学位论文.

[9] 陈燕霞,2019.死亡提醒对家庭亲密感的影响.福州:福建师范大学硕士学位论文.

[10] 程科,周宵,陈秋燕,等,2013.小学生创伤后应激障碍对攻击行为的影响:应对方式的调节作用.心理发展与教育,29(6),649-656.

[11] 代艳丽,曾长秋,2010.关于弱势群体社区救助的思考.湖南社会科学(4),98-99.

[12] 邓明昱,2016.创伤后应激障碍的临床研究新进展(DSM-5新标准).中国健康心理学杂志,24(5),641-650.

[13] 房超,方晓义,2003.父母—青少年亲子沟通的研究.心理科学进展(1),65-72.

［14］冯春,辛勇,王宁霞,2015.四川地震灾区民众心理健康与心理援助的研究.
成都:四川大学出版社.

［15］冯俊美,2021.父母婚姻质量、亲子关系与幼儿心理健康的关系研究.天津:
天津师范大学硕士学位论文.

［16］付芳,伍新春,臧伟伟,等,2009.自然灾难后不同阶段的心理干预.华南师
范大学学报(社会科学版)(3),115-120,140,160.

［17］高隽,王觅,邓晶,等,2010.创伤后成长量表在经历汶川地震初中生中的修
订与初步应用.中国心理卫生杂志(2),126-130.

［18］戈登堡,斯坦顿,2022.家庭治疗概论.王雨吟,译.北京:中国轻工业出
版社.

［19］顾克胜,宋端铱,邵永聪,等,2010.汶川地震一线救援人员灾后应激相关障
碍状况分析.军事医学科学院院刊,34(5),476-479.

［20］郭强,2002.灾害中的家庭——家庭与灾害相互关系的社会学考察.灾害学
(3),77-82.

［21］韩虹新,2006.论儿童同伴关系的培养.新乡教育学院学报,19(2),23-24.

［22］何志宁,任小春,张国锋,2016.世纪之灾与人类社会:1900—2012 年重大自
然灾害的历史与研究.北京:人民出版社.

［23］侯晴晴,郭明宇,王玲晓,等,2022.学校资源与早期青少年心理社会适应的
关系:一项潜在转变分析.心理学报,54(8),917-930.

［24］侯志瑾,周宵,陈杰灵,等,2014.中小学教师 PTSD 和 PTG 的影响因素研
究:灾难前—中—后的视角.心理发展与教育,30(1),82-89.

［25］胡晓晴,2022.中年女性日常压力源的量表编制及其与幸福感的关系.广
州:广州大学硕士学位论文.

［26］黄维健,李小寒,2022.心理健康素养的影响因素及干预研究进展.解放军
护理杂志,39(6),81-83.

［27］黄应璐,杨西玛,周宵,2023.父母婚姻满意度对儿童创伤后应激症状的影
响:安全感与应对方式的作用.心理与行为研究(4),510-516.

［28］江光荣,赵春晓,韦辉,等,2020.心理健康素养:内涵、测量与新概念框架.
心理科学,43(1),232-238.

［29］姜帆,安媛媛,伍新春,2014.面向儿童青少年的创伤聚焦的认知行为治疗:
干预模型与实践启示.中国临床心理学杂志(4),756-760.

［30］姜巧玲,张琦,2021.城市社区心理健康服务的线上与线下"双元结构"模式
研究——基于"健康中国"的视角.长沙大学学报,35(1),67-71,76.

[31] 姜圣秋,谭千保,黎芳,2012.留守儿童的安全感与应对方式及其关系.中国健康心理学杂志,20(3),385-387.

[32] 蒋奖,鲁峥嵘,蒋苾菁,等,2010.简式父母教养方式问卷中文版的初步修订.心理发展与教育,26(1),94-99.

[33] 梁一鸣,郑昊,刘正奎,2020.震后儿童创伤后应激障碍的症状网络演化.心理学报,52(11),1301-1315.

[34] 林崇德,2014.灾后中小学生心理疏导研究.北京:经济科学出版社.

[35] 林崇德,伍新春,张宇迪,等,2013.汶川地震30个月后中小学生的身心状况研究.心理发展与教育,29(6),631-640.

[36] 刘畅,伍新春,陈玲玲,2014.父母协同教养问卷中文版的修订及其信效度检验.中国临床心理学杂志,22(4),727-730.

[37] 刘翠花,2022.积极心理学视角下初中生良好同伴关系培养策略研究.教学管理与教育研究,7(14),120-122.

[38] 刘恋,葛喜平,2012.大学生心理弹性与心理健康的相关研究.边疆经济与文化(2),163-164.

[39] 刘玲爽,汤永隆,张静秋,等,2009.5·12地震灾民安全感与PTSD的关系.心理科学进展,17(3),547-550.

[40] 刘敏岚,邓荟,2018.社区心理服务:一种社会精细化治理的路径.天津行政学院学报,20(1),61-66.

[41] 刘强,2011.大学生气质类型、家庭教养方式与亲子沟通关系研究.曲阜:曲阜师范大学硕士学位论文.

[42] 罗观翠,2008.灾后亟待进行社区重建.中国社会导刊(12),22-25.

[43] 骆玚,2007.运用成人依恋理论改善情侣亲密关系的探索性研究.上海:华东师范大学硕士学位论文.

[44] 马春华,石金群,李银河,等,2011.中国城市家庭变迁的趋势和最新发现.社会学研究,25(2),182-216,246.

[45] 梅高兴,潘运,赵守盈,2012.中小学生心理安全感特点现状调查.中国特殊教育(6),63-68,10.

[46] 美国精神医学学会,2024.精神障碍诊断与统计手册(第5版—修订版).张道龙等译,北京大学出版社.

[47] 尼克尔斯,戴维斯,2018.家庭治疗概念与方法.方晓义婚姻家庭治疗课题组,译.北京:北京师范大学出版社.

[48] 潘允康,1986.家庭社会学.重庆:重庆出版社.

[49] 亓军,叶莹莹,周宵,2024.亲子关系对创伤后应激障碍与创伤后成长的影响:亲子沟通与自我表露的中介作用.中国临床心理学杂志(4),717-722,729.

[50] 施琪嘉,林昊,2013.创伤的代际传递.心理科学进展,21(9),1667-1676.

[51] 苏霍姆林斯基,1981.给教师的建议(下).杜殿坤,译.北京:教育科学出版社.

[52] 孙彩红,2020.协同治理视域下政府资源整合与组织能力分析——以新冠肺炎疫情防控为例.四川大学学报(哲学社会科学版)(4),59-66.

[53] 谭茹月,2022.乳腺癌患者创伤后应激障碍与成长的共存及影响机制研究.杭州:浙江大学硕士学位论文.

[54] 田友谊,李婧玮,2022.互动仪式链理论视角下家校合作的困境与破解.中国电化教育(7),97-103,114.

[55] 汪向东,王希林,马弘,1999.心理卫生评定手册(增订版).北京:中国心理卫生杂志社.

[56] 王华,2013.团体心理辅导改善家庭功能的实验研究.中国特殊教育(3),69-72,78.

[57] 王龙,陈纬,张兴利,等,2011.应对方式在震后青少年人格特质与PTSD症状间的中介作用.中国临床心理学杂志,19(1),89-91,95.

[58] 王旻,2021.父母婚姻质量与幼儿安全感的相关研究.石家庄:河北师范大学硕士学位论文.

[59] 王庆松,谭庆荣,2015.创伤后应激障碍.北京:人民卫生出版社.

[60] 王树青,张文新,张玲玲,2007.大学生自我同一性状态与同一性风格、亲子沟通的关系.心理发展与教育(1),59-65.

[61] 王文超,伍新春,周宵,2018a.青少年创伤后应激障碍和创伤后成长的状况与影响因素——汶川地震后的10年探索.北京师范大学学报(社会科学版)(2),51-63.

[62] 王文超,周宵,伍新春,等,2018b.创伤后应激障碍对青少年生活满意度的影响:社会支持的调节作用.心理科学,41(2),484-490.

[63] 王跃生,2006.当代中国家庭结构变动分析.中国社会科学院院报(1),96-108,207.

[64] 吴煜辉,王桂平,2010.大学生自我分化量表的初步修订.心理研究(4),40-45.

[65] 伍新春,王文超,周宵,等,2018.汶川地震8.5年后青少年身心状况研究.

心理发展与教育,34(1),80-89.

[66] 伍新春,周宵,陈杰灵,等,2015.主动反刍、创伤后应激障碍与创伤后成长的关系:一项来自汶川地震后青少年的长程追踪研究.心理发展与教育,31(3),334-341.

[67] 伍新春,周宵,陈杰灵,等,2016.社会支持,主动反刍与创伤后成长的关系:基于汶川地震后青少年的追踪研究.心理科学,39(3),735-740.

[68] 夏扉,2000.重视同伴交往促进儿童社会化发展.江西社会科学(7),154-155.

[69] 夏瑶瑶,李颐,2020.大学生安全感、存在焦虑感及应对方式的相关性.中国健康心理学杂志(11),1728-1732.

[70] 向莹君,熊国玉,董毅强,等,2010.汶川地震灾区1960名中学生创伤后应激障碍症状调查.中国心理卫生杂志,24(1),17-20.

[71] 萧丽玲,2001.儿童创伤事后压力症候之研究——九二一地震的冲击.屏东:屏东师范学校.

[72] 肖雪,刘丽莎,徐良苑,等,2017.父母冲突、亲子关系与青少年抑郁的关系:独生与非独生的调节作用.心理发展与教育,33(4),468-476.

[73] 徐慧,张建新,张梅玲,2008.家庭教养方式对儿童社会化发展影响的研究综述.心理科学,31(4),940-942.

[74] 徐玖平,刘雪梅,2009.汶川特大地震灾后社区心理援助的统筹优选模式.管理学报(12),1622-1630.

[75] 姚本先,2024.心理学(第4版).北京:高等教育出版社.

[76] 原凯歌,刘航,2011.大学生家庭环境、一般自我效能感和应对方式的相关研究.中国健康心理学杂志,19(3),361-363.

[77] 臧伟伟,付芳,伍新春,等,2009.自然灾难后身心反应的影响因素:研究与启示.心理发展与教育,25(3),107-112,128.

[78] 查山鹰,2021.社区心理健康服务体系构建路径研究.理论观察(5),80-82.

[79] 张彩,江伊茹,朱成伟,等,2022.学校归属感与青少年手机依赖的关系:学习焦虑的中介效应与同伴关系的调节效应.心理发展与教育(6),848-858.

[80] 张丰清,2015.中国共产党应对灾难整合社会力量的经验研究.学校党建与思想教育(17),19-21.

[81] 张金凤,史占彪,赵品良,等,2012.汶川震后初中生创伤后成长状况及相关因素.中国心理卫生杂志,26(5),357-362.

[82] 张侃,2008.国外开展灾后心理援助工作的一些做法.求是(16),59-61.

［83］张文新,1997.城乡青少年父母教育方式的比较研究.心理发展与教育(3), 44-49.

［84］张文新,王美萍,Fuligni,2006.青少年的自主期望、对父母权威的态度与亲子冲突和亲合.心理学报,38(6),868-876.

［85］赵丞智,李俊福,王明山,等,2001.地震后17个月受灾青少年PTSD及其相关因素.中国心理卫生杂志,15(3),145-147.

［86］赵芳,2011.论作为独立心理治疗模式的夫妻治疗.南京师大学报(社会科学版)(3),116-120.

［87］赵凤,计迎春,陈绯念,2021.夫妻关系还是代际关系?——转型期中国家庭关系主轴及影响因素分析.妇女研究论丛(4),97-112.

［88］赵兴民,2011.中学教师心理健康问题分析及对策.中国教育学刊(3),23-25.

［89］周宵,安媛媛,伍新春,等,2014a.汶川地震三年半后中学生的感恩对创伤后成长的影响:社会支持的中介作用.心理发展与教育,30(1),68-74.

［90］周宵,伍新春,安媛媛,等,2014b.青少年核心信念挑战对创伤后成长的影响:反刍与社会支持的作用.心理学报,46(10),1509-1520.

［91］周宵,伍新春,曾旻,等,2016.社会支持,主动反刍与创伤后应激障碍的关系:来自地震后青少年的追踪研究.心理与行为研究,14(5),626.

［92］周宵,伍新春,安媛媛,等,2017a.地震后青少年创伤后应激障碍的潜在结构分析.心理发展与教育,33(2),206-215.

［93］周宵,伍新春,安媛媛,等,2017b.事件相关反刍量表在地震后青少年群体中的适用性研究.中国临床心理学杂志,25(6),1001-1006.

［94］周宵,伍新春,王文超,等,2017c.青少年侵入性反刍对创伤后成长的影响:主动反刍的中介和希望的调节作用.心理与行为研究,15(4),544-550.

［95］周宵,伍新春,王文超,等,2017d.社会支持,创伤后应激障碍与创伤后成长之间的关系:来自雅安地震后小学生的追踪研究.心理学报,49(11),1428.

［96］周宵,伍新春,王文超,等,2018.青少年重复创伤暴露与创伤后应激障碍的关系:安全感与认知重评的中介作用.心理发展与教育,34(1),90-97.

［97］周宵,伍新春,杨西玛,等,2019.地震后青少年共情与创伤后成长的关系:情绪表达与认知重评的中介作用.心理科学,42(6),1325-1331.

［98］周宵,伍新春,袁晓娇,等,2015.青少年的创伤暴露程度与创伤后应激障碍的关系——核心信念挑战,主观害怕程度和侵入性反刍的作用.心理学报,47(4),455-465.

[99] 周宵,姚本先,2011.国外心理健康素养研究:内涵、影响因素及展望.中小学心理健康教育(1),4-7,11.

[100] 周宵,甄瑞,2023.重大灾后青少年创伤心理的家庭疏导策略探索.应用心理学(4),317-325.

[101] 周宗奎,1999.现代儿童发展心理.合肥:安徽人民出版社.

[102] 周宗奎,曹敏,田媛,等,2021.初中生亲子关系与抑郁:自尊和情绪弹性的中介作用.心理发展与教育,37(6),864-872.

[103] 朱帅,2011.社会工作介入地震伤亡家庭亲子关系服务模式研究.长沙:湖南师范大学硕士学位论文.

[104] 朱熊兆,罗伏生,姚树桥,等,2007.认知情绪调节问卷中文版(CERQ-C)的信效度研究.中国临床心理学杂志,15(2),121-124,131.

【外文文献】

[1] Acuña M A, Kataoka S, 2017. Family communication styles and resilience among adolescents. Social Work, 62(3),261-269.

[2] Adam D, 2013. Mental health: on the spectrum. Nature, 496,416-418.

[3] Afzali M H, Sunderland M, Batterham P J et al. , 2017. Network approach to the symptom-level association between alcohol use disorder and posttraumatic stress disorder. Social Psychiatry and Psychiatric Epidemiology, 52, 329-339.

[4] Agaibi C E, Wilson J P, 2005. Trauma, PTSD, and resilience: a review of the literature. Trauma Violence Abuse(3),195-216.

[5] Ainsworth M D S, Blehar M C, Waters E, 1973. Patterns of attachment: a study of the strange situation. Hillsdale, NJ: Lawrence Erlbaum Associates.

[6] Alderfer M A, Navsaria N, Kazak A E, 2009. Family functioning and posttraumatic stress disorder in adolescent survivors of childhood cancer. Journal of Family Psychology, 23(5),717-725.

[7] Al-Krenawi A, Graham J R, Kanat-Maymon Y, 2009. Analysis of trauma exposure, symptomatology and functioning in Jewish Israeli and Palestinian adolescents. British Journal of Psychiatry, 195(5),427-432.

[8] Al-Krenawi A, Graham J R, 2012. The impact of political violence on psychosocial functioning of individuals and families: thecase of Palestinian adolescents. Child and Adolescent Mental Health, 17(1),14-22.

[9] Allen E, Knopp K, Rhoades G et al. , 2018. Between-and within-subject associations of PTSD symptom clusters and marital functioning in military couples. Journal of family psychology, 32(1),134-144.

[10] American Psychiatric Association, 1987. Diagnostic and statistical manual of mental disorders: DSM-Ⅲ. American Psychiatric Association.

[11] American Psychiatric Association, 2000. Diagnostic and statistical manual of mental disorders: DSM-Ⅳ. American Psychiatric Association.

[12] American Psychiatric Association, 2013. Diagnostic and statistical manual of mental disorders: DSM-5. American Psychiatric Association.

[13] An Y Y, Huang J L, Chen Y R et al. , 2019. Longitudinal cross-lagged relationships between posttraumatic stress disorder and depression in adoles-

cents following the Yancheng tornado in China. Psychological Trauma-Theory Research Practice and Policy(7),760-766.

[14] Ancharoff M R, Munroe J F, Fisher L M, 1998. The Legacy of Combat Trauma. in DanieliY. International handbook of multigenerational legacies of trauma. Boston, MA: Springer.

[15] Angelakis S, Nixon R D V, 2015. The comorbidity of PTSD and MDD: implications for clinical cractice and future research. Behaviour Change, 32 (1),1-25.

[16] Antonovsky A, 1987. Unraveling the mystery of health: how people manage stress and stay well. San Francisco, CA: Jossey-Bass.

[17] Armour C, Contractor A, Elhai J D et al. , 2015a. Identifying latent profiles of posttraumatic stress and major depression symptoms in Canadian veterans: exploring differences across profiles in health related functioning. Psychiatry Research, 228(1),1-7.

[18] Armour C, Tsai J, Durham T A et al. , 2015b. Dimensional structure of DSM-5 posttraumatic stress symptoms: support for a hybrid anhedonia and externalizing behaviors model. Journal of Psychiatric Research, 61,106-113.

[19] Armour C, Elklit A, Shevlin M, 2011. Attachment typologies and posttraumatic stress disorder (PTSD), depression and anxiety: a latent profile analysis approach. European Journal of Psychotraumatology(2),9.

[20] Armour C, Fried E I, Deserno M K et al. , 2017. A network analysis of DSM-5 posttraumatic stress disorder symptoms and correlates in U. S. military veterans. Journal of Anxiety Disorders, 45,49-59.

[21] Armour C, Greene T, Contractor A A et al. , 2020. Posttraumatic stress disorder symptoms and reckless behaviors: a network analysis approach. Journal of Traumatic Stress, 33(1),29-40.

[22] Armour C, Müllerová J, Elhai J D, 2016. A systematic literature review of PTSD's latent structure in the Diagnostic and Statistical Manual of Mental Disorders: DSM-Ⅳ to DSM-5. Clinical Psychology Review, 44,60-74.

[23] Armour C, 2015. The underlying dimensionality of PTSD in the diagnostic and statistical manual of mental disorders: where are we going? European journal of psychotraumatology(6),28074.

[24] Arnberg F K, Johannesson K B, Michel P O, 2013. Prevalence and dura-

tion of PTSD in survivors 6 years after a natural disaster. Journal of Anxiety Disorders, 27(3),347-352.

[25] Arrindell W A, Akkerman A, Bagés N et al. , 2005. The short-EMBU in Australia, Spain, and Venezuela. European Journal of Psychological Assessment, 21(1),56-66.

[26] Asadollahinia M, Ghahari S, 2018. The role of differentiation of self and schema modes in prediction of rumination and compulsive behaviors in adolescents. Asian Journal of Psychiatry, 36,88-89.

[27] Aspinwall L G, Richter L, Hoffman R R, 2001. Understanding how optimism works: a examination of optimists' adaptive moderation of belief and behavior. in Chang E C. Optimism and pessimism: implications for theory, research, and practice. Washington, D. C. : American Psychological Association.

[28] Assink M, Wibbelink C J M, 2016. Fitting three-level meta-analytic models in R: astep-by-step tutorial. Tutorials in Quantitative Methods for Psychology, 12(3),154-174.

[29] Bachem R, Levin Y, Zhou X et al. , 2018. The role of parental posttraumatic stress, marital adjustment, and dyadic self-disclosure in intergenerational transmission of trauma: a family system approach. Journal of Marital and Family Therapy, 44(3),543-555.

[30] Bachem R, Zhou X, Levin Y et al. , 2021. Trajectories of depression in aging veterans and former prisoners-of-war: therole of social support and hardiness. Journal of Clinical Psychology, 77(10),2203-2215.

[31] Bailey K, Webster R, Baker A L et al. , 2012. Exposure to dysfunctional parenting and trauma events and posttraumatic stress profiles among a treatment sample with coexisting depression and alcohol use problems. Drug and Alcohol Review. 31,529-537.

[32] Bal A, 2008. Post-traumatic stress disorder in Turkish child and adolescent survivors three years after the Marmara Earthquake. Child and Adolescent Mental Health, 13(3),134-139.

[33] Bal S, De Bourdeaudhuij I, Crombez G et al. , 2004. Differences in trauma symptoms and family functioning in intra-and extrafamilial sexually abused adolescents. 19(1),108-123.

[34] Banneyer K N, Koenig S A, Wang L A et al. , 2017. A review of the

effects of parental PTSD: a focus on military children. Couple and Family Psychology(4),274-286.

[35] Barnes H L, Olson D H, 1982. Parent -adolescent communication scale. in OlsonD H. Family inventories: inventories used in a national survey of families across the family life cycle. University of Minnesota.

[36] Barnes H L, Olson D H, 1985. Parent-adolescent communication and the circumplex model. Child Development, 56,438-447.

[37] Barnes H L, Olson D H, 1995. Parent-adolescent communication. in Olson D H, McCubbin H I, Barnes H L et al. Famlily inventories: inventories used in a national survey of families across the family life cycle. University of Minnesota.

[38] Barnett J E, Jacobson C H, 2019. Ethical and legal issues in family and couple therapy. in APA handbook of contemporary family psychology: family therapy and training, American Psychological Association (3),53-68.

[39] Bartek M E, Zainal N H, Newman M G, 2021. Individuals' marital instability mediates the association of their perceived childhood parental affection predicting adulthood depression across 18 years. Journal of Affective Disorders, 291,235-242.

[40] Bartels L, Berliner L, Holt T et al. , 2019. The importance of the DSM-5 posttraumatic stress disorder symptoms of cognitions and mood in traumatized children and adolescents: two network approaches. Journal of Child Psychology and Psychiatry, 60(5),545-554.

[41] Bartoszek G, Hannan S M, Kamm J et al. , 2017. Trauma-related pain, Reexperiencing symptoms, and treatment of posttraumatic stress disorder: a longitudinal study of veterans. Journal of Traumatic Stress, 30(3),288-295.

[42] Bastiaansen C W J, Verspeek E A M, van Bakel H J A, 2021. Gender differences in the mitigating effect of co-parenting on parental burnout: thegender dimension applied to COIVID-19 restrictions and parental burnout levels. Social Sciences (Basel)(4),127.

[43] Baumrind D, 1991. Effective parenting during the early adolescent transition. in Cowan P A, Hetherington E M, Advances in Family Research. Hillsdale, NJ: Erlbau.

[44] Beavers R, Hampson R B, 2000. The beavers systems model of family

functioning. Journal of Family Therapy, 22(2),128-143.

[45] Bellet B W, Jones P J, Neimeyer R A et al. , 2018. Bereavement outcomes as causal systems: a network analysis of the co-occurrence of complicated grief and posttraumatic growth. Clinical Psychological Science(6),797-809.

[46] Belsher B E, Ruzek J I, Bongar B et al. , 2012. Social constraints, posttraumatic cognitions, and posttraumatic stress disorder in treatment-seeking trauma survivors: Evidence for a social-cognitive processing model. Psychological Trauma: Theory, Research, Practice, and Policy(4),386-391.

[47] Belsky J, 1984. The determinants of parenting: a process model. Child Development, 55(1),83-96.

[48] Benight C C, 2012. Understanding human adaptation to traumatic stress exposure: Beyond the medical model. Psychological Trauma: Theory, Research, Practice, and Policy(1),1-8.

[49] Bennett D C, Kerig P K, Chaplo S D et al. , 2014. Validation of the five-factor model of PTSD symptom structure among delinquent youth. Psychological Trauma: theory, Research, Practice, and Policy(4),438-447.

[50] Berger R, Weiss T, 2009. The posttraumatic growth model: an expansion to the family system. Traumatology, 15(1),63-74.

[51] Berkman J M, 2005. Posttraumatic stress symptoms after pediatric injury: therole of family factors (Unpublished doctorial dissertation. Clark University.

[52] Berson I R, 1997. The effect of intrafamilial and extrafamilial sexual abuse on family adaptability and cohesion, trauma and maternal support in children (Unpublished doctorial dissertation), The University of Toledo.

[53] Birkley E L, Eckhardt C I, Dykstra R E, 2016. Posttraumatic stress disorder symptoms, intimate partner violence, and relationship functioning: a meta-analytic review. Journal of Traumatic Stress, 29(5),397-405.

[54] Blanchard E B, Buckley T C, Hickling E J et al. , 1998. Posttraumatic stress disorder and comorbid major depression: Is the correlation an illusion? Journal of Anxiety Disorders, 12(1),21-37.

[55] Blodgett J M, Lachance C C, Stubbs B et al. , 2021. A systematic review of the latent structure of the Center for Epidemiologic Studies Depression Scale (CES-D) amongst adolescents. BMC Psychiatry, 21(1),197.

[56] Blodgett J M, Salafia E H, Gondoli D M et al. , 2009. The longitudinal in-

terplay of maternal warmth and adolescents' self-disclosure in predicting maternal knowledge. Journal of Research on Adolescence, 19(4),654-668.

[57] Blos P, 1979. The adolescent passage: developmental issues. New York International Universities Press.

[58] Blow A J, Gorman L, Ganoczy D et al. , 2013. Hazardous drinking and family functioning in national guard veterans and spouses post deployment. Journal of Family Psychology, 27(2),303-313.

[59] Blow A J, Sprenkle D H, 2001. Common factors across theories of marriage and family therapy: a modified Delphi study. Journal of Marital and Family Therapy, 27(3),385-401.

[60] Bokszczanin A, 2008. Parental support, family conflict, and overprotectiveness: predicting PTSD symptom levels of adolescents 28 months after a natural disaster. Anxiety, Stress, & Coping, 21(4),325-335.

[61] Boniel-Nissim M, Sasson H, 2018. Bullying victimization and poor relationships with parents as risk factors of problematic internet use in adolescence. Computers in Human Behavior, 88,176-183.

[62] Borsboom D, 2008. Psychometric perspectives on diagnostic systems. Journal of Clinical Psychology, 64(9),1089-1108.

[63] Borsboom D, 2017. A network theory of mental disorders. World Psychiatry, 16(1),5-13.

[64] Borsboom D, Cramer A O, 2013. Network analysis: an integrative approach to the structure of psychopathology. Annual Review of Clinical Psychology(9),91-121.

[65] Boss P, 1999. Ambiguous loss: Learning to live with unresolved grief. Cambridge, MA: Harvard University Press.

[66] Boss P, 2002. Family stress management: a contextual approach. Thousand Oaks, CA: Sage.

[67] Boss P, Couden B A, 2002. Ambiguous loss from chronic physical illness: Clinical interventions with individuals, couples, and families. Journal of Clinical Psychology, 58(11),1351-1360.

[68] Bountress K E, Gilmore A K, Metzger I W et al. , 2020. Impact of disaster exposure severity: cascading effects across parental distress, adolescent PTSD symptoms, as well as parent-child conflict and communication. Social

Science & Medicine, 264,9.

[69] Bowlby J, 1969. Attachment and Loss: attachment. London: Pimlico.

[70] Bowlby J, 1973. Attachment and loss: Volume II: separation, anxiety and anger. in Attachment and Loss: Volume II: separation, anxiety and anger. London: the Hogarth Press.

[71] Bowlby J, 1988. A secure base: Parent-child attachment and healthy human development. New York, NY: Basic.

[72] Boyer B A, Knolls M L, Kafkalas C M et al. , 2000. Prevalence and relationships of posttraumatic stress in families experiencing pediatric spinal cord injury. Rehabilitation Psychology, 45(4),339-355.

[73] Brand S R, Brennan P A, Newport D J et al. , 2010. The impact of maternal childhood abuse on maternal and infant HPA axis function in the postpartum period. Psychoneuroendocrinology, 35(5),686-693.

[74] Branje S J T, van Doorn M, van der Valk I et al. , 2009. Parent-adolescent conflicts, conflict resolution types, and adolescent adjustment. Journal of Applied Developmental Psychology, 30(2),195-204.

[75] Breslau N, Davis G C, 1987. Posttraumatic stress disorder: the stressor criterion. Journal of Nervous and Mental Disease, 175(5),255-264.

[76] Bretherton I, 1990. Open communication and internal working models: Their role in the development of attachment relationships. in ThompsonT. Nebraska symposium on motivation. University of Nebraska Press.

[77] Bretherton I, 1992. The origins of attachment theory: John Bowlby and Mary Ainsworth. Developmental Psychology, 28(5),759.

[78] Brewin C R, Holmes E A, 2003. Psychological theories of posttraumatic stress disorder. Clinical Psychology Review, 23(3),339-376.

[79] Brockwell S E, Gordon I R, 2001. A comparison of statistical methods for meta-analysis. Statistics in Medicine, 20(6),825-840.

[80] Brown G, Craig A B, Halberstadt A G, 2015. Parent gender differences in emotion socialization behaviors vary by ethnicity and child gender. Parenting, Science and Practice, 15(3),135-157.

[81] Brown M, Banford A, MansfieldT et al. , 2012. Posttraumatic stress symptoms and perceived relationship safety as predictors of dyadic adjustment: a test of mediation and moderation. The American Journal of Family

Therapy，40(4)，349-362.

[82] Brown R T，Madan-Swain A，Lambert R，2003. Posttraumatic stress symptoms in adolescent survivors of childhood cancer and their mothers. Journal of Traumatic Stress，16(4)，309-318.

[83] Brunet J，McDonough M H，Hadd V et al.，2010. The posttraumatic growth inventory：an examination of the factor structure and invariance among breast cancer survivors. Psycho-Oncology，19(8)，830-838.

[84] Bryant R A，Edwards B，Creamer M et al.，2018. The effect of post-traumatic stress disorder on refugees' parenting and their children's mental health：a cohort study. The Lancet. Public Health(5)，e249-e258.

[85] Bryant R A，Harvey A G，Guthrie R M et al.，2003. Acute psychophysiological arousal and posttraumatic stress disorder：a two-year prospective study. Journal of Traumatic Stress(5)，439-443.

[86] Burleson B R，Metts S，Kirch M W，2000. Communication in close relationships. in C. Hendric & S. S. Hendrick (Eds.)，Close relationships：a Sourcebook (pp. 245-258. Thousand Oaks，CA：Sage.

[87] Burnette J L，Davis D E，Green J D et al.，2010. Insecure attachment and depressive symptoms：themediating role of rumination，empathy，and forgiveness. Personality & Individual Differences，46，276-280.

[88] Burton D，Foy D，Bwanausi C et al.，1994. The relationship between traumatic exposure，family dysfunction，and post-traumatic stress symptoms in male juvenile offenders. Journal of Traumatic Stress(1)，83-93.

[89] Byng-Hall J，2002. Relieving parentified children's burdens in families with insecure attachment patterns. Family Process，41(3)，375-388.

[90] Byrne C A，Riggs D S，1996. The cycle of trauma：relationship aggression in male Vietnam veterans with symptoms of posttraumatic stress disorder. Violence and Victims(3)，213-225.

[91] Caldwell J G，Shaver P R，2012. Exploring the cognitive-emotional pathways between adult attachment and ego-resiliency. Individual Differences Research(3)，141-152.

[92] Calhoun L G，Tedeschi R G，2006. The foundations of posttraumatic growth：an expanded framework. in Calhoun L G，Tedeschi G. Handbook of posttraumatic growth：research & practice. Mahwah，NJ：Lawrence Er-

lbaum Associates.

[93] Campbell S B, Renshaw K D, 2016. Military couples and posttraumatic stress: Interpersonally-based behaviors and cognitions as mechanisms of individual and couple distress. in WadsworthS M, RiggsD. New York, NY: Springer.

[94] Campbell S B, Renshaw K D, 2018. Posttraumatic stress disorder and relationship functioning: a comprehensive review and organizational framework. Clinical Psychology Review, 65,152-162.

[95] Cann A, Calhoun L G, Tedeschi R G et al. , 2010. The core beliefs inventory: a brief measure of disruption in the assumptive world. Anxiety, Stress & Coping, 23(1),19-34.

[96] Cao X, Wang L, Cao C Q et al. , 2015. Patterns of DSM-5 posttraumatic stress disorder and depression symptoms in an epidemiological sample of Chinese earthquake survivors: a latent profile analysis. Journal of Affective Disorders, 186,58-65.

[97] Carlson G A, Cantwell D P, 1980. Unmasking masked depression in children and adolescents. American Journal of Psychiatry, 137(4),445-449.

[98] Carragher N, Sunderland M, Batterham P J et al. , 2016. Discriminant validity and gender differences in DSM-5 posttraumatic stress disorder symptoms. Journal of Affective Disorders, 190,56-67.

[99] Cassidy J, Kobak R R, 1988. Avoidance and its relation to other defensive processes. in Belsky J, Nezworski T. Clinical implications of attachment. Hillsdale, NJ: Erlbaum.

[100] Catherall D R, 2004. Introduction. in CatherallD R. Handbook of stress, trauma and the family. New York, NY: Brunner-Routledge.

[101] Cenat J M, Derivois D, 2015. Long-term outcomes among child and adolescent survivors of the 2010 Haitian Earthquake. Depression and Anxiety, 32(1),57-63.

[102] Chan C L W, Wang C W, Ho A H Y et al. , 2012. Symptoms of posttraumatic stress disorder and depression among bereaved and non-bereaved survivors following the 2008 Sichuan Earthquake. Journal of Anxiety Disorders, 26(6),673-679.

[103] Chan H Y, Brown B B, Von Bank H, 2015. Adolescent disclosure of in-

formation about peers: the mediating role of perceptions of parents' right to know. Journal of Youth and Adolescence, 44(5),1048-1065.

[104] Chemtob C M, Gudiño O G, Laraque D, 2013. Maternal posttraumatic stress disorder and depression in pediatric primary care: association with child maltreatment and frequency of child exposure to traumatic events. The Journal of the American Medical Association (Pediatrics), 167(11), 1011-1018.

[105] Chemtob C M, Nakashima J P, Hamada R S, 2002. Psychosocial intervention for postdisaster trauma symptoms in elementary school children: a controlled community field study. Archives of Pediatrics & Adolescent Medicine, 156(3),211-216.

[106] Chemtob C M, Novaco R W, Hamada R S et al., 1997. Anger regulation deficits in combat-related posttraumatic stress disorder. Journal of Traumatic Stress, 10(1),17-36.

[107] Cheng J, Liang Y, Fu L et al., 2018. Posttraumatic stress and depressive symptoms in children after the Wenchuan Earthquake. European Journal of Psychotraumatology (sup2), 1472992.

[108] Cheron D M, Ehrenreich J T, Pincus D B, 2009. Assessment of parental experiential avoidance in a clinical sample of children with anxiety disorders. Child Psychiatry and Human Development, 40(3),383-403.

[109] Cheung M W L, 2014. Modeling dependent effect sizes with three-level meta-analyses: a structural equation modeling approach. Psychological Methods, 19(2),211-229.

[110] Chiariello M A, Orvaschel H, 1995. Patterns of parent-child communication: relationship to depression. Clinical Psychology Review, 15(5),395-407.

[111] Choi J K, Becher E H, 2019. Supportive coparenting, parenting stress, harsh parenting, and child behavior problems in nonmarital families. Family Process, 58(2),404-417.

[112] Choi K W, Batchelder A W, Ehlinger P P et al., 2017. Applying network analysis to psychological comorbidity and health behavior: depression, PTSD, and sexual risk in sexual minority men with trauma histories. Journal of Consulting and Clinical Psychology, 85(12),1158-1170.

[113] Chu J A, 2011. Rebuilding shattered lives: Treating complex PTSD and

dissociative disorders. New York, NY: John Wiley & Sons.

[114] Chui C H, Ran M S, Li R H et al. , 2017. Predictive factors of depression symptoms among adolescents in the 18-month follow-up after Wenchuan Earthquake in China. Journal of Mens Health, 26(1),36-42.

[115] Clark A A, Owens G P, 2012. Attachment, personality characteristics, and posttraumatic stress disorder in U. S. Veterans of Iraq and Afghanistan. Journal of Traumatic Stress, 25(6),657-664.

[116] Clark K E, Ladd G W, 2000. Connectedness and autonomy support in parent-child relationships: links to children's socioemotional orientation and peer relationships. Developmental Psychology, 36(4),485-498.

[117] Coakley R M, Forbes P W, Kelley S D et al. , 2010. Family functioning and posttraumatic stress symptoms in youth and their parents after unintentional pediatric injury. Journal of Traumatic Stress, 23(6),807-810.

[118] Cobham V E, McDermott B, Haslam D et al. , 2016. The role of parents, parenting and the family environment in children's post-disaster mental health. Current Psychiatry Reports, 18(6),1-9.

[119] Cobham V E, McDermott B, 2014. Perceived parenting change and child posttraumatic stress following a natural disaster. Journal of Child and Adolescent Psychopharmacology, 24(1),18-23.

[120] Cohan C L, Cole S W, 2002. Life course transitions and natural disaster: marriage, birth, and divorce following Hurricane Hugo. Journal of Family Psychology, 16(1),14-25.

[121] Cohen J A, Mannarino A P, Jankowski K et al. , 2016a. A randomized implementation study of trauma-focused cognitive behavioral therapy for adjudicated teens in residential treatment facilities. Child Maltreatment, 21(2),156-167.

[122] Cohen J A, Mannarino A P, Deblinger E et al. , 2012. Trauma-focused CBT for children and adolescents: treatment applications. New York, NY: Guilford Press.

[123] Cohen J R, Adams Z W, Menon S V et al. , 2016b. How should we screen for depression following a natural disaster? an ROC approach to post-disaster screening in adolescents and adults. Journal of Affective Disorders, 202,102-109.

[124] Cohen J, 2016. Adolescent independence and adolescent change. Youth & Society, 12(1),107-124.

[125] Collin-Vezina D, Hebert M, 2005. Comparing dissociation and PTSD in sexually abused school-aged girls. Journal of Nervous and Mental Disease, 193(1),47-52.

[126] Conger R D, Elder G H Jr, Lorenz F O et al. , 1990. Linking economic hardship to marital quality and instability. Journal of Marriage & the Family, 52(3),643-656.

[127] Cordova M J, Cunningham L L C, Carlson C R et al. , 2001a. Posttraumatic growth following breast cancer: a controlled comparison study. Health Psychology, 20(3),176-185.

[128] Cordova M J, Cunningham L L C, Carlson C R et al. , 2001b. Social constraints, cognitive processing, and adjustment to breast cancer. Journal of Consulting and Clinical Psychology, 69(4),706-711.

[129] Coric M K, Klaric M, Petrov B et al. , 2016. Psychological and behavioral problems in children of war veterans with post traumatic stress disorder. European Journal of Psychiatry, 30(3),219-230.

[130] Costa P T, McCrae R R, 1992. Normal personality assessment in clinical practice: the NEO personality inventory. Psychological Assessment, 4(1),5-13.

[131] Costello A B, Osborne J, 2005. Best practices in exploratory factor analysis: Four recommendations for getting the most from your analysis. Practical Assessment, Research and Evaluation, 10(7),1-9.

[132] Cousino M K, 2015. Childhood cancer and brain tumor late effects: the impact on families and associated survivor psychological outcomes (Unpublished doctorial dissertation. Case Western Reserve University.

[133] Cox D W, Motl T C, Bakker A M et al. , 2018. Cognitive fusion and post-trauma functioning in veterans: examining the mediating roles of emotion dysregulation. Journal of Contextual Behavioral Science, 8,1-7.

[134] Cox M J, Paley B, 2003. Understanding families as systems. Current Directions in Psychological Science, 12(5),193-196.

[135] Creech S K, Misca G, 2017. Parenting with PTSD: a review of research on the influence of PTSD on parent-child functioning in military and veter-

an families. Frontiers in Psychology, 30(8),1101.

[136] Cross D, Kim Y J, Vance L A et al. , 2016. Maternal child sexual abuse is associated with lower maternal warmth toward daughters but not sons. Journal of Child Sexual Abuse, 25(8),813-826.

[137] Cross D, Vance L A, Kim Y J et al. , 2018. Trauma exposure, PTSD, and parenting in a community sample of low-income, predominantly African American mothers and children. Psychological Trauma-Theory Research Practice and Policy, 10(3),327-335.

[138] Cummings E M, Davies P T, 2010. Marital conflict and children: an emotional security perspective New York, NY: Guilford Press.

[139] Cummings J, 2011. Sharing a traumatic event: theexperience of the listener and the storyteller within the dyad. Nursing Research, 60(6),386-392.

[140] Cummings J, 2018. Transformational change in parenting practices after child interpersonal trauma: a grounded theory examination of parental response. Child Abuse Negl, 76,117-128.

[141] Cwik J C, Margraf J, 2017. Information order effects in clinical psychological diagnoses. Clinical Psychology & Psychotherapy, 24 (5), 1142-1154.

[142] Dadds M R, Sanders M R, Morrison M et al. , 1992. Childhood depression and conduct disorder: an analysis of family interaction patterns in the home. Journal of Abnormal Psychology, 101(3),505-513.

[143] Danieli Y, 1984. Psychotherapist's participation in the conspiracy of silence about the Holocaust. Psychoanalytic Psychology, 1(1),23-42.

[144] Danieli Y, 1998. International handbook of multigenerational legacies of trauma. New York, NY: Plenum Publishing Corporation.

[145] Danielson C K, Cohen J R, Adams Z W et al. , 2017. Clinical decision-making following disasters: efficient identification of PTSD risk in adolescents. Journal of Abnormal Child Psychology, 45(1),117-129.

[146] Daniunaite I, Cloitre M, Karatzias T et al. , 2021. PTSD and complex PTSD in adolescence: Discriminating factors in a population-based cross-sectional study. European Journal of Psychotraumatology, 12 (1), 1890937.

[147] Dass-Brailsford P, Thomley R S H, Jain D et al., 2021. The mental health consequences of hurricane Matthew on Haitian children and youth: an exploratory study. Journal of Child & Adolescent Trauma, 15(3),899-909.

[148] Davies J, Slade P, Wright I et al., 2008. Posttraumatic stress symptoms following childbirth and mothers' perceptions of their infants. Infant Mental Health Journal, 29(6),537-554.

[149] Davies P T, Sturge-Apple M L, Winter M A et al., 2006. Child adaptational development in contexts of interparental conflict over time. Child Development, 77(1),218-233.

[150] Davies P T, Cummings E M, 2015. Interparental discord, family process, and developmental psychopathology. in Cicchetti D, Cohen D J. Developmental psychopathology: risk, disorder, and adaptation. New York, NY: Wiley.

[151] Deane K, Richards M, Mozley M et al., 2018. Posttraumatic stress, family functioning, and externalizing in adolescents exposed to violence: a moderated mediation model. Journal of Clinical Child & Adolescent Psychology, 47(sup1),S176-S189.

[152] Dekel R, 2010. Couple forgiveness, self-differentiation and secondary traumatization among wives of former POWs. Journal of Social and Personal Relationships, 27(7),924-937.

[153] Dekel R, Monson C M, 2010. Military-related post-traumatic stress disorder and family relations: current knowledge and future directions. Aggression and Violent Behavior, 15(4),303-309.

[154] Dekel R, Solomon D, 2016. The contribution of maternal care and control to adolescents' adjustment following war. Journal of Early Adolescence, 36(2),198-221.

[155] Dekel S, Ein-Dor T, Solomon Z, 2012. Posttraumatic growth and posttraumatic distress: a longitudinal study. Psychological Trauma-Theory Research Practice and Policy, 4(1),94-101.

[156] Dekel S, Mandl C, Solomon Z, 2013. Is the holocaust implicated in posttraumatic growth in second-generation holocaust survivors? a prospective study. Journal of Traumatic Stress, 26(4),530-533.

[157] Dell P F, 2006. The multidimensional inventory of dissociation (MID), a comprehensive measure of pathological dissociation. Journal of Trauma & Dissociation(2),77-106.

[158] DePrince A P, 2005. Social cognition and revictimization risk. Journal of Trauma and Dissociation(1),125-141.

[159] Dhital R, Shibanuma A, Moe M et al. , 2019. Effect of psycho-social support by teachers on improving mental health and hope of adolescents in an earthquake-affected district in Nepal: a cluster randomized controlled trial. PloS One, 14(10),e0223046.

[160] Dickerson V C, 2010. Positioning oneself within an epistemology: refining our thinking about integrative approaches. Family Process, 49(3),349-368.

[161] Dietvorst E, Hiemstra M, Hillegers M H J et al. , 2018. Adolescent perceptions of parental privacy invasion and adolescent secrecy: an illustration of Simpson's paradox. Child Development, 89(6),2081-2090.

[162] Domingue R, Mollen D, 2009. Attachment and conflict communication in adult romantic relationships. Journal of Social & Personal Relationships, 26(5),678-696.

[163] Dong C, Gong S, Jiang L et al. , 2015. Posttraumatic growth within the first three months after accidental injury in China: the role of self-disclosure, cognitiveprocessing, and psychosocial resources. Psychology, Health & Medicine, 20(2),154-164.

[164] Donker M H, Mastrotheodoros S, Branje S, 2021. Development of parent-adolescent relationships during the covid-19 pandemic: the role of stress and coping. Developmental Psychology, 57(10),1611-1622.

[165] Dopheide J A, 2006. Recognizing and treating depression in children and adolescents. American Journal of Health-System Pharmacy, 63(3),233-243.

[166] Doron-LaMarca S, Niles B L, King D W et al. , 2015. Temporal associations among chronic PTSD symptoms in U. S. combat veterans. Journal of Traumatic Stress, 28(5),410-417.

[167] Dorsey S, Pullmann M D, Berliner L et al. , 2014. Engaging foster parents in treatment: a randomized trial of supplementing Trauma-focused cognitive behavioral therapy with evidence-based engagement strategies.

Child Abuse & Neglect，38(9)，1508-1520. .

[168] Duranceau S，Fetzner M G，Carleton R N，2015. The home front：Operational stress injuries and veteran perceptions of their children's functioning. Traumatology，21(2)，98-105.

[169] D'Urso A，Mastroyannopoulou K，Kirby A et al. ，2018. Posttraumatic stress symptoms in young people with cancer and their siblings：results from a UK sample. Journal of Psychosocial Oncology，36(6)，768-783.

[170] Dyb G，Jensen T K，Nygaard E，2011. Child'en's and pare'ts' posttraumatic stress reactions after the 2004 Tsunami. Clinical Child Psychology and psychiatry，16(4)，621-634.

[171] Easterbrooks M A，Emde R N，1988. Marital and parent-child relationships：the role of affect in the family system. in Hinde R A，Stevenson-Hinde J. Relationships within families：mutual influences. New York，NY，USA：Oxford University Press.

[172] Edelstein R S，Gillath O，2008. Avoiding interference：adult attachment and emotional processing biases. Personality & Social Psychology Bulletin，34(2)，171-181.

[173] Egan S J，Hattaway M，Kane R T，2014. The relationship between perfectionism and rumination in post traumatic stress disorder. Behavioural and Cognitive Psychotherapy，42(2)，211-223.

[174] Egger M，Davey Smith G，Schneider M et al. ，1997. Bias in meta-analysis detected by a simple，graphical test. BMJ，315(7109)，629-634.

[175] Ehlers A，Clark D M，2000. A cognitive model of posttraumatic stress disorder. Behaviour Research and Therapy，38(4)，319-345.

[176] Ehring T，Quack D，2010. Emotion regulation difficulties in trauma survivors：the role of trauma type and PTSD symptom severity. Behavior Therapy，41(4)，587-598.

[177] Elder G H，1984. Families，kin，and the life course：a sociological perspective. in Parkes R. Advances in child development research and the family. Chicago，IL：University of Chicago Press.

[178] Elhai J D，Contractor A A，Tamburrino M et al. ，2015. Structural relations between DSM-5 PTSD and major depression symptoms in military soldiers. Journal of Affective Disorders，175，373-378.

[179] Elhai J D, Grubaugh A L, Kashdan T B et al. , 2008. Empirical examination of a proposed refinement to DSM-Ⅳ posttraumatic stress disorder symptom criteria using the National Comorbidity Survey Replication data. Journal of Clinical Psychiatry, 69(4),597-602.

[180] Elhai J D, Miller M E, Ford J D et al. , 2012. Posttraumatic stress disorder in DSM-5: Estimates of prevalence and symptom structure in a nonclinical sample of college students. Journal of Anxiety Disorders, 26(1), 58-64.

[181] Elkins S R, Darban B, Millmann M et al. , 2022. Predictors of Parental Accommodations in the Aftermath of Hurricane Harvey. Child & Youth Care Forum, 51(1),63-83.

[182] Enlow B M, Kitts R L, Blood E et al. , 2011. Maternal posttraumatic stress symptoms and infant emotional reactivity and emotion regulation. Infant Behavior & Development, 34(4),487-503.

[183] Epstein N B, Bishop D S, Levin S, 1978. The McMaster Model of family functioning. Journal of Marital and Family Therapy, 4(4),19-31.

[184] Epstein N B, Levin S, Bishop D S, 1976. The family as a social unit. Canadian Family Physician, 22,53-55.

[185] Epstein N B, Sigal J J, Rakoff V, 1968. Family categories schema: Jewish General Hospital.

[186] Epstein N B, Bishop D S, 1973. Family therapy: state of the art. Canadian Psychiatric Association Journal, 18(3),175-183.

[187] Erel O, Burman B, 1995. Interrelatedness of marital relations and parent-child relations: a meta-analytic review. Psychological Bulletin, 118(1), 108-132.

[188] Escolas S M, Arata-Maiers R, Hildebrandt E J et al. , 2012. The impact of attachment style on posttraumatic stress disorder symptoms in postdeployed service members. U. S. Army Medical Department Journal (6-9), 54-61.

[189] Fan F, Long K, Zhou Y et al. , 2015. Longitudinal trajectories of posttraumatic stress disorder symptoms among adolescents after the Wenchuan Earthquake in China. Psychological Medicine, 45(13),2885-2896.

[190] Fan M, Li R H, Hu M S et al. , 2017. Association of Val66Met polymor-

phism at brain derived neurotrophic factor gene with depression among Chinese adolescents after Wenchuan Earthquake: an 18months longitudinal study. Physiology & Behavior, 179,16-22.

[191] Fani N, Tone E B, Phifer J et al. , 2012. Attention bias toward threat is associated with exaggerated fear expression and impaired extinction in PTSD. Psychological Medicine, 42(3),533-543.

[192] Faust J L, 2000. Risk and protective factors in the trauma response to childhood sexual abuse. Annual Meeting of the Association for the Advancement of Behavior Therapy.

[193] Feeney B C, Collins N L, 2015. A new look at social support: a theoretical perspective on thriving through relationships. Personality and Social Psychology Review, 19(2),113-147.

[194] Feinberg M E, Kan M L, Hetherington E M, 2007. The longitudinal influence of coparenting conflict on parental negativity and adolescent maladjustment. Journal of Marriage and Family, 69(3),687-702.

[195] Feinberg M E, 2002. Coparenting and the transition to parenthood: a framework for prevention. Clinical Child and Family Psychology Review (3),173-195.

[196] Feinberg M E, 2003. The internal structure and ecological context of coparenting: a framework for research and intervention. Parenting, 3(2),95-131.

[197] Feldman R, Vengrober A, 2011. Posttraumatic stress disorder in infants and young children exposed to war-related trauma. Journal of the American Academy of Child and Adolescent Psychiatry, 50(7),645-658.

[198] Felix E, You S, Vernberg E et al. , 2013. Family influences on the long term post-disaster recovery of Puertorican youth. Journal of Abnormal Child Psychology, 41(1), 111-124.

[199] Ferrajão P C, Badoud D, Oliveira R A, 2017. Mental strategies as mediators of the link between attachment and PTSD. Psychological Trauma: Theory, Research, Practice, and Policy(6),731-740.

[200] Finkenauer C, Engels R C M E, Meeus W H J, 2002. Keeping secrets from parents: advantages and disadvantages of secrecy in adolescence. Journal of Youth and Adolescence, 31(2),123-136.

[201] First J, First N, Stevens J et al. , 2017. Post-traumatic growth 2. 5 years after the 2011 Joplin, Missouri Tornado. Journal of Family Social Work, 21(1),5-21.

[202] Fisher S, 2010. Violence against women and natural disasters: findings from post-tsunami Sri Lanka. Violence Against Women, 16(8),902-918.

[203] Floyd F J, Gilliom L A, Costigan C L, 1998. Marriage and the parenting alliance: longitudinal prediction of change in parenting perceptions and behaviors. Child Development, 69(5),1461-1479.

[204] Floyd K, 2006. Communicating affection: Interpersonal behavior and social context. Cambridge, UK: Cambridge University Press.

[205] Foa E B, Asnaani A, Zang Y et al. , 2018. Psychometrics of the child PTSD symptom scale for DSM-5 for trauma-exposed children and adolescents. Journal of Clinical Child and Adolescent Psychology, 47(1),38-46.

[206] Foa E B, Huppert J D, Cahill S P, 2006. Emotional processing theory: an update. in Rothbaum B O. Pathological anxiety: emotional processing in etiology and treatment. New York, NY: Guilford Publications.

[207] Foa E B, Johnson K M, Feeny N C et al. , 2001. The child PTSD symptom scale: a preliminary examination of its psychometric properties. Journal of Clinical Child Psychology, 30(3),376-384.

[208] Forbes D, Lockwood E, Elhai J D et al. , 2015. An evaluation of the DSM-5 factor structure for posttraumatic stress disorder in survivors of traumatic injury. Journal of Anxiety Disorders, 29,43-51.

[209] Fowers B J, Olson D H, 1993. Enrich marital satisfaction scale: a brief research and clinical tool. Journal of Family Psychology, 7(2),176-185.

[210] Fraley R C, Fazzari D A, Bonanno G A et al. , 2006. Attachment and psychological adaptation in high exposure survivors of the September1th attack on the World Trade Center. Personality & Social Psychology Bulletin, 32(4),538-551.

[211] Fraley R C, Heffernan M E, 2013. Attachment and parental divorce: a test of the diffusion and sensitive period hypotheses. Personality and Social Psychology Bulletin, 39(9),1199-1213.

[212] Fraley R C, Shaver P R, 1997. Adult attachment and the suppression of unwanted thoughts. Journal of Personality and Social Psychology, 73(5),

1080-1091.

[213] Francis A, Pai M S, Badagabettu S, 2021. Psychological well-being and perceived parenting style among adolescents. Comprehensive Child and Adolescent Nursing, 44(2),134-143.

[214] Frankl V E, 1962. Logotherapy and the challenge of suffering. Pastoral Psychology(5),25-28.

[215] Fredman S J, Beck J G, Shnaider P et al., 2017. Longitudinal associations between PTSD symptoms and dyadic conflict communication following a severe motor vehicle accident. Behavior Therapy, 48(2),235-246.

[216] Fredrickson B L, 2001. The role of positive emotions in positive psychology: the broaden-and-build theory of positive emotions. American Psychologist, 56(3),218-226.

[217] Freeman H, Almond T, 2009. Predicting adolescent self differentiation from relationships with parents and romantic partners. International Journal of Adolescence and Youth, 15(1),121-143.

[218] Frey L M, Blackburn K M, Werner-Wilson R J et al., 2011. Posttraumatic stress disorder, attachment, and intimate partner violence in a military sample: a preliminary analysis. Journal of Feminist Family Therapy, 23(3-4),218-230.

[219] Fried E I, Van Borkulo C D, Cramer A O J et al., 2017. Mental disorders as networks of problems: a review of recent insights. Social Psychiatry and Psychiatric Epidemiology, 52(1),1-10.

[220] Gallo A, Wertz C, Kairis S et al., 2019. Exploration of relationship between parental distress, family functioning and post-traumatic symptoms in children. European Journal of Trauma & Dissociation, 3(2),125-133.

[221] Garnefski N, Kraaij V, 2006. Cognitive emotion regulation questionnaire-development of a short 18-item version (CERQ-short. Personality and Individual Differences, 41(6),1045-1053.

[222] Gellatly R, Beck A T, 2016. Catastrophic thinking: a transdiagnostic process across psychiatric disorders. Cognitive Therapy and Research, 40(4),441-452.

[223] Geng F, Fan F, Mo L et al., 2013. Sleep problems among adolescent survivors following the 2008 Wenchuan Earthquake in China: a cohort study.

The Journal of Clinical Psychiatry, 74(1),67-74.

[224] Gentes E, Dennis P A, Kimbrel N A et al. , 2015. Latent factor structure of DSM-5 posttraumatic stress disorder. Psychopathology Review(1),17-29.

[225] Gere M K, Villabø M A, Torgersen S et al. , 2012. Overprotective parenting and child anxiety: therole of co-occurring child behavior problems. Journal of Anxiety Disorders, 26(6),642-649.

[226] Gignac G E, Szodorai E T, 2016. Effect size guidelines for individual differences researchers. Personality and Individual Differences, 102, 74-78.

[227] Gil E, 2006. Helping abused and traumatized children: Integrating directive and nondirective approaches. NewYork, NY: Guilford Press.

[228] Giladi L, Bell T S, 2013. Protective factors for intergenerational transmission of trauma among second and third generation Holocaust survivors. Psychological Trauma Theory Research Practice & Policy, 5(4),384-391.

[229] Goenjian AK, PynoosRS, SteinbergAM et al. , 1995. Psychiatric comorbidity in children after the 1988 Earthquake in Armenia. Journal of the American Academy of Child & Adolescent Psychiatry, 34(9),1174-1184.

[230] Goff B S N, Smith DB, 2005. Systemic traumatic stress: thecouple adaptation to traumatic stress model. Journal of Marital and Family Therapy, 31(2),145-157.

[231] Gomez-Perales N, 2015. Attachment-focused trauma treatment for children and adolescents: Phase-oriented strategies for addressing complex trauma disorders. New York, NY: Routledge Press.

[232] Gorman-Smith D, Henry D B, Tolan P H, 2004. Exposure to community violence and violence perpetration: theprotective effects of family functioning. Journal of Clinical Child and Adolescent Psychology, 33(3),439-449.

[233] Greco J, 2011. Contextual influences on adolescents' psychosocial adjustment: Effects of exposure to community violence and child maltreatment and the role of parent-child attachment (Unpublished doctoral dissertation. Rosalind Franklin University of Medicine and Science.

[234] Greco L A, Lambert W, Baer R A, 2008. Psychological inflexibility in childhood and adolescence: Development and evaluation of the avoidance

and fusion questionnaire for youth. Psychological Assessment，20(2)，93-102.

[235] Green B L，Goodman L A，Krupnick J L et al. ，2000. Outcomes of single versus multiple trauma exposure in a screening sample. Journal of Traumatic Stress，13(2)，271-286.

[236] Green B L，Korol M，Grace M C et al. ，1991. Children and disaster-Age，gender，and parental effects on PTSD symptoms. Journal of the American Academy of Child and Adolescent Psychiatry，30(6)，945-951.

[237] Grych J H，Fincham F D，1990. Marital conflict and children's adjustment：a cognitive-contextual framework. Psychological Bulletin，108(2)，267-290.

[238] Guo J C，Tian Z L，Wang X D et al. ，2016. Post-traumatic stress disorder after typhoon disaster and its correlation with platelet 5-HT concentrations. Asian Pacific Journal of Tropical Medicine(9)，913-915.

[239] Hafstad G S，Dyb G，Jensen T K et al. ，2014. PTSD prevalence and symptom structure of DSM-5 criteria in adolescents and young adults surviving the 2011 shooting in Norway. Journal of Affective Disorders，169，40-46.

[240] Hafstad G S，Haavind H，Jensen T K，2012. Parenting after a natural disaster：a qualitative study of Norwegian families surviving the 2004 Tsunami in southeast Asia. Journal of Child and Family Studies，21(2)，293-302.

[241] Hall E，Saxe G，Stoddard F et al. ，2006. Posttraumatic stress symptoms in parents of children with acute burns. Journal of Pediatric Psychology，31(4)，403-412.

[242] Halladay J，Bennett K，Weist M et al. ，2020. Teacher-student relationships and mental health help seeking behaviors among elementary and secondary students in Ontario Canada. Journal of school psychology，81，1-10.

[243] Hammen C，Brennan P A，Shih J H，2004. Family discord and stress predictors of depression and other disorders in adolescent children of depressed and nondepressed women. Journal of the American Academy of Child & Adolescent Psychiatry，43(8)，994-1002.

[244] Hammett J F, Lavner J A, Karney B R et al. , 2021. Intimate partner aggression and marital satisfaction: a cross-lagged panel analysis. Journal of Interpersonal Violence, 36(3-4),1463-1481.

[245] Hasan N, Power T G, 2004. Children's appraisal of major life events. American Journal of Orthopsychiatry, 74(1),26-32.

[246] Hatfield E, Cacioppo J T, Rapson R L, 1993. Emotional contagion. Current Directions in Psychological Science(3),96-100.

[247] Hathaway L M, Boals A, Banks J B, 2010. PTSD symptoms and dominant emotional response to a traumatic event: an examination of DSM-IV Criterion A2. Anxiety, Stress, and Coping, 23(1),119-126.

[248] Hawkins S S, Manne S L, 2004. Family support in the aftermath of trauma. in Catherall D R. Handbook of stress, trauma and the famil. New York, NY: Brunner-Mazel.

[249] Hawley D R, DeHaan L, 1996. Toward a definition of family resilience: integrating life-span and family perspectives. Family Process, 35(3),283-298.

[250] Hayes S C, Levin M E, Plumb-Vilardaga J et al. , 2013. Acceptance and commitment therapy and contextual behavioral science: examining the progress of a distinctive model of behavioral and cognitive therapy. Behavior Therapy, 44(2),180-198.

[251] Henry D B, Tolan P H, Gorman-Smith D, 2004. Have there been lasting effects associated with the September 11, 2001, terrorist attacks among inner-city parents and children? Professional Psychology: Research and Practice, 35(5),542-547.

[252] Herbers J E, Cutuli J J, Monn A R et al. , 2014. Trauma, adversity, and parent-child relationships among young children experiencing homelessness. Journal of Abnormal Child Psychology, 42(7),1167-1174.

[253] Herman J L, 2012. Rebuilding shattered lives: Treating complex PTSD and dissociative disorders. Psychoanalytic Psychology, 29(2),267-269.

[254] Higgins J P, Thompson S G, Deeks J J et al. , 2003. Measuring inconsistency in meta-analyses. The British Medical Journal, 327(7414),557-560.

[255] Hildenbrand A K, 2016. Childhood trauma and posttraumatic stress in pediatric amplified musculoskeletal pain syndromes. Drexel University.

[256] Hill P L, Schultz L H, Jackson J J et al. , 2019. Parent-child conflict during elementary school as a longitudinal predictor of sense of purpose in emerging adulthood. Journal of Youth and Adolescence, 48(1),145-153.

[257] Hill R, 1958. Generic features of families under stress. Social Casework, 49(2-3),139-150.

[258] Hiller R M, Meiser-Stedman R, Lobo S et al. , 2018. A longitudinal investigation of the role of parental responses in predicting children's posttraumatic distress. Journal of Child Psychology and Psychiatry, 59(7), 781-789.

[259] Hock R M, Timm T M, Ramisch J L, 2012. Parenting children with autism spectrum disorders: a crucible for couple relationships. Child & Family Social Work, 17(4),406-415.

[260] Hofmann S G, Curtiss J, McNally R J, 2016. A complex network perspective on clinical science. Perspectives on Psychological Science, 11(5), 597-605.

[261] Hofmann S G, Litz B T, Weathers F W, 2003. Social anxiety, depression, and PTSD in Vietnam veterans. Journal of Anxiety Disorders, 17 (5),573-582.

[262] Holtom-Viesel A, Allan S, 2014. A systematic review of the literature on family functioning across all eating disorder diagnoses in comparison to control families. Clinical Psychology Review, 34(1),29-43.

[263] Holtzworth-Munroe A, 1992. Social skill deficits in maritally violent men: interpreting the data using a social information processing model. Clinical Psychology Review, 12(6),605-617.

[264] Houston J B, Franken N J, 2014. Disaster interpersonal communication and posttraumatic stress following the 2011 Joplin, Missouri, Tornado. Journal of Loss and Trauma, 20(3),195-206.

[265] Howell K H, Kaplow J B, Layne C M et al. , 2015. Predicting adolescent posttraumatic stress in the aftermath of war: differential effects of coping strategies across trauma reminder, loss reminder, and family conflict domains. Anxiety Stress Coping, 28(1),88-104.

[266] Huang F L, Lewis C, Cohen D R et al. , 2018. Bullying involvement, teacher-student relationships, and psychosocial outcomes. School Psychol-

ogy Quarterly, 33(2),223-234.

[267] Huang J, Levin Y, Bachem R, Zhou X, 2024a. Gender differences in posttraumatic stress symptoms, marital satisfaction, and parenting behaviors in adults following Typhoon Lekima. Psychological Trauma: Theory, Research, Practice, and Policy,16(6),881-891.

[268] Huang J, Zhou X, 2024b. Posttraumatic stress disorder symptoms among parents and adolescents following Typhoon Lekima: examination of the mother-daughter sex matching effect. Development and Psychopathology, 36(2),709-718.

[268] Huang Y L, Chen S H, Su Y J et al. , 2017. Attachment dimensions and post-traumatic symptoms following interpersonal traumas versus impersonal traumas in young adults in Taiwan. Stress and Health, 33(3),233-243.

[270] Hughes D A, 2007. Attachment-focused family therapy. WW Norton & Company.

[271] Hughes D, 2004. An attachment-based treatment of maltreated children and young people. Attachment & Human Development, 6(3),263-278.

[272] Ihemedu E I, 2018. Parenting Style, Adolescent Suicidal Behavior and Self-disclosure in a sample of Saint Lucian Adolescents, University of Connecticut.

[273] Jacob T, Johnson S L, 1997. Parent-child interaction among depressed fathers and mothers: impact on child functioning. Journal of Family Psychology, 11(4),391-409.

[274] Jang K L, Stein M B, Taylor S et al. , 2003. Exposure to traumatic events and experiences: aetiological relationships with personality function. Psychiatry Research, 120(1),61-69.

[275] Janoff-Bulman R, 1989. Assumptive worlds and the stress of traumatic events: applications of the schema construct. Social Cognition(2),113-136.

[276] Janoff-Bulman R, 1992. Shattered assumptions: towards a new psychology of trauma. New York, NY: Free Press.

[277] Janoff-Bulman R, 2010. Shattered assumptions. New York, NY: Simon & Schuster.

[278] Jensen S K G, Sezibera V, Murray S M et al. , 2021. Intergenerational

impacts of trauma and hardship through parenting. Journal of Child Psychology and Psychiatry, 62(8),989-999.

[279] Jensen T K, Holt T, Ormhaug S M, 2017. A follow-up study from a multisite, randomized controlled trial for traumatized children receiving TF-CBT. Journal of Abnormal Child Psychology, 45(8),1587-1597.

[280] Jin Y C, Xu J P, Liu D Y, 2014. The relationship between post traumatic stress disorder and post traumatic growth: gender differences in PTG and PTSD subgroups. Social Psychiatry and Psychiatric Epidemiology, 49 (12),1903-1910.

[281] Jobe-Shields L, Williams J, Hardt M, 2017. Predictors of emotional security in survivors of interpersonal violence. Journal of Child and Family Studies, 26(10),2834-2842.

[282] Jolly P M, Kong D T, Kim K Y, 2021. Social support at work: an integrative review. Journal of Organizational Behavior, 42(2),229-251.

[283] Jorm A F, 2000. Mental health literacy: Public knowledge and beliefs about mental disorders. The British Journal of Psychiatry, 177(5),396-401.

[284] Joseph S, Linley P A, Harris G J, 2005a. Understanding positive change following trauma and adversity: structural clarification. Journal of Loss and Trauma, 10(1),83-96.

[285] Joseph S, Linley P A, 2005b. Positive adjustment to threatening events: an organismic valuing theory of growth through adversity. Review of General Psychology(3),262-280.

[286] Joseph S, Linley P A, 2008. Positive psychological perspectives on posttraumatic stress: an intergrative psychosoical framework. in JosephS, LinleyP A. Trauma, recovery, and growth: positive psychological perspective on posttraumatic stress. New Jersey: John Wiley & Son.

[287] Jovanovic T, Norrholm S D, Blanding N Q et al., 2010. Impaired fear inhibition is a biomarker of PTSD but not depression. Depression and Anxiety, 27(3),244-251.

[288] Juth V, Silver R C, Seyle D C et al., 2015. Post-disaster mental health among parent-child dyads after a major earthquake in Indonesia. Journal of Abnormal Child Psychology, 43(7),1309-1318.

［289］Kahn J H，Hucke B E，Bradley A M et al.，2012. The distress disclosure index：a research review and multitrait-multimethod examination. Journal of Counseling Psychology，59(1)，134-149.

［290］Kahn J H，Hessling R M，2001. Measuring the tendency to conceal versus disclose psychological distress. Journal of Social and Clinical Psychology，20(1)，41-65.

［291］Kassam-Adams N，Fleisher C L，Winston F K，2009. Acute stress disorder and posttraumatic stress disorder in parents of injured children. Journal of Traumatic Stress，22(4)，294-302.

［292］Kaur H，Kearney C A，2013. Ethnic identity，family cohesion，and symptoms of post-traumatic stress disorder in maltreated youth. Journal of Aggression Maltreatment and Trauma，22(10)，1085-1095.

［293］Kazak A E，Alderfer M，Rourke M T et al.，2004. Posttraumatic stress disorder (PTSD) and posttraumatic stress symptoms (PTSS) in families of adolescent childhood cancer survivors. Journal of Pediatric Psychology，29(3)，211-219.

［294］Keane T M，Rubin A，Lachowicz M et al.，2014. Temporal stability of dsm-5 posttraumatic stress disorder criteria in a problem-drinking sample. Psychological Assessment，26(4)，1138-1145.

［295］Keim M C，Lehmann V，Shultz E L et al.，2017. Parent-child communication and adjustment among children with advanced and non-advanced cancer in the first year following diagnosis or relapse. Journal of Pediatric Psychology，42(8)，871-881.

［296］Kendler K S，Zachar P，Craver C F，2011. What kinds of things are psychiatric disorders. Psychological Medicine，41(6)，1143-1150.

［297］Kendler K S，2001. Twin studies of psychiatric illness：an update. Archives of General Psychiatry，58(11)，1005-1014.

［298］Kerig P K，Alexander J F，2014. Family matters：Integrating trauma treatment into functional family therapy for traumatized delinquent youth. Journal of Child & Adolescent Trauma(3)，205-223.

［299］Kerr M，Bowen M，1988. Family evolution：an approach based on Bowen theory. New York，NY：Norton Press.

［300］Kerr M，Stattin H，2000. What parents know，how they know it，and several forms of adolescent adjustment: further support for a reinterpretation of monitoring. Developmental Psychology, 36(3),366-38.

[301] Kessler R C, Sonnega A, Bromet E et al. , 1995. Posttraumatic stress disorder in the national comorbidity survey. Archives of general psychiatry, 52(12),1048-1060.

[302] Kiliç E Z, Özgüven H D, Sayil I, 2003. The psychological effects of parental mental health on children experiencing disaster: the experience of bolu earthquake in turkey. Family Process, 42(4),485-495.

[303] Kilmer R P, Gil-Rivas V, 2010a. Exploring posttraumatic growth in children impacted by Hurricane Katrina: Correlates of the phenomenon and developmental considerations. Child Development, 81(4),1211-1227.

[304] Kilmer R P, Gil-Rivas V, 2010b. Responding to the needs of children and families after a disaster: Linkages between unmet needs and caregiver functioning. American Journal of Orthopsychiatry, 80(1),135-142.

[305] Kim H K, Kim Y H, 2009. Socio-demographic variables, family emotional environment, maternal discipline style, & school children's emotional regulation. Journal of Korean Home Management Association, 27 (3), 145-158.

[306] Kira I, Lewandowski L, Chiodo L et al. , 2014. Advances in systemic trauma theory: traumatogenic dynamics and consequences of backlash as a multi-systemic trauma on Iraqi Refugee Muslim Adolescents. Psychology (5),389-412.

[307] Kiser L J, Nurse W, Lucksted A et al. , 2008. Understanding the impact of trauma on family life from the viewpoint of female caregivers living in urban poverty. Traumatology(3),77-90.

[308] Kishore V, Theall K P, Robinson W et al. , 2008. Resource loss, coping, alcohol use, and posttraumatic stress symptoms among survivors of Hurricane Katrina: a cross-sectional study. American Journal of Disaster Medicine(6),345-357.

[309] Kliewer W, Lepore S J, Oskin D et al. , 1998. The role of social and cognitive processes in children's adjustment to community violence. Journal of Consulting and Clinical Psychology, 66(1),199-209.

[310] Kline A C, Cooper A A, Rytwinski N K et al. , 2021. The effect of con-

current depression on ptsd outcomes in trauma-focused psychotherapy: a meta-analysis of randomized controlled trials. Behavior Therapy, 52(1), 250-266.

[311] Kobasa S C O, Maddi S R, Puccetti M C et al. , 1985. Effectiveness of hardiness, exercise and social support as resources against illness. Journal of psychosomatic research, 29(5),525-533.

[312] Koehn A J, Kerns K A, 2018. Parent-child attachment: Metaanalysis of associations with parenting behaviors in middle childhood and adolescence. Attachment & Human Development, 20(4),378-405.

[313] Koerner A F, Fitzpatrick M A, 2002. Toward a theory of family communication. Communication Theory, 12(1),70-91.

[314] Kondrat M E, 2002. Actor-centered social work: Re-visioning "person-in-environment" through a critical theory lens. Social Work, 47(4),435-448.

[315] Kong F, Yang K, Yan W et al. , 2021. How does trait gratitude relate to subjective well-being in Chinese adolescents? the mediating role of resilience and social support. Journal of Happiness Studies, 22(4),1611-1622.

[316] Kontopantelis E, Reeves D, 2010. Metaan: random-effects meta-analysis. Stata Journal(3),395-407.

[317] Kopala-Sibley D C, Danzig A P, Kotov R et al. , 2016. Negative emotionality and its facets moderate the effects of exposure to Hurricane Sandy on children's postdisaster depression and anxiety symptoms. Journal of Abnormal Psychology, 125(4),471-481. .

[318] Krane V, Karlsson B, Ness O et al. , 2016. Teacher-student relationship, student mental health, and dropout from upper secondary school: a literature review. Scandinavian Psychologist, e3. https://doi. org/10. 15714/scandpsychol. 3. e11.

[319] Krause E D, Mendelson T, Lynch T R, 2003. Childhood emotional invalidation and adult psychological distress: the mediating role of emotional inhibition. Child Abuse & Neglect, 27(2),199-213.

[320] Krishnakumar A, Buehler C, 2000. Interparental conflict and parenting behaviors: a meta-analytic review. Family Relations, 49(1),25-44.

[321] Kritikos T K, Comer J S, He M et al. , 2019. Combat experience and posttraumatic stress symptoms among military-serving parents: a meta-an-

alytic examination of associated offspring and family outcomes. Journal of Abnormal Child Psychology, 47(1),131-148.

[322] Krüger-Gottschalk A, Knaevelsrud C, Rau H et al. , 2017. The German version of the posttraumatic stress disorder checklist for DSM-5 (PCL-5), psychometric properties and diagnostic utility. BMC Psychiatry, 17(1), 1-9.

[323] Kukihara H, Yamawaki N, Uchiyama K et al. , 2014. Trauma, depression, and resilience of earthquake/tsunami/nuclear disaster survivors of Hirono, Fukushima, Japan. Psychiatry Clin Neurosci, 68(7),524-533.

[324] Kunkel A, Hummert M L, Dennis M R, 2006. Social learning theory: modeling and communication in the family context. in Braithwaite D O, Baxter L A. Engaging Theories in Family Communication: Multiple Perspectives. Thousand Oaks, CA: Sage Publications, Inc.

[325] Kuyken W, Brewin C R, 1995. Autobiographical memory functioning in depression and reports of early abuse. Journal of Abnormal Psychology, 104(4),585-591.

[326] Kwon A, Lee H S, Lee S H, 2021. The mediation effect of hyperarousal symptoms on the relationship between childhood physical abuse and suicidal ideation of patients with PTSD. Frontiers in Psychiatry, 12, Article 613735.

[327] Lai B S, Kelley M L, Harrison K M et al. , 2015. Posttraumatic stress, anxiety, and depression symptoms among children after Hurricane Katrina: a latent profile analysis. Journal of Child & Family Studies, 24(5), 1262-1270.

[328] Lai B S, La Greca A M, Auslander B A et al. , 2013. Children's symptoms of posttraumatic stress and depression after a natural disaster: comorbidity and risk factors. Journal of Affective Disorders, 146(1),71-78.

[329] Lambert J E, Engh R, Hasbun A et al. , 2012. Impact of posttraumatic stress disorder on the relationship quality and psychological distress of intimate partners: a meta-analytic review. Journal of Family Psychology, 26(5),729-737.

[330] Lambert J E, Holzer J, Hasbun A, 2014. Association between parents' PTSD severity and children's psychological distress: a meta-analysis.

Journal of Traumatic Stress, 27(1),9-17.

[331] Lanciano T, Curci A, Kafetsios K et al. , 2012. Attachment and dysfunctional rumination: the mediating role of emotional intelligence abilities. Personality and Individual Differences, 53(6),753-758.

[332] Lanciano T, Curci A, Zatton E, 2010. Individual differences on mental rumination: therole of emotional intelligence. Europes Journal of Psychology (2),65-84.

[333] Lauterbach D, Bak C, Reiland S et al. , 2007. Quality of parental relationships among persons with a lifetime history of posttraumatic stress disorder. Journal of Traumatic Stress, 20(2),161-172.

[334] Layne C, Warren J, Saltzman W et al. , 2006. Contextual influences on post-traumatic adjustment: retraumatization and the roles of distressing reminders, secondary adversities, and revictimization. in Schein L A, Spitz H I, Burlingame G M et al. Psychological effects of catastrophic disasters: group approaches to treatment. New York, NY: Haworth Press.

[335] Lazarus R S, Folkman S, 1984. Stress, appraisal, and coping. New York, NY: Springer Publishing Company.

[336] Lee J S, 2019. Perceived social support functions as a resilience in buffering the impact of trauma exposure on PTSD symptoms via intrusive rumination and entrapment in firefighters. PLoS One, 14(8),e0220454.

[337] Lee S H, Kim E J, Noh J W et al. , 2018. Factors associated with posttraumatic stress symptoms in students who survived 20 months after The Sewol Ferry Disaster in Korea. Journal of Korean Medical Science, 33 (11),33-41.

[338] Leen-Feldner E W, Feldner M T, Bunaciu L et al. , 2011. Associations between parental posttraumatic stress disorder and both offspring internalizing problems and parental aggression within the national comorbidity survey-replication. Journal of Anxiety Disorders, 25(2),169-175.

[339] Leen-Feldner E W, Feldner M T, Knapp A et al. , 2013. Offspring psychological and biological correlates of parental posttraumatic stress: review of the literature and research agenda. Clinical Psychology Review, 33(8), 1106-1133.

[340] Lehrner A, Bierer L M, Passarelli V et al. , 2014. Maternal PTSD associ-

ates with greater glucocorticoid sensitivity in offspring of Holocaust survivors. Psychoneuroendocrinology, 40(1),213-220.

[341] Lenane Z, Peacock E, Joyce C et al. , 2019. Association of post-traumatic stress disorder symptoms following Hurricane Katrina with incident cardiovascular disease events among older adults with hypertension. The American Journal of Geriatric Psychiatry, 27(3),310-321.

[342] Lengua L J, Long A C, Meltzoff A N, 2006. Pre-attack stress-load, appraisals, and coping in children's responses to the 9/11 terrorist attacks. Journal of Child Psychology and Psychiatry, 47(12),1219-1227.

[343] Lepore S J, Silver R C, Wortman C B et al. , 1996. Social constraints, intrusive thoughts, and depressive symptoms among bereaved mothers. Journal of Personality and Social Psychology, 70(2),271-282.

[344] Lepore S J, Revenson T A, 2007. Social constraints on disclosure and adjustment to cancer. Social and Personality Psychology Compass(1),313-333.

[345] Levin Y, Bachem R, Solomon Z, 2017. Traumatization, marital adjustment, and parenting among veterans and their spouses: a longitudinal study of reciprocal relations. Family process, 56(4),926-942.

[346] Li H, Prevatt F, 2008. Fears and related anxieties in Chinese high school students. School Psychology International, 29(1),89-104.

[347] Li T, Kazuo K, 2006. Measuring adult attachment: Chinese adaptation of the ECR Scale. Acta Psychologica Sinica, 38(3),399-406.

[348] Liang Y M, Zhou Y Y, Liu Z K, 2021. Consistencies and differences in posttraumatic stress disorder and depression trajectories from the Wenchuan Earthquake among children over a 4-year period. Journal of Affective Disorders, 279,9-16.

[349] Lieberman A F, Van Horn P, Ozer E J, 2005. Preschooler witnesses of marital violence: predictors and mediators of child behavior problems. Development and Psychopathology, 17(2),385-396.

[350] Linley P A, Andrews L, Joseph S, 2007. Confirmatory factor analysis of the posttraumatic growth inventory. Journal of Loss and Trauma, 12(4), 321-332.

[351] Linley P A, Joseph S, 2004. Positive change following trauma and adver-

sity: a review. Journal of Traumatic Stress, 17(1),11-21.

[352] Lipsey M W, Wilson D B, 2001. Practical meta-analysis. Newbury Park, CA: Sage Publications, Inc.

[353] Liu M, Wang L, Shi Z et al., 2011. Mental health problems among children one-year after Sichuan Earthquake in China: a follow-up study. PLoS One(2),e14706.

[354] Liu P, Wang L, Cao C Q et al., 2014. The underlying dimensions of DSM-5 posttraumatic stress disorder symptoms in an epidemiological sample of Chinese earthquake survivors. Journal of Anxiety Disorders, 28(4), 345-351.

[355] Long L J, Bistricky S L, Phillips C A et al., 2020. The potential unique impacts of hope and resilience on mental health and well-being in the wake of Hurricane Harvey. Journal of Traumatic Stress, 33(6),962-972.

[356] Lopez F G, Mitchell P, Gormley B, 2002. Adult attachment orientations and college student distress: test of a mediational model. Journal of Counseling Psychology, 49(4),460-467.

[357] Lowe S R, Rhodes J E, Scoglio A A J, 2012. Changes in marital and partner relationships in the aftermath of Hurricane Katrina: an analysis with low-income women. Psychology of Women Quarterly, 36(3),286-300.

[358] Lucena-Santos P, Carvalho S, Pinto-Gouveia J et al., 2017. Cognitive fusion questionnaire: Exploring measurement invariance across three groups of Brazilian women and the role of cognitive fusion as a mediator in the relationship between rumination and depression. Journal of Contextual Behavioral Science(1),53-62.

[359] Ma L, Mazidi M, Li K et al., 2021. Prevalence of mental health problems among children and adolescents during the COVID-19 pandemic: a systematic review and meta-analysis. Journal of Affective Disorders, 293,78-89.

[360] Maccoby E E, 1992. The role of parents in the socialization of children: a historical review. Developmental Psychology, 28(6),1006-1017.

[361] Macdonald G, Livingstone N, Hanratty J et al., 2016. The effectiveness, acceptability and cost-effectiveness of psychosocial interventions for maltreated children and adolescents: an evidence synthesis. Health Technology Assessment, 20(69),1-508.

[362] MacDonald H Z, Beeghly M, Grant-Knight W et al. , 2008. Longitudinal association between infant disorganized attachment and childhood posttraumatic stress symptoms. Development and Psychopathology, 20(2),493-508.

[363] MacNair R, 2001. Psychological reverberations for the killers: preliminary historical evidence for perpetration-induced traumatic stress. Journal of Genocide Research, 3(2),273-282.

[364] Maercker A, Horn A B, 2013. A socio-interpersonal perspective on PTSD: thecase for environments and interpersonal processes. Clinical Psychology and Psychotherapy, 20(6),465-481.

[365] Majdandžić M, de Vente W, Feinberg M E et al. , 2012. Bidirectional associations between coparenting relations and family member anxiety: a review and conceptual model. Clinical Child and Family Psychology Review, 15(1),28-42.

[366] Marchante-Hoffman A N, 2018. Giving voice to underserved, foreign-born Latino youth: trauma, stress, and health in the primary care setting. University of Miami.

[367] Margolin G, Gordis E B, John R S, 2001. Coparenting: a link between marital conflict and parenting in two-parent families. Journal of Family Psychology, 15(1),3-21.

[368] Margolin G, Ramos M C, Guran E L, 2010. Earthquakes and children: the role of psychologists with families and communities. Professional Psychology: Research and Practice, 41(1),1-9.

[369] Marsac M, Donlon K A, Winston F et al. , 2013. Child coping, parent coping assistance, and post-traumatic stress following paediatric physical injury. Child: Care, Health and Development, 39(2),171-177.

[370] Marsanić V B, Kusmić E, 2013. Coparenting within the family system: Review of literature. Coll Antropol, 37(4),1379-1383.

[371] Marsee M. A, 2008. Reactive aggression and posttraumatic stress in adolescents affected by Hurricane Katrina. Journal of Clinical Child & Adolescent Psychology, 37(3),519-529.

[372] Marshall E M, Kuijer R G, Simpson J A et al. , 2017. Standing on shaky ground? Dyadic and longitudinal associations between posttraumatic stress

and relationship quality postearthquake. Journal of Family Psychology, 31 (6),721-733.

[373] Marshall G N, Schell T L, Glynn S M et al. , 2006. The role of hyperarousal in the manifestation of posttraumatic psychological distress following injury. Journal of Abnormal Psychology, 115(3),624-628.

[374] Martin L L, Tesser A, 1996. Clarifying our thoughts. in Wyer R S. Ruminative thought: Advances in social cognition. Mahwah, NJ: Erlbaum.

[375] Masten A S, Osofsky J D, 2010. Disasters and their impact on child development: introduction to the special section. Child Development, 81(4), 1029-1039.

[376] Maulana R, Opdenakker M C, Bosker R, 2014. Teacher-student interpersonal relationships do change and affect academic motivation: a multilevel growth curve modelling. British Journal of Educational Psychology, 84 (3),459-482.

[377] Maunder R G, Lancee W J, Nolan R P et al. , 2006. The relationship of attachment insecurity to subjective stress and autonomic function during standardized acute stress in healthy adults. Journal of Psychosomatic Research, 60(3),283-290.

[378] McCarthy M D, Thompson S J, 2010. Predictors of trauma-related symptoms among runaway adolescents. Journal of Loss and Trauma, 15(3), 212-227.

[379] McCarty C A, McMahon R J, 2003. Mediators of the relation between maternal depressive symptoms and child internalizing and disruptive behavior disorders. Journal of Family Psychology, 17(4),545-556.

[380] McCubbin H I, Patterson J M, 1982. Family adaptation to crisis. in McCubbin H I, Cauble A E, Patterson J M. Family stress, coping and social support. Springfield, IL: Charles C. Thomas Publisher.

[381] McElhaney K B, Allen J P, Stephenson J C et al. , 2004. Attachment and autonomy during adolescence. in Lerner R M, Steinberg L. Handbook of adolescent psychology. New York, NY: John Wiley & Sons, Inc.

[382] McFarlane A C, 1987. Posttraumatic phenomena in a longitudinal study of children following a natural disaster. Journal of the American Academy of Child & Adolescent Psychiatry, 26(5),764-769.

［383］McGregor L S，Melvin G A，Newman L K，2015. Familial separations, coping styles, and PTSD symptomatology in resettled refugee youth. The Journal of Nervous and Mental Disease, 203(6),431-438.

［384］McGuire A, Steele R G, Singh M N, 2021. Systematic review on the application of Trauma-Focused Cognitive Behavioral Therapy (TF-CBT) for preschool-aged children. Clinical Child and Family Psychology Review, 24 (1),20-37.

［385］McLean C P, Foa E B, 2017. Emotions and emotion regulation in posttraumatic stress disorder. Current Opinion in Psychology, 14,72-77.

［386］McNally R J, 2016. Can network analysis transform psychopathology? Behaviour Research and Therapy, 86,95-104.

［387］McNally R J, 2017. Networks and nosology in posttraumatic stress disorder. JAMA Psychiatry, 74(2),124-125.

［388］Meiser-Stedman R A, Yule W, Dalgleish T et al. , 2006. The role of the family in child and adolescent posttraumatic stress following attendance at an emergency department. Journal of Pediatric Psychology, 31(4),397-402.

［389］Metcalfe A, Coad J, Plumridge G M et al. , 2008. Family communication between children and their parents about inherited genetic conditions: a meta-synthesis of the research. European Journal of Human Genetics, 16 (10),1193-1200.

［390］Meyer E C, La Bash H, DeBeer B B et al. , 2019. Psychological inflexibility predicts PTSD symptom severity in war veterans after accounting for established PTSD risk factors and personality. Psychological Trauma: Theory, Research, Practice, and Policy, 11(4),383-390.

［391］Meyerson D A, Grant K E, Carter J S et al. , 2011. Posttraumatic growth among children and adolescents: a systematic review. Clinical Psychology Review, 31(6),949-964.

［392］Mikulincer M, Gillath O, Shaver P R, 2002. Activation of the attachment system in adulthood: Threat-related primes increase the accessibility of mental representations of attachment figures. Journal of Personality & Social Psychology, 83(4),881-895.

［393］Mikulincer M, Shaver P R, Horesh N, 2006. Attachment bases of emotion regulation and posttraumatic adjustment. in Snyder D K, Simpson J, Hughes J N. Emotion regulation in couples and families: pathways to dysfunction and health. Washington, DC: American Psychological Association.

[394] Mikulincer M, Shaver P R, Pereg D, 2003a. Attachment theory and affect regulation: the dynamics, development, and cognitive consequences of attachment-related strategies. Motivation & Emotion, 27(2),77-102.

[395] Mikulincer M, Shaver P R, 2003b. The attachment behavioral system in adulthood: activation, psychodynamics, and interpersonal processes. in Zanna M P. Advances in Experimental Social Psychology. San Diego, CA: Academic Press.

[396] Mikulincer M, Shaver P R, Solomon Z, 2015. An attachment perspective on traumatic and posttraumatic reactions. in Safir M P, Wallach H S, Rizzo S. Future directions in post-traumatic stress disorder: Prevention, diagnosis, and treatment. New York, NY: Springer.

[397] Mikulincer M, Florian V, 1998. The relationship between adult attachment styles and emotional and cognitive reactions to stressful events. in SimpsonJ A, RholesW S. Attachment theory in close relationships. New York, NY: Guilford Press.

[398] Mikulincer M, Orbach I, 1995. Attachment styles and repressive defensiveness: the accessibility and architecture of affective memories. Journal of Personality & Social Psychology, 68(5),917-925.

[399] Miller I W, Ryan C E, Keitner G I et al. , 2000. The mcmaster approach to families: theory, assessment, treatment and research. Journal of Family Therapy, 22(2),168-189.

[400] Miller M W, Wolf E J, Kilpatrick D et al. , 2013a. The prevalence and latent structure of proposed DSM-5 posttraumatic stress disorder symptoms in US national and veteran samples. Psychological Trauma: Theory Research Practice and Policy(6),501-512.

[401] Miller M W, Wolf E J, Reardon A F et al. , 2013b. PTSD and conflict behavior between veterans and their intimate partners. Journal of Anxiety Disorders, 27(2),240-251.

[402] Minuchin S, 1974. Families and family therapy. Cambridge, MA: Har-

vard University Press.

[403] Miron L R, Sherrill A M, Orcutt H K, 2015. Fear of self-compassion and psychological inflexibility interact to predict PTSD symptom severity. Journal of Contextual Behavioral Science, 4(1),37-41.

[404] Mitchell K S, Wolf E J, Bovin M J et al. , 2017. Network models of DSM-5 posttraumatic stress disorder: implications for ICD-11. Journal of Abnormal Psychology, 126(3),355-366.

[405] Modesti P A, Reboldi G, Cappuccio F P et al. , 2016. Panethnic differences in blood pressure in Europe: a systematic review and meta-analysis. PloS one(1),e0147601.

[406] Moher D, Liberati A, Tetzlaff J et al. , 2009. Preferred reporting items for systematic reviews and meta-analyses: the PRISMA statement. PLOS Medicine(7),e1000097.

[407] Monn A R, Zhang N, Gewirtz A H, 2018. Deficits in inhibitory control may place service members at risk for posttraumatic stress disorder and negative parenting behavior following deployment-related trauma. Journal of Traumatic Stress, 31(6),866-875.

[408] Monson C M, Fredman S J, Dekel R et al. , 2012. Family models of posttraumatic stress disorder. in Beck J G, Sloan D M. The Oxford handbook of traumatic stress disorders. New York, NY: Oxford University Press.

[409] Monson C M, Fredman S J, Dekel R, 2010. Posttraumatic stress disorder in an interpersonal context. in Gayle B J. Interpersonal processes in the anxiety disorders: implications for understanding psychopathology and treatment. Washington, DC: American Psychological Association.

[410] Monson C M, Gradus J L, La Bash H A J et al. , 2009. The role of couples' interacting world assumptions and relationship adjustment in women's postdisaster PTSD symptoms. Journal of Traumatic Stress, 22(4),276-281.

[411] Mora A S, Ceballo R, Cranford J A, 2021. Latino/a adolescents facing neighborhood dangers: an examination of community violence and gender-based harassment. American Journal of Community Psychology, 69(1-2), 18-32.

[412] Moreira H, Cristina Canavarro M, 2020. Mindful parenting is associated

with adolescents' difficulties in emotion regulation through adolescents' psychological inflexibility and self-compassion. Journal of Youth and Adolescence, 49(1),192-211.

[413] Morris A, Gabert-Quillen C, Delahanty D, 2012. The association between parent PTSD/depression symptoms and child PTSD symptoms: a meta-analysis. Journal of Pediatric Psychology, 37(10),1076-1088.

[414] Mowder B A, Guttman M, Rubinson F et al. , 2006. Parents, children, and trauma: Parent role perceptions and behaviors related to the 9/11 tragedy. Journal of Child and Family Studies, 15(6),730-740.

[415] Mullarkey M C, Marchetti I, Beevers C G, 2019. Using network analysis to identify central symptoms of adolescent depression. Journal of Clinical Child & Adolescent Psychology, 48(4),656-668.

[416] Mullen S, 2018. Major depressive disorder in children and adolescents. The Mental Health Clinician(6),275-283.

[417] Mulyadi S, Rahardjo W, Basuki A M H, 2016. The role of parent-child relationship, self-esteem, academic self-efficacy to academic stress. Procedia-Social and Behavioral Sciences, 217, 603-608.

[418] Mundey K R, Nicholas D, Kruczek T et al. , 2019. Posttraumatic growth following cancer: theinfluence of emotional intelligence, management of intrusive rumination, and goal disengagement as mediated by deliberate rumination. Journal of Psychosocial Oncology, 37(4),456-477.

[419] Murphy L K, Murray C B, Compas B E, 2017. Topical review: Integrating findings on direct observation of family communication in studies comparing pediatric chronic illness and typically developing samples. Journal of Pediatric Psychology, 42(1),85-94.

[420] Murray L K, Cohen J A, Mannarino A P, 2013. Trauma-focused cognitive behavioral therapy for youth who experience continuous traumatic exposure. Peace and Conflict, 19(2),180-195.

[421] Mustillo S, Xu M, Wadsworth S M, 2014. Traumatic combat exposure and parenting among national guard fathers: an application of the ecological model. Fathering(3),303-319.

[422] Neff L A, Gleason M E J, Crockett E E et al. , 2022. Blame the pandemic: Buffering the association between stress and relationship quality during

the COVID-19 pandemic. Social Psychological and Personality Science, 13 (2),522-532.

[423] Neimeyer R A, 2001. Meaning reconstruction and the experience of loss. American Psychological Association.

[424] Nelson Goff B S, Schwerdtfeger K L, 2004. The systemic impact of trau-matized children. in Catherall D R. Handbook of stress, trauma and the family. New York, NY: Brunner-Mazel.

[425] Nelson Goff B S, Smith D B, 2005. Systemic traumatic stress: thecouple adaptation to traumatic stress model. Journal of Marital and Family Ther-apy, 31(2),145-157.

[426] Nelson L J, Padilla-Walker L M, Nielson M G, 2015. Is hovering smothe-ring or loving? an examination of parental warmth as a moderator of rela-tions between helicopter parenting and emerging adults' indices of adjust-ment. Emerging Adulthood(4),282-285.

[427] Nelson L P, Lachman S E, Li S W et al. , 2019. The effects of family functioning on the development of posttraumatic stress in children and their parents following admission to the PICU. Pediatric Critical Care Medicine, 20(4),e208-e215.

[428] Nelson S D, 2011. The posttraumatic growth path: an emerging model for prevention and treatment of trauma-related behavioral health conditions. Journal of Psychotherapy Integration, 21(1),1-42.

[429] Nenova M, DuHamel K, Zemon V et al. , 2013. Posttraumatic growth, social support, and social constraint in hematopoietic stem cell transplant survivors. Psychooncology, 22(1),195-202.

[430] Neville A, Soltani S, Pavlova M et al. , 2018. Unravelling the relationship between parent and child PTSD and pediatric chronic pain: the mediating role of pain catastrophizing. The Journal of Pain, 19(2),196-206.

[431] Nicolai S, Zerach G, Solomon Z, 2017. The roles of fathers' posttraumatic stress symptoms and adult offspring's differentiation of the self in the in-tergenerational transmission of captivity trauma. Journal of Clinical Psy-chology, 73(7),848-863.

[432] Nietlisbach G, Maercker A, 2009. Social cognition and interpersonal im-pairments in trauma survivors with PTSD. Journal of Aggression Mal-

treatment & Trauma, 18(4),382-402.

[433] Nixon R D, Bryant R A, 2005. Are negative cognitions associated with severe acute trauma responses? Behaviour Change, 22(1),22-28.

[434] Norrell J E, 1984. Self-disclosure: Implications for the study of parent-adolescent interaction. Journal of Youth and Adolescence, 13(2),163-178.

[435] Norrholm S D, Jovanovic T, Olin I W et al. , 2011. Fear extinction in traumatized civilians with posttraumatic stress disorder: relation to symptom severity. Biological Psychiatry, 69(6),556-563.

[436] Norris F H, Friedman M J, Watson P J et al. , 2002. 60,000 disaster victims speak (Part Ⅰ): an empirical review of the empirical literature, 1981-2001. Psychiatry-Interpersonal and Biological Processes, 65(3),207-239.

[437] Norris F H, Murphy A D, Baker C K et al. , 2004. Postdisaster PTSD over four waves of a panel study of Mexico's 1999 Flood. Journal of Traumatic Stress, 17(4),283-292.

[438] O'Toole B I, Burton M J, Rothwell A et al. , 2017. Intergenerational transmission of post-traumatic stress disorder in Australian Vietnam veterans' families. Acta Psychiatrica Scandinavica, 135,363-372.

[439] O'Donnell M L, Creamer M, Pattison P, 2004. Posttraumatic stress disorder and depression following trauma: understanding comorbidity. The American Journal of Psychiatry, 161(8),1390-1396.

[440] O'Driscoll C, Laing J, Mason O, 2014. Cognitive emotion regulation strategies, alexithymia and dissociation in schizophrenia, a review and meta-analysis. Clinical Psychology Review, 34(6),482-495.

[441] Ogle C M, Rubin D C, Siegler I C, 2015. The relation between insecure attachment and posttraumatic stress: early life versus adulthood traumas. Psychological Trauma: Theory Research Practice and Policy(4),324-332.

[442] Ogle C M, Rubin D C, Siegler I C, 2016. Maladaptive trauma appraisals mediate the relation between attachment anxiety and PTSD symptom severity. Psychological Trauma: Theory, Research, Practice and Policy(8), 301-309.

[443] O'Leary V E, Ickovics J R, 1995. Resilience and thriving in response to challenge: an opportunity for a paradigm shift in women's health.

Women's Health (Hillsdale, NJ), 1(2),121-142.

[444] Olson D H, 1989. Family assessment and intervention. Child & Youth Services(1),9-48.

[445] Olson D H, 2000. Circumplex model of marital and family systems: assessing family functioning. Journal of Family Therapy, 22(2),144-167.

[446] Olson D H, Gorall D M, 2003. Circumplex model of marital and family systems. in Walsh F. Normal family processes. New York, NY: Guillford.

[447] Olson D, 1993. Circumplex model of marital and family systems: assessing family functioning. New York, NY: Guilford.

[448] Oosterhouse K, Riggs S A, Kaminski P et al., 2020. The executive subsystem in middle childhood: adult mental health, marital satisfaction, and secure-base parenting. Family Relations, 69(1),166-179.

[449] Osei-Bonsu P E, Weaver T L, Eisen S V et al., 2011. Posttraumatic growth inventory: factor structure in the context of DSM-Ⅳ traumatic events. ISRN Psychiatry, 2012, 937582-937582.

[450] Ostrowski S A, Christopher N C, Delahanty D L, 2007. Brief report: the impact of maternal posttraumatic stress disorder symptoms and child gender on risk for persistent posttraumatic stress disorder in child trauma victims. Journal of Pediatric Psychology, 32(3),338-342.

[451] O'Toole B I, 2022. Intergenerational transmission of posttraumatic stress disorder in Australian Vietnam veterans' daughters and sons: the effect of family emotional climate while growing up. Journal of Traumatic Stress, 35(1),128-137.

[452] Ouagazzal O, Bernoussi M, Potard C et al., 2021. Life events, stressful events and traumatic events: a closer look at their effects on post-traumatic stress symptoms. European Journal of Trauma & Dissociation(1), 100116.

[453] Overbeek G, Stattin H, Vermulst A et al., 2007. Parent-child relationships, partner relationships, and emotional adjustment: a birth-to-maturity prospective study. Developmental Psychology, 43(2),429-437.

[454] Overstreet S, Braun S, 2000. Exposure to community violence and posttraumatic stress symptoms: mediating factors. American Journal of Or-

thopsychiatry, 70(2),263-271.

[455] Ozono S, Saeki T, Mantani T et al. , 2007. Factors related to posttrau-
matic stress in adolescent survivors of childhood cancer and their parents.
Support Care Cancer, 15(3),309-317.

[456] Papini D R, Farmer F F, Clark S M et al. , 1990. Early adolescent age and
gender differences in patterns of emotional self-disclosure to parents and
friends. Adolescence, 25(100),959-976.

[457] Park C L, Mills M A, Edmondson D, 2012. PTSD as meaning violation:
Testing a cognitive worldview perspective. Psychological Trauma: Theo-
ry, Research, Practice, and Policy(1),66-73.

[458] Parsafar P, Davis E L, 2019. Divergent effects of instructed and reported
emotion regulation strategies on children's memory for emotional informa-
tion. Cognition and Emotion, 33(8),1726-1735.

[459] Patterson J M, 2002. Integrating family resilience and family stress theo-
ry. Journal of Marriage and Family, 64(2),349-360.

[460] Patterson J M, Garwick A W, 1994. Levels of meaning in family stress
theory. Family Process, 33(3),287-304.

[461] Peek L A, Mileti D S, 2002. The history and future of disaster research.
in Bechtet R B, Churchman A. Handbook of Environmental Psychology.
New York, NY: John Wiley & Sons.

[462] Pelcovitz D, Libov B G, Mandel F et al. , 1998. Posttraumatic stress dis-
order and family functioning in adolescent cancer. Journal of Traumatic
Stress(2),205-221.

[463] Peng W, Liu Z, Liu Q et al. , 2021. Insecure attachment and maladaptive
emotion regulation mediating the relationship between childhood trauma
and borderline personality features. Depression and Anxiety, 38(1),28-
39.

[464] Pennebaker J W, Beall S K, 1986. Confronting a traumatic event: Toward
an understanding of inhibition and disease. Journal of Abnormal Psychol-
ogy, 95(3),274-281.

[465] Pennebaker J W, Chew C H, 1985. Behavioral inhibition and electroder-
mal activity during deception. Journal of Personality and Social Psychol-
ogy, 49(5),1427-1433.

［466］Pennebaker J W, Harber K D, 1993. A social stage model of collective coping: the Loma Prieta Earthquake and the Persian Gulf War. Journal of Social Issues, 49(4),125-145.

［467］Pennebaker J W, Hoover C W, 1986. Inhibition and cognition: Toward an understanding of trauma and disease. in Davidson G E S R J, ShapiroD. Consciousness and self-regulation. New York, NY: Plenum Press.

［468］Pennebaker J W, Susman J R, 1988. Disclosure of traumas and psychosomatic processes. Social Science and Medicine, 26(3),327-332.

［469］Peters J, Bellet B W, Jones P J et al. , 2021. Posttraumatic stress or posttraumatic growth? using network analysis to explore the relationships between coping styles and trauma outcomes. Journal of Anxiety Disorders, 78,102359.

［470］Peterson J L, Zill N, 1986. Marital disruption, parent-child relationships, and behavior problems in children. Journal of Marriage & Family, 48(2), 295-307.

［471］Petrocelli J V, Calhoun G B, Glaser B A, 2003. The role of general family functioning in the quality of the mother-daughter relationship of female African American juvenile offenders. Journal of Black Psychology, 29(4), 378-392.

［472］Pfefferbaum B, Jacobs A K, Houston J B et al. , 2015. Children's disaster reactions: the influence of family and social factors. Current Psychiatry Reports, 17(7),57.

［473］Phelps L F, Williams R M, Raichle K A et al. , 2008. The importance of cognitive processing to adjustment in the 1st year following amputation. Rehabilitation Psychology, 53(1),28-38.

［474］Pidgeon A M, Sanders M R, 2009. Attributions, parental anger and risk of maltreatment. International Journal of Child Health and Human Development(1),57-69.

［475］Pietruch M, Jobson L, 2012. Posttraumatic growth and recovery in people with first episode psychosis: an investigation into the role of self-disclosure. Psychosis, 4(3),213-223.

［476］Pietrzak R H, Tracy M, Galea S et al. , 2012. Resilience in the face of disaster: prevalence and longitudinal course of mental disorders following hurricane Ike. PLoS One, 7(6),e38964.

[477] Pina A A, Villalta I K, Ortiz C D et al. , 2008. Social support, discrimination, and coping as predictors of posttraumatic stress reactions in youth survivors of Hurricane Katrina. Journal of Clinical Child & Adolescent Psychology, 37(3),564-574.

[478] Pinquart M, 2017. Associations of parenting dimensions and styles with externalizing problems of children and adolescents: an updated meta-analysis. Developmental Psychology, 53(5),873-932.

[479] Pinquart M, 2020. Posttraumatic stress symptoms and disorders in children and adolescents with chronic physical illnesses: a meta-analysis. Journal of Child and Adolescent Trauma, 13(1),1-10.

[480] Pittaway E, Bartolomei L, Rees S, 2016. Gendered dimensions of the 2004 tsunami and a potential social work response in post-disaster situations. International Social Work, 50(3),307-319.

[481] Polusny M A, Ries B J, Meis L A et al. , 2011. Effects of parents' experiential avoidance and PTSD on adolescent disaster-related posttraumatic stress symptomatology. Journal of Family Psychology, 25(2),220-229.

[482] Powell S, Rosner R, Butollo W et al. , 2003. Posttraumatic growth after war: a study with former refugees and displaced people in Sarajevo. Journal of Clinical Psychology, 59(1),71-83.

[483] Pugach C P, Campbell A A, Wisco B E, 2020. Emotion regulation in posttraumatic stress disorder (PTSD): Rumination accounts for the association between emotion regulation difficulties and PTSD severity. Journal of Clinical Psychology, 76(3),508-525.

[484] Pyszczynski T, Kesebir P, 2011. Anxiety buffer disruption theory: a terror management account of posttraumatic stress disorder. Anxiety, Stress, & Coping, 24(1),3-26.

[485] Qi J J, Sun R, Zhou X, 2021. Network analysis of comorbid posttraumatic stress disorder and depression in adolescents across COVID-19 epidemic and Typhoon Lekima. Journal of Affective Disorders, 295,594-603.

[486] Qi J, Yang X, Tan R et al. , 2020. Prevalence and predictors of posttraumatic stress disorder and depression among adolescents over 1 year after the Jiuzhaigou Earthquake. Journal of Affective Disorders, 261,1-8.

[487] Quan L, Zhen R, Yao B et al. , 2020. Traumatic exposure and posttraumatic stress disorder among flood victims: testing a multiple mediating model. Journal of Health Psychology, 25(3),283-297.

[488] Radloff L S, 1977. The CES-D Scale: a self-report depression scale for research in the general population. Applied Psychological Measurement(3), 385-401.

[489] Reed K, Duncan J M, Lucier-Greer M et al. , 2016. Helicopter parenting and emerging adult self-efficacy: implications for mental and physical health. Journal of Child and Family Studies, 25(10),3136-3149.

[490] Reese C, 2018. Attachment: 60 trauma-informed assessment and treatment interventions across the lifespan.

[491] Reinherz H Z, Stewart-Barghauer G, Pakiz B et al. , 1989. The relationship of early risk and current mediators to depressive symptomatology in adolescence. Journal of the American Academy of Child and Adolescent Psychiatry, 28(6),942-947.

[492] Reiss D, Oliverin M E, 1991. The family's conception of accountability and competence: a new approach to the conceptualization and assessment of family stress. Family Process, 30(2),193-214.

[493] Ren H, Cheah C S L, Liu J, 2021. The cost and benefit of fear induction parenting on children's health during the COVID-19 outbreak. Developmental Psychology, 57(10),1667-1680.

[494] Riesch S K, Anderson L S, Krueger H A, 2010. Parent-child communication processes: preventing children's health-risk behavior. Journal for Specialists in Pediatric Nursing(1),41-56.

[495] Rimé B, Mesquita B, Boca S et al. , 1991. Beyond the emotional event: Six studies on the social sharing of emotion. Cognition & Emotion(5-6), 435-465.

[496] Rimé B, 2009. Emotion elicits the social sharing of emotion: theory and empirical review. Emotion Review(1),60-85.

[497] Rodgers M A, Pustejovsky J E, 2021. Evaluating meta-analytic methods to detect selective reporting in the presence of dependent effect sizes. Psychological Methods, 26(2),141-160.

[498] Rosenblatt A, Greenberg J, Solomon S et al. , 1989. Evidence for terror

management theory: the effects of mortality salience on reactions to those who violate or uphold cultural values. Journal of personality and social psychology, 57(4),681-690.

[499] Rosenheck R, Fontana A, 1998. Warrior fathers and warrior sons: intergenerational aspects of trauma. in Danieli Y. International handbook of multigenerational legacies of trauma. New York, NY: Plenum Press.

[500] Rothstein H R, Sutton A J, Borenstein M, 2006. Publication bias in meta-analysis: prevention, assessment and adjustments. New York, NY: John Wiley & Sons.

[501] Rowe C L, Greca A M, Alexandersson A, 2010. Family and individual factors associated with substance involvement and PTS symptoms among adolescents in greater New Orleans after Hurricane Katrina. Journal of Consulting and Clinical Psychology, 78(6),806-817.

[502] Rueter M A, Conger R D, 1995. Antecedents of parent-adolescent disagreements. Journal of Marriage & the Family, 57, 435-449.

[503] Ruijten T, Roelofs J, Rood L, 2011. The mediating role of rumination in the relation between quality of attachment relations and depressive symptoms in non-clinical adolescents. Journal of Child & Family Studies, 20 (4),452-459.

[504] Rutter M, O'Connor T G, 2004. Are there biological programming effects for psychological development? findings from a study of Romanian adoptees. Developmental Psychology, 40(1),81-94.

[505] Rutter M, 1987. Psychosocial resilience and protective mechanisms. American Journal of Orthopsychiatry, 57(3),316-331.

[506] Rutter M, 2012. Resilience as a dynamic concept. Development and Psychopathology, 24(2),335-344.

[507] Sack W H, Clarke G N, Seeley J, 1995. Posttraumatic stress disorder across two generations of Cambodian refugees. Journal of the American Academy of Child and Adolescent Psychiatry, 34(9),1160-1166.

[508] Sadeh Y, Dekel R, Brezner A et al. , 2020. Child and family factors associated with posttraumatic stress responses following a traumatic medical event: the role of medical team support. Journal of Pediatric Psychology, 45(9),1063-1073.

［509］Salmon K，Sinclair E，Bryant R A，2007. The role of maladaptive appraisals in child acute stress reactions. British Journal of Clinical Psychology，46(2)，203-210.

［510］Samper R E，Taft C T，King D W et al. ，2004. Posttraumatic stress disorder symptoms and parenting satisfaction among a national sample of male Vietnam veterans. Journal of Traumatic Stress，17(4)，311-315.

［511］Scharf M，Mayseless O，Kivenson-Baron I，2004. Adolescents' attachment representations and developmental tasks in emerging adulthood. Developmental Psychology，40(3)，430-444.

［512］Scharf M，2007. Long-term effects of trauma：Psychosocial functioning of the second and third generation of Holocaust survivors. Development and Psychopathology，19(2)，603-622.

［513］Scheeringa M S，Zeanah C H，2001. A relational perspective on PTSD in early childhood. Journal of Traumatic Stress，14(4)，799-815.

［514］Scheier M F，Carver C S，1985. Optimism，coping，and health：assessment and implications of generalized outcome expectancies. Health psychology(3)，219-247.

［515］Schell T L，Marshall G N，Jaycox L H，2004. All symptoms are not created equal：the prominent role of hyperarousal in the natural course of posttraumatic psychological distress. Journal of Abnormal Psychology，113 (2)，189-197.

［516］Schneider S，Rasul R，Liu B et al. ，2019. Examining posttraumatic growth and mental health difficulties in the aftermath of Hurricane Sandy. Psychological Trauma：Theory，Research，Practice，and Policy(2)，127-136.

［517］Schramm A T，Pandya K，Fairchild A J et al. ，2020. Decreases in psychological inflexibility predict PTSD symptom improvement in inpatient adolescents. Journal of Contextual Behavioral Science，17，102-108.

［518］Schreier H，Ladakakos C，Morabito D et al. ，2005. Posttraumatic stress symptoms in children after mild to moderate pediatric trauma：a longitudinal examination of symptom prevalence，correlates，and parent-child symptom reporting. The Journal of Trauma，58(2)，353-363.

［519］Schroevers M J，Helgeson V R，Ranchor A V，2010. Type of social support matters for prediction of posttraumatic growth among cancer survivors. Psycho-Oncology, 19(1),46-53.

[520] Schuengel C, Bakermans-Kranenburg M J, Van I M H, 1999. Frightening maternal behavior linking unresolved loss and disorganized infant attachment. Journal of Consulting and Clinical Psychology, 67(1),54-63.

[521] Schwartz J, Pollard J, 2004. Introduction to the special issue: attachment-based psychoanalytic psychotherapy. Attachment & Human Development, 6(2),113-115.

[522] Schwartz K D, Theron L C, Scales P C, 2017. Seeking and finding positive youth development among Zulu youth in South African townships. Child Development, 88(4),1079-1086.

[523] Schwerdtfeger K L, Goff B S N, 2007. Intergenerational transmission of trauma: Exploring mother-infant prenatal attachment. Journal of Traumatic Stress, 20(1),39-51.

[524] Schwerdtfeger K L, Larzelere R E, Werner D et al., 2013. Intergenerational transmission of trauma: the mediating role of parenting styles on toddlers' DSM-related symptoms. Journal of Aggression, Maltreatment & Trauma, 22(2),211-229.

[525] Scott B G, Lapré G E, Marsee M A et al., 2014. Aggressive behavior and its associations with posttraumatic stress and academic achievement following a natural disaster. Journal of Clinical Child & Adolescent Psychology, 43(1),43-50.

[526] Segrin C, Woszidlo A, Givertz M et al., 2012. The association between overparenting, parent-child communication, and entitlement and adaptive traits in adult children. Family Relations, 61(2),237-252.

[527] Semeniuk Y Y, Brown R L, Riesch S K, 2016. Analysis of the efficacy of an intervention to improve parent-adolescent problem solving. Western Journal of Nursing Research, 38(7),790-818.

[528] Sezgin A U, Punamaki R-L, 2016. Perceived changes in social relations after earthquake trauma among Eastern Anatolian women: associated factors and mental health consequences. Stress and Health, 32(4),355-366.

[529] Sharp C, Fonagy P, Allen J G, 2012. Posttraumatic stress disorder: a social-cognitive perspective. Clinical Psychology Science & Practice, 19(3),

229-240.

［530］ Shaver P R, Mikulincer M, 2002. Attachment-related psychodynamics. Attachment & Human Development(2),133-161.

［531］ Shaw J A, Applegate B, Schorr C, 1996. Twenty-one-month follow-up study of school-age children exposed to Hurricane Andrew. Journal of the American Academy of Child & Adolescent Psychiatry, 35(3),359-364.

［532］ Sheppes G, Gross J J, 2011. Is timing everything? temporal considerations in emotion regulation. Personality and Social Psychology Review, 15(4), 319-331.

［533］ Sheppes G, Gross J J, 2012. Emotion regulation effectiveness: What works when. Handbook of psychology, 5,391-406.

［534］ Sheppes G, Scheibe S, Suri G et al., 2014. Emotion regulation choice: a conceptual framework and supporting evidence. Journal of Experimental Psychology: General, 143(1),163-181.

［535］ Sherman M D, Larsen J, Straits-Troster K et al., 2015. Veteran-child communication about parental PTSD: a mixed methods pilot study. Journal of Family Psychology, 29(4),595-603.

［536］ Sherman M D, Smith J L G, Straitstroster K et al., 2016. Veterans' perceptions of the impact of PTSD on their parenting and children. Psychological Services, 13(4),401-410.

［537］ Shi X, Zhou Y, Geng F et al., 2018. Posttraumatic stress disorder symptoms in parents and adolescents after the Wenchuan Earthquake: a longitudinal actor-partner interdependence model. Journal of Affective Disorders, 226, 301-306.

［538］ Showron E A, Friedlander M L, 1998. The differentiation of self inventory: Development and initial validation. Journal of Counseling Psychology, 45(3),235-246.

［539］ Silberg J L, 2021. The child survivor: Healing developmental trauma and dissociation. New York, NY: Routledge Press.

［540］ Silverman WK, Ortiz C D, Viswesvaran C et al., 2008. Evidence-based psychosocial treatments for children and adolescents exposed to traumatic events. Journal of Clinical Child & Adolescent Psychology, 37(1),156-183.

[541] Simpson C, Simpson D, 1997. Coping with posttraumatic stress disorder. New York, NY: the Rosen Publishing Group.

[542] Skinner H, Steinhauer P, Sitarenios G, 2000. Family assessment measure (FAM) and process model of family functioning. Journal of Family Therapy, 22(2),190-210.

[543] Smetana J G, Metzger A, Gettman D C et al., 2006. Disclosure and secrecy in adolescent-parent relationships. Child Development, 77(1),201-217.

[544] Smith P, Perrin S, Yule W et al., 2001. War exposure and maternal reactions in the psychological adjustment of children from Bosnia-Hercegovina. Journal of Child Psychology and Psychiatry, 42(3),395-404.

[545] Smith-Evans K, 2018. Spousal support and post-traumatic growth (PTG) among Canadian Armed Forces (CAF) veteran couples Mount Saint Vincent University. Halifax, Nova Scotia.

[546] Soenens B, Vansteenkiste M, Luyckx K et al., 2006. Parenting and adolescent problem behavior: an integrated model with adolescent self-disclosure and perceived parental knowledge as intervening variables. Developmental Psychology, 42(2),305-318.

[547] Sokol R L, Zimmerman M A, Perron B E et al., 2020. Developmental differences in the association of peer relationships with traumatic stress symptoms. Prevention Science, 21(6),841-849.

[548] Solomon S D, Canino G J, 1990. Appropriateness of DSM-III-R criteria for posttraumatic stress disorder. Comprehensive Psychiatry, 31(3),227-237.

[549] Solomon Z, Debby-Aharon S, Zerach G et al., 2011. Marital adjustment, parental functioning, and emotional sharing in war veterans. Journal of Family Issues, 32(1),127-147.

[550] Solomon Z, Dekel R, Zerach G et al., 2009a. Differentiation of the self and posttraumatic symptomatology among ex-POWs and their wives. Journal of Marital and Family Therapy, 35(1),60-73.

[551] Solomon Z, Dekel R, Zerach G, 2009b. Posttraumatic stress disorder and marital adjustment: the mediating role of forgiveness. Family Process, 48(4),546-558.

［552］Solomon Z, Dekel R, 2007. Posttraumatic stress disorder and posttraumatic growth among Israeli ex-pows. Journal of Traumatic Stress, 20(3), 303-312.

［553］Spasojevic J, Alloy L B, 2001. Rumination as a common mechanism relating depressive risk factors to depression. Emotion(1),25-37.

［554］Stafford L, 2004. Communication competencies and sociocultural priorities of middle childhood. inVangelisti A L. Handbook of family communication. Mahwah, NJ: Lawrence Erlbaum Associates.

［555］Stallard P, Velleman R, Langsford J et al. , 2001. Coping and psychological distress in children involved in road traffic accidents. British Journal of Clinical Psychology, 40(2),197-208.

［556］Stander V A, Thomsen C J, Highfill-McRoy R M, 2014. Etiology of depression comorbidity in combat-related PTSD: a review of the literature. Clinical Psychology Review, 34(2),87-98.

［557］Stattin H, Kerr M, Ferrer-Wreder L, 2000, March. Adolescents' secret lives: Why do they hide what they're doing from their parents? The Biennial Meetings of the Society for Research in Adolescence, Chicago.

［558］Stein J Y, Lahav Y, Solomon Z, 2017. Self-disclosing trauma and posttraumatic stress symptoms in couples: a longitudinal study. Psychiatry, 80(1),79-91.

［559］Struik A, 2014. Treating chronically traumatized children: don't let sleeping dogs lie! New York, NY: Routledge Press.

［560］Stubenbort K, Greeno C, Mannarino A P et al. , 2002. Attachment quality and post-treatment functioning following sexual trauma in young adolescents: a case series presentation. Clinical Social Work Journal, 30(1),23-39.

［561］Stuber M, Christakis D, Houskamp B et al. , 1996. Posttrauma symptoms in childhood leukemia survivors and their parents. Psychosomatics, 37 (3),254-261.

［562］Suarez-Morales L, Mena M, Schlaudt V A et al. , 2017. Trauma in Hispanic youth with psychiatric symptoms: investigating gender and family effects. Psychological Trauma: Theory, Research, Practice, and Policy, 9 (3),334-343.

[563] Sullivan K, Sullivan A, 1980. Adolescent-parent separation. Developmental Psychology, 16(2), 93-99.

[564] Sun R, Yang X, Wu X et al., 2022. Sometimes less is more: switching influence of social support on posttraumatic growth over time after a natural disaster. Journal of Youth and Adolescence, 1-11.

[565] Sun Y, Wang L, Jiang J et al., 2020. Your love makes me feel more secure: boosting attachment security decreases materialistic values. International Journal of Psychology, 55(1), 33-41.

[566] Szkody E, Stearns M, Stanhope L et al., 2021. Stress-buffering role of social support during COVID-19. Family Process, 60(3), 1002-1015.

[567] Taft C T, Creech S K, Kachadourian L, 2012. Assessment and treatment of posttraumatic anger and aggression: a review. Journal of Rehabilitation Research & Development, 49(5), 777-788.

[568] Taft C T, Kaloupek D G, Schumm J A et al., 2007a. Posttraumatic stress disorder symptoms, physiological reactivity, alcohol problems, and aggression among military veterans. Journal of Abnormal Psychology, 116(3), 498-507.

[569] Taft C T, Vogt D S, Marshall A D et al., 2007b. Aggression among combat veterans: relationships with combat exposure and symptoms of posttraumatic stress disorder, dysphoria, and anxiety. Journal of Traumatic Stress, 20(2), 135-145.

[570] Taku K, Cann A, Calhoun L G et al., 2008. The factor structure of the posttraumatic growth inventory: a comparison of five models using confirmatory factor analysis. Journal of Traumatic Stress, 21(2), 158-164.

[571] Taku K, Tedeschi R G, Shakespeare-Finch J et al., 2021. Posttraumatic growth (PTG) and posttraumatic depreciation (PTD) across ten countries: global validation of the PTG-PTD theoretical model. Personality and Individual Differences, 169, 110222.

[572] Tang C S-k, 2007. Trajectory of traumatic stress symptoms in the aftermath of extreme natural disaster: a study of adult Thai survivors of the 2004 Southeast Asian Earthquake and Tsunami. The Journal of Nervous and Mental Disease, 195(1), 54-59.

[573] Tang T C, Yen C F, Cheng C P et al., 2010. Suicide risk and its correlate

in adolescents who experienced typhoon-induced mudslides: a structural e-quation model. Depression and Anxiety, 27(12),1143-1148.

[574] Tang W J, Lu Y, Xu J P, 2018. Post-traumatic stress disorder, anxiety and depression symptoms among adolescent earthquake victims: comorbid-ity and associated sleep-disturbing factors. Social Psychiatry and Psychiat-ric Epidemiology, 53(11),1241-1251.

[575] Tedeschi R G, Calhoun L G, 1995. Trauma & transformation: growing in the aftermath of suffering. Thousand Oaks, CA: Sage Publications.

[576] Tedeschi R G, Calhoun L G, 1996. The posttraumatic growth inventory: measuring the positive legacy of trauma. Journal of Traumatic Stress(3), 455-471.

[577] Tedeschi R G, Calhoun L G, 2004. Posttraumatic growth: conceptual foundations and empirical evidence. Psychological Inquiry, 15(1),1-18.

[578] Teten A L, Miller L A, Stanford M S et al. , 2010. Characterizing aggres-sion and its association to anger and hostility among male veterans with post-traumatic stress disorder. Military Medicine, 175(6),405-410.

[579] Teti D M, O'Connell M A, Reiner C D, 1996. Parenting sensitivity, pa-rental depression and child health: themediational role of parental self-effi-cacy. Early Development and Parenting(4),237-250.

[580] Teubert D, Pinquart M, 2010. The association between coparenting and child adjustment: a meta-analysis. Parenting, 10(4),286-307.

[581] Thabet A A, Tawahina A A, Sarraj E E et al. , 2008. Exposure to war trauma and PTSD among parents and children in the Gaza strip. European Journal of Child Psychiatry, 17(4),191-199.

[582] Thompson S J, 2005. Factors associated with trauma symptoms among runaway/homeless adolescents. Stress, Trauma, and Crisis (2-3), 143-156.

[583] Tilton-Weaver L, 2014. Adolescents' information management: comparing ideas about why adolescents disclose to or keep secrets from their parents. Journal of Youth and Adolescence, 43(5),803-813.

[584] Tilton-Weaver L, Kerr M, Pakalniskeine V et al. , 2010. Open up or close down: How do parental reactions affect youth information management? Journal of Adolescence, 33(2),333-346.

[585] Tolin D F, Foa E B, 2006. Sex differences in trauma and posttraumatic stress disorder: a quantitative review of 25 years of research. Psychological Bulletin, 132(6),959-992.

[586] Tomassetti-Long V J, Nicholson B C, Madson M B et al. , 2015. Hardiness, parenting stress, and PTSD symptomatology in U. S. Afghanistan/ Iraq era veteran fathers. Psychology of Men & Masculinity, 16(3),239-245.

[587] Trickey D, Siddaway A P, Meiser-Stedman R et al. , 2012. A meta-analysis of risk factors for post-traumatic stress disorder in children and adolescents. Clinical Psychology Review, 32(2),122-138.

[588] Tsai J, Harpaz-Rotem I, Armour C et al. , 2015. Dimensional structure of DSM-5 posttraumatic stress disorder symptoms: results from the national health and resilience in veterans study. Journal of Clinical Psychiatry, 76 (5),546-553.

[589] Tsai K M, Dahl R E, Irwin M R et al. , 2018. The roles of parental support and family stress in adolescent sleep. Child Development, 89(5), 1577-1588.

[590] Tull M T, Barrett H M, McMillan E S et al. , 2007. A preliminary investigation of the relationship between emotion regulation difficulties and posttraumatic stress symptoms. Behavior Therapy, 38(3),303-313.

[591] Usta J, Farver J M, Danachi D, 2013. Child maltreatment: theLebanese children's experiences: child maltreatment in Lebanese homes. Child: Care, Health and Development, 39(2),228-236.

[592] van der Kolk B A, Greenberg M S, Orr S P et al. , 1989. Endogenous opioids, stress induced analgesia, and posttraumatic stress disorder. Psychopharmacol Bull, 25(3),417-421.

[593] van der Kolk B A, 1996. The body keeps score: approaches to the psychobiology of posttraumatic stress disorder. Traumatic stress: the effects of overwhelming experience on mind, body, and society. New York, NY: the Guilford Press.

[594] van Ee E, Kleber R J, Jongmans M J et al. , 2016a. Parental PTSD, adverse parenting and child attachment in a refugee sample. Attachment & Human Development, 18(3),273-291.

[595] van Ee E, Kleber R J, Jongmans M J, 2016b. Relational patterns between caregivers with PTSD and their nonexposed children: a review. Trauma, Violence, & Abuse, 17(2),186-203.

[596] Van Os J, Jones P B, 1999. Early risk factors and adult person-environment relationships in affective disorder. Psychological Medicine, 29(5), 1055-1067.

[597] Vandenberg B, Marsh U, 2009. Aggression in youths: Child abuse, gender and SES. North American Journal of Psychology, 11(3),437-441.

[598] Vanzhula I A, Calebs B J, Fewell L et al. , 2019. Illness pathways between eating disorder and post-traumatic stress disorder symptoms: Understanding comorbidity with network analysis. European Eating Disorders Review, 27(2),147-160.

[599] Vasileva M, Petermann F, 2017. Posttraumatic stress symptoms in preschool children in foster care: theinfluence of placement and foster family environment: PTSS in preschool children in foster care. Journal of Traumatic Stress, 30(5),472-481.

[600] Veeser P I, Blakemore C W, 2006. Student assistance program: a new approach for student success in addressing behavioral health and life events. Journal of American College Health, 54(6),377-381.

[601] Velotti P, Rogier G, Zobel S B et al. , 2021. Association between gambling disorder and emotion (dys)regulation: a systematic review and meta-analysis. Clinical Psychology Review, 87,102037.

[602] Vieno A, Nation M, Pastore M et al. , 2009. Parenting and antisocial behavior: a model of the relationship between adolescent self-disclosure, parental closeness, parental control, and adolescent antisocial behavior. Developmental Psychology, 45(6),1509-1519.

[603] Vliem S J, 2009. Adolescent coping and family functioning in the family of a child with autism. University of Michigan.

[604] Walsh F, 2007. Traumatic loss and major disasters: Strengthening family and community resilience. Family Process, 46(2),207-227.

[605] Wamser-Nanney R, Sager J C, 2022. Trauma exposure, post-traumatic stress symptoms, and indices of parenting. Journal of Interpersonal Violence, 37(7-8),4660-4683.

[606] Wang L, Long D, Li Z et al. , 2011. Posttraumatic stress disorder symptom structure in Chinese adolescents exposed to a deadly earthquake. Journal of Abnormal Child Psychology, 39(5),749-758.

[607] Wang L, Zhang L M, Armour C et al. , 2015. Assessing the underlying dimensionality of DSM-5 PTSD symptoms in Chinese adolescents surviving the 2008 Wenchuan Earthquake. Journal of Anxiety Disorders, 31,90-97.

[608] Wang W, Fu W, Wu J et al. , 2012. Prevalence of PTSD and depression among junior middle school students in a rural town far from the epicenter of the Wenchuan Earthquake in China. PloS one(7),1-10.

[609] Wang Z, Wu X, Dai W et al. , 2019. The prevalence of posttraumatic stress disorder among survivors after a typhoon or hurricane: a systematic review and meta-analysis. Disaster Medicine and Public Health Preparedness, 13(5-6),1-9, e41665.

[610] Wardecker B M, Chopik W J, Moors A C et al. , 2016. Avoidant Attachment Style. in Zeigler-Hill V, Shackelford T K. Encyclopedia of personality and individual differences. Cham, Switzerland: Springer International Publishing.

[611] Watkins E R, Mullan E, Wingrove J et al. , 2011. Rumination-focused cognitive-behavioural therapy for residual depression: Phase II randomised controlled trial. British Journal of Psychiatry, 199(4),317-322.

[612] Watkins E, Scott J, Wingrove J et al. , 2007. Rumination-focused cognitive behaviour therapy for residual depression: a case series. Behaviour Research and Therapy, 45(9),2144-2154.

[613] Watson D, Clark L A, Stasik S M, 2011. Emotions and the emotional disorders: a quantitative hierarchical perspective. International Journal of Clinical and Health Psychology(3),429-442.

[614] Weathers F W, Litz B T, Herman D S et al. , 1993. The PTSD checklist: Reliability, validity, and diagnosticutility. Paper Presented at the Annual Meeting of International Society for Traumatic Stress Studies, San Antonio, TX.

[615] Weathers F W, 2013, November. The PTSD checklist for DSM-5 (PCL-5), Development and initial psychometric analysis. Paper presented at the 29th annual meeting of the International Society for Traumatic Stress

Studies, Philadelphia, PA.

[616] Wegner D M, 1994. Ironic processes of mental control. Psychological Review, 101(1),34-52.

[617] Weiss N H, Tull M T, Borne M E R et al. , 2013. Posttraumatic stress disorder symptom severity and HIV-risk behaviors among substance-dependent inpatients. Aids Care, 25(10),1219-1226.

[618] Weissman S H, Cohen R S, 1985. The parenting alliance and adolescence. Adolescent Psychiatry, 12,24-45.

[619] Wells G A, Shea B, O'Connell D et al. , 2000. The Newcastle-Ottawa Scale (NOS) for assessing the quality of nonrandomised studies in meta-analyses. Oxford.

[620] Wells M E, 2006. Psychotherapy for families in the aftermath of a disaster. Journal of Clinical Psychology, 62(8),1017-1027.

[621] Wenzlaff R M, Wegner D M, 2000. Thought suppression. Annual Review of Psychology, 51,59-91.

[622] Whealin J M, Nelson D, Stotzer R et al. , 2015. Risk and resilience factors associated with posttraumatic stress in ethno-racially diverse National Guard members in Hawaii. Psychiatry Research, 227(2),270-277.

[623] Whisman M A, 2014. Dyadic perspectives on trauma and marital quality. Psychological Trauma: Theory Research Practice and Policy, 6(3),207-215.

[624] Williams K E, Ciarrochi J, Heaven P C L, 2012. Inflexible parents, inflexible kids: a 6-year longitudinal study of parenting style and the development of psychological flexibility in adolescents. Journal of Youth and Adolescence, 41(8),1053-1066.

[625] Williamson V, Creswell C, Fearon P et al. , 2017. The role of parenting behaviors in childhood post-traumatic stress disorder: a meta-analytic review. Clinical Psychology Review, 53,1-13.

[626] Wiltgen A, Arbona C, Frankel L et al. , 2015. Interpersonal trauma, attachment insecurity and anxiety in an inpatient psychiatric population. Journal of Anxiety Disorders, 35,82-87.

[627] Wittekind C E, Jelinek L, Kellner M et al. , 2010. Intergenerational transmission of biased information processing in posttraumatic stress disor-

der (PTSD) following displacement after World War II. Journal of Anxiety Disorders, 24(8),953-957.

[628] Wood J J, McLeod B D, Sigman M et al. , 2003. Parenting and childhood anxiety: Theory, empirical findings, and future directions. Journal of Child Psychology and Psychiatry, 44(1),134-151.

[629] Woodhouse S, Ayers S, Field A P, 2015. The relationship between adult attachment style and post-traumatic stress symptoms: a meta-analysis. Journal of Anxiety Disorders, 35,103-117.

[630] Woodward E C, Viana A G, Trent E S et al. , 2020. Emotional nonacceptance, distraction coping and PTSD symptoms in a trauma-exposed adolescent inpatient sample. Cognitive Therapy and Research, 44(2),412-419.

[631] Xia Y R, Wang C, Li W et al. , 2015. Chinese parenting behaviors, adolescent school adjustment, and problem behavior. Marriage & Family Review, 51(6),489-515.

[632] Xu L, Liu L, Li Y et al. , 2018. Parent-child relationships and Chinese children's social adaptations: gender difference in parent-child dyads. Personal Relationships, 25(4),462-479.

[633] Yablonsky A M, Yan G, Bullock L, 2016. Parenting stress after deployment in navy active duty fathers. Military Medicine, 181(8),854-862.

[634] Yang X, Wu X, Gao M et al. , 2020. Heterogeneous patterns of posttraumatic stress symptoms and depression in cancer patients. Journal of Affective Disorders, 273,203-209.

[635] Yang Y, 2014. Parent-child communication in families with children conceived with assisted reproductive technology: associations with disclosure and parent-child relationship quality. University of Minnesota.

[636] Ye Y, Li Y, Jin S et al. , 2022. Family function and post-traumatic stress disorder in children and adolescents: a meta-analysis. Trauma, Violence, and Abuse, https://doi. org/10. 1177/15248380221126182.

[637] Yehuda R, Bell A, Bierer L M et al. , 2008. Maternal, not paternal, PTSD is related to increased risk for PTSD in offspring of holocaust survivors. Journal of Psychiatric Research, 42(13),1104-et al. 1.

[638] Yehuda R, Bierer L M, Schmeidler J et al. , 2000. Low cortisol and risk

for PTSD in adult offspring of Holocaust survivors. The American Journal of Psychiatry, 157(8),1252-1259.

[639] Yehuda R, Blair W, Labinsky E et al. , 2007. Effects of parental PTSD on the cortisol response to dexamethasone administration in their adult offspring. The American Journal of Psychiatry, 164(1),163-166.

[640] Yehuda R, Halligan S L, Bierer L M, 2001. Relationship of parental trauma exposure and PTSD, depressive and anxiety disorders in offspring. Journal of Psychiatric Research, 35(5),261-270.

[641] Yehuda R, Halligan S L, Bierer L M, 2002. Cortisol levels in adult offspring of Holocaust survivors: Relation to PTSD symptom severity in the parent and child. Psychoneuroendocrinology, 27(1-2),171-180.

[642] Yehuda R, Lehrner A, 2018. Intergenerational transmission of trauma effects: putative role of epigenetic mechanisms. World Psychiatry, 17(3), 243-257.

[643] Ying L H, Chen C S, Lin C D et al. , 2015. The relationship between posttraumatic stress symptoms and suicide ideation among child survivors following the Wenchuan Earthquake. Suicide and Life-Threatening Behavior, 45(2),230-242.

[644] Ying L H, Wu X C, Lin C D, 2012. Longitudinal linkages between depressive and posttraumatic stress symptoms in adolescent survivors following the Wenchuan Earthquake in China: a three-wave, cross-lagged study. School Psychology International, 33(4),416-432.

[645] Ying L, Wu X, Lin C et al. , 2013. Prevalence and predictors of posttraumatic stress disorder and depressive symptoms among child survivors 1 year following the Wenchuan Earthquake in China. European Child & Adolescent Psychiatry, 22(9),567-575.

[646] Yoder J, Brown A, Grady M et al. , 2020. Positive caregiving styles attenuating effects of cumulative trauma among youth who commit sexual crimes. International Journal of Offender Therapy and Comparative Criminology, 66(16),1755-1778.

[647] Yonemoto T, Kamibeppu K, Ishii T et al. , 2012. Posttraumatic stress symptom (PTSS) and posttraumatic growth (PTG) in parents of childhood, adolescent and young adult patients with high-grade osteosarcoma.

International Journal of Clinical Oncology, 17(3),272-275.

[648] Yoshida H, Kobayashi N, Honda N et al., 2016. Post-traumatic growth of children affected by the Great East Japan Earthquake and their attitudes to memorial services and media coverage. Psychiatry and Clinical Neurosciences, 70(5),193-201.

[649] Yoshizumi T, Murase S, 2007. The effect of avoidant tendencies on the intensity of intrusive memories in a community sample of college students. Personality and Individual Differences, 43(7),1819-1828.

[650] Yuan G Z, Park C L, Birkeland S R et al., 2021. A network analysis of the associations between posttraumatic stress symptoms and posttraumatic growth among disaster-exposed Chinese young adults. Journal of Traumatic Stress, 34(4),786-798.

[651] Zakeri H, Jowkar B, Razmjoee M, 2010. Parenting styles and resilience. Procedia Social and Behavioral Sciences, 5,1067-1070.

[652] Zerach G, Levin Y, Aloni R et al., 2017. Intergenerational transmission of captivity trauma and posttraumatic stress symptoms: a twenty three-year longitudinal triadic study. Psychological Trauma: Theory, Research, Practice, and Policy, 9(S1),114-121.

[653] Zerach G, Solomon Z, 2018. Gender differences in posttraumatic stress symptoms among former prisoners of wars' adult offspring. Anxiety Stress and Coping, 31(1),21-31.

[654] Zerach G, 2015. Secondary traumatization among ex-POWs' adult children: the mediating role of differentiation of the self. Psychological Trauma: Theory, Research, Practice, and Policy, 7(2),187-194.

[655] Zhang J, Zhu S, Du C et al., 2015. Posttraumatic stress disorder and somatic symptoms among child and adolescent survivors following the Lushan Earthquake in China: a six-month longitudinal study. Journal of Psychosomatic Research, 79(2),100-106.

[656] Zhen R, Quan L, Yao B et al., 2016. Understanding the relationship between rainstorm-related experiences and PTSD among Chinese adolescents after rainstorm disaster: the roles of rumination and social support. Frontiers in Psychology, 7,1407.

[657] Zhen R, Quan L, Zhou X, 2018. How does social support relieve depression

among flood victims? The contribution of feelings of safety, self-disclosure, and negative cognition. Journal of Affective Disorders, 229,186-192.

[658] Zhen R, Zhang J, Pang H et al. , 2021. Full and partial posttraumatic stress disorders in adults exposed to super Typhoon Lekima: a cross-sectional investigation. BMC Psychiatry, 21(1),512.

[659] Zhen R, Zhou X, Wu X, 2019. Patterns of posttraumatic stress disorder and depression among adolescents following an earthquake: a latent profile analysis. Child Indicators Research, 12(6),2173-2187.

[660] Zhen R, Zhou X, 2022. Latent patterns of posttraumatic stress symptoms, depression, and posttraumatic growth among adolescents during the COVID-19 pandemic. Journal of Traumatic Stress, 35(1),197-209.

[661] Zhou P, Zhang Y, Wei C et al. , 2016b. Acute stress disorder as a predictor of posttraumatic stress: a longitudinal study of Chinese children exposed to the Lushan Earthquake. Psych Journal, 5(3),206-214.

[662] Zhou X, An Y, Wu X, 2017d. Longitudinal linkages between posttraumatic stress disorder symptoms and violent behaviors among Chinese adolescents following the Wenchuan Earthquake. Journal of Aggression, Maltreatment & Trauma, 26(3),231-243.

[663] Zhou X, Huang J, Zhen R,2022b. Intergenerational effects of posttraumatic stress symptoms in family: the roles of parenting behavior, feelings of safety, and self-disclosure. Journal of Social and Personal Relationships, 39(9),2782-2800.

[664] Zhou X, Levin Y, Stein J Y et al. ,2017e. Couple forgiveness and its moderating role in the intergenerational transmission of veterans' posttraumatic stress symptoms. Journal of Marital and Family Therapy, 43(3), 410-421.

[665] Zhou X, Wu X C, Chen J L,2015a. Longitudinal linkages between posttraumatic stress disorder and posttraumatic growth in adolescent survivors following the Wenchuan Earthquake in China: a three-wave, cross-lagged study. Psychiatry Research, 228(1),107-111.

[666] Zhou X, Wu X, An Y,2016a. Understanding the relationship between trauma exposure and depression among adolescents after earthquake: the roles of fear and resilience. Frontiers in Psychology, 7, 2044.

[667] Zhou X, Wu X, Fu F et al. ,2015b. Core belief challenge and rumination as predictors of PTSD and PTG among adolescent survivors of the Wenchuan Earthquake. Psychological Trauma: Theory, Research, Practice, and Policy, 7(4),391-397.

[668] Zhou X, Wu X, Zhen R et al. ,2018c. Trajectories of posttraumatic stress disorders among adolescents in the area worst-hit by the Wenchuan Earthquake. Journal of Affective Disorders, 235, 303-307.

[669] Zhou X, Wu X, Zhen R,2017a. Assessing the latent structure of DSM-5 PTSD among Chinese adolescents after the Ya'an earthquake. Psychiatry Research, 254, 33-39.

[670] Zhou X, Wu X, Zhen R,2017b. Latent structure of posttraumatic growth and its temporal stability among a sample of Chinese children following an earthquake. Child Indicators Research, 10(4),1121-1134.

[671] Zhou X, Wu X, Zhen R,2018a. Self-esteem and hope mediate the relations between social support and post-traumatic stress disorder and growth in adolescents following the Ya'an Earthquake. Anxiety, Stress, & Coping, 31(1),32-45.

[672] Zhou X, Wu X, Zhen R,2018b. Patterns of posttraumatic stress disorder and posttraumatic growth among adolescents after the Wenchuan Earthquake in China: a latent profile analysis. Journal of Traumatic Stress, 31 (1),57-63.

[673] Zhou X, Wu X,2016c. The relationship between rumination, posttraumatic stress disorder, and posttraumatic growth among Chinese adolescents after earthquake: a longitudinal study. Journal of Affective Disorders, 193, 242-248.

[674] Zhou X, Wu X,2017c. Moderating role of negative venting in the relationship between PTSD and violent behaviors and suicidal ideation in Chinese children after an earthquake. Child Indicators Research, 10(1),221-230.

[675] Zhou X, Wu X,2019d. Temporal transitions in patterns of posttraumatic stress disorder and depression among adolescents following the Wenchuan Earthquake. Child Psychiatry & Human Development, 50(3),494-504.

[676] Zhou X, Wu X,2021a. Posttraumatic stress disorder and growth: examination of joint trajectories in children and adolescents. Development and

Psychopathology，34(4)，1353-1365.

［677］Zhou X，Yao B,2020b. Social support and acute stress symptoms（ASSs） during the COVID-19 outbreak：deciphering the roles of psychological needs and sense of control. European Journal of Psychotraumatology，11 (1)，1779494.

［678］Zhou X，Zhen R，Wu X,2019a. Shared and unique mechanisms underlying the association of trauma exposure with posttraumatic stress symptoms and growth among adolescents following the Jiuzhaigou earthquake. Psychological Trauma：Theory，Research，Practice，and Policy. 14(6)，1047-1056.

［679］Zhou X，Zhen R，Wu X,2019b. Trajectories of posttraumatic growth among adolescents over time since the Wenchuan Earthquake. Journal of Adolescence，74，188-196.

［680］Zhou X，Zhen R，Wu X,2019c. Trajectories of sleep problems among adolescents after the Wenchuan Earthquake：the role of posttraumatic stress disorder symptoms. Psychology & Health，34(7)，811-827.

［681］Zhou X，Zhen R，Wu X,2021c. Insecure attachment to parents and PTSD among adolescents：theroles of parent-child communication，perceived parental depression，and intrusive rumination. Development and Psychopathology，33(4)，1290-1299.

［682］Zhou X，Zhen R,2022a. Posttraumatic stress symptoms between parents and their children following a natural disaster：an integrated model under a dyadic approach. Psychological Trauma：Theory，Research，Practice，and Policy，14(1)，141-150.

［683］Zhou X,2020. Managing psychological distress in children and adolescents following the COVID-19 epidemic：a cooperative approach. Psychological Trauma：Theory，Research，Practice，and Policy,12(S1)，S76-S78.

［684］Zoellner T，Maercker A，2006. Posttraumatic growth in clinical psychology-A critical review and introduction of a two component model. Clinical Psychology Review，26(5)，626-653.

［685］Zou S，Wu X，Li X，2020. Coparenting behavior，parent-adolescent attachment，and peer attachment：an examination of gender differences. Journal of Youth and Adolescence，49(1)，178-191.